高等教育"十三五"规划教材

Creo 4.0 基础设计

主　　编：丁淑辉

副主编：袁建军　　王明燕

娄淑梅　　程百林

中国矿业大学出版社

·徐州·

内 容 提 要

　　本书采用 Creo 4.0 作为软件基础,系统概述了使用 Creo 软件进行产品设计的基本方法。全书共分 11 章,详细介绍了草图设计、零件设计、曲面设计、装配设计、工程图制作、模型外观设置、机构运动仿真与设计动画等软件功能,重点介绍了软件的使用技巧及使用过程中应该注意的问题。本书不但有建模过程的详细介绍,还有建模原理的理论分析,可以使读者在理解模型建立原理和理顺建模思路的基础上,轻松、牢固地掌握模型的建立方法。

　　本书既适用于初学者快速入门,也适于老用户学习新版软件、巩固提高之用,可作为高等院校和职业院校学生以及机械等工程专业人员的学习和参考书籍。通过本书的学习,读者可以系统掌握使用 Creo 进行产品模型设计与仿真的基本方法,能够轻松完成机械工程中常用产品与装备的计算机辅助设计。

图书在版编目(C I P)数据

Creo 4.0 基础设计 / 丁淑辉主编. —徐州:中国
矿业大学出版社,2018.6(2021.1重印)
ISBN 978 - 7 - 5646 - 3940 - 2

Ⅰ.①C… Ⅱ.①丁… Ⅲ.①计算机辅助设计—应用
软件 Ⅳ.①TP391.72

中国版本图书馆 CIP 数据核字(2018)第 077912 号

书　　名	Creo 4.0 基础设计
主　　编	丁淑辉
责任编辑	杨　洋
出版发行	中国矿业大学出版社有限责任公司
	(江苏省徐州市解放南路　邮编 221008)
营销热线	(0516)83884103　83885105
出版服务	(0516)83995789　83884920
网　　址	http://www.cumtp.com　**E-mail**:cumtpvip@cumtp.com
印　　刷	江苏淮阴新华印务有限公司
开　　本	787 mm×1092 mm　1/16　印张 24.75　字数 620 千字
版次印次	2018 年 6 月第 1 版　2021 年 1 月第 2 次印刷
定　　价	39.50 元

(图书出现印装质量问题,本社负责调换)

前　言

Creo(其前身为 Pro/Engineer)是当今机械工程领域流行的高端三维设计软件,广泛应用于机械、工业设计等相关行业。近年来随着三维计算机辅助设计技术的应用和普及,Creo 也逐渐成为国内外大专院校、职业院校工科学生必修的软件之一。

本书以 Creo 4.0 为软件基础,介绍了进行三维设计所需的基本功能。全书共 11 章,详细讲述了草图设计、零件设计、曲面设计、装配设计、工程图制作、模型外观设置、机构运动仿真与设计动画等工程设计的常用内容,重点介绍了软件的使用技巧及使用过程中应注意的问题。本书不但有建模过程的详细介绍,还有建模原理的理论分析,使读者在理解模型建立原理和理顺建模思路的基础上,轻松、牢固地掌握建模方法。

本书是一本以实践为主、理论结合实际的实用性书籍,既适用于初学者入门,也适用于有一定基础的读者提高之用。掌握本书内容后,即可借助 Creo 轻松建立机械产品的三维模型并对其进行运动学仿真,最后快速生成二维工程图纸。

与本书内容相关的网络配套资源可扫描封底二维码访问,内容包括书中所用实例和习题答案,读者可将其下载到计算机硬盘中,然后在 Creo 软件中打开,即文中配套网络文件。另外,作者还制作了与本书配套的电子教案,教师上课过程中如需要可向作者邮件索取。

本书由丁淑辉担任主编,袁建军、王明燕、娄淑梅、程百林担任副主编,孟晓军、刘凤景、李东民、田忠江、曹洪爽、黄超南、孙雪颜、丁宁、魏群等参与了本书的编写工作。

本书虽几易其稿,但因作者水平所限,加之时间仓促,难免有疏漏之处。望广大读者和同仁不吝赐教! 作者联系方式:shuhui. ding@163.com。

作　者

2018 年 1 月

目　录

第 1 章　Creo 4.0 概述及基本操作 ·· 1

1.1　Creo 软件概述及其 Creo Parametric 模块 ··· 1

1.2　Creo Parametric 4.0 使用前的准备 ·· 5

1.3　Creo Parametric 4.0 基本操作 ·· 15

1.4　综合实例 ··· 24

习题 ··· 25

第 2 章　参数化草图绘制 ·· 26

2.1　参数化草图的基本知识 ·· 26

2.2　草图图元的绘制:参数化草图绘制第一步 ·· 32

2.3　草图编辑与修改:参数化草图绘图第二步 ·· 46

2.4　草图的几何约束:参数化绘图第三步(1) ·· 53

2.5　草图的尺寸约束:参数化设计第三步(2) ·· 57

2.6　辅助图元的使用与草图范例 ··· 62

习题 ··· 69

第 3 章　草绘特征的建立 ·· 72

3.1　Creo 特征概述及分类 ··· 72

3.2　草绘特征基础知识 ··· 73

3.3　拉伸特征 ··· 76

3.4　旋转特征 ··· 96

3.5　扫描特征 ··· 99

3.6　平行混合特征 ·· 104

3.7　筋特征 ·· 109

3.8　综合实例 ·· 111

习题 ·· 117

第 4 章　基准特征的建立 ··· 121

4.1　基准特征概述 ·· 121

4.2　基准平面特征 ·· 122

4.3 基准轴特征 …………………………………………………… 136

4.4 基准点特征 …………………………………………………… 140

4.5 其他基准特征 ………………………………………………… 146

4.6 综合实例 ……………………………………………………… 157

习题 ………………………………………………………………… 160

第 5 章 放置特征的建立 ………………………………………… 162

5.1 概述 …………………………………………………………… 162

5.2 孔特征 ………………………………………………………… 162

5.3 圆角特征 ……………………………………………………… 175

5.4 倒角特征 ……………………………………………………… 184

5.5 抽壳特征 ……………………………………………………… 188

5.6 拔模特征 ……………………………………………………… 190

习题 ………………………………………………………………… 194

第 6 章 特征操作 ………………………………………………… 197

6.1 特征复制、粘贴与选择性粘贴 ……………………………… 197

6.2 特征阵列 ……………………………………………………… 204

6.3 特征镜像 ……………………………………………………… 217

6.4 特征修改与重定义 …………………………………………… 218

6.5 特征的其他操作 ……………………………………………… 221

6.6 综合实例 ……………………………………………………… 228

习题 ………………………………………………………………… 234

第 7 章 曲面特征 ………………………………………………… 237

7.1 曲面特征的基本概念 ………………………………………… 237

7.2 曲面特征的建立 ……………………………………………… 238

7.3 曲面编辑 ……………………………………………………… 257

7.4 综合实例 ……………………………………………………… 267

习题 ………………………………………………………………… 271

第 8 章 模型装配 ………………………………………………… 274

8.1 装配概述 ……………………………………………………… 274

8.2 装配约束 ……………………………………………………… 280

8.3 元件放置状态 ………………………………………………… 284

8.4 元件操作 ……………………………………………………… 286

8.5 分解视图 ……………………………………………………… 290

　　8.6　组件装配实例 ……………………………………………………………… 293

　　习题 ………………………………………………………………………………… 297

第 9 章　创建工程图 ………………………………………………………………… 298

　　9.1　工程图概述 …………………………………………………………………… 298

　　9.2　视图的建立 …………………………………………………………………… 309

　　9.3　剖视图和剖面图的建立 ……………………………………………………… 315

　　9.4　尺寸标注与编辑 ……………………………………………………………… 321

　　9.5　图形文件格式转换 …………………………………………………………… 324

　　习题 ………………………………………………………………………………… 326

第 10 章　模型外观设置 …………………………………………………………… 329

　　10.1　模型显示与系统颜色设置 …………………………………………………… 329

　　10.2　模型方向控制 ……………………………………………………………… 333

　　10.3　模型外观设置 ……………………………………………………………… 336

　　习题 ………………………………………………………………………………… 338

第 11 章　机构运动仿真与设计动画 ……………………………………………… 339

　　11.1　机构运动仿真概述与实例 …………………………………………………… 339

　　11.2　使用预定义的连接集装配机构元件 ………………………………………… 344

　　11.3　机构运动学仿真分析与运动副 ……………………………………………… 347

　　11.4　设计动画概述 ……………………………………………………………… 365

　　11.5　使用关键帧建立基本快照动画 ……………………………………………… 366

　　11.6　使用伺服电动机建立基本快照动画 ………………………………………… 373

　　11.7　设计动画中的定时视图与定时透明 ………………………………………… 375

参考文献 ……………………………………………………………………………… 386

第 1 章　Creo 4.0 概述及基本操作

本章概述 Creo 软件，主要内容包括 Creo 软件及其功能模块、Creo Parametric 模块主要功能、使用 Creo 前的准备工作、Creo 主要菜单简介、模型基本操作方法及鼠标使用等。

1.1　Creo 软件概述及其 Creo Parametric 模块

1.1.1　Creo 软件的起源与特性

为了应对三维计算机辅助设计、制造与分析（CAD/CAM/CAE）领域日益激烈的市场竞争，解决机械 CAD 领域中未解决的易用性、互操作性以及装配管理等几个重大问题，美国参数技术公司（Parametric Technology Corporation，简称 PTC）在 2010 年 10 月的 PTC 全球用户大会上，启动了一项称为"闪电计划"（Project Lightning）的项目，展望了 PTC 在未来 20 年内在机械 CAD 市场的发展远景。根据闪电计划，2011 年 6 月 PTC 正式发布了新的 CAD 设计软件包 Creo。Creo 在拉丁语中的含义是"创新"，这款软件是 PTC 整合了其旗下已有 Pro/Engineer 参数化软件、CoCreate 直接建模软件和 ProductView 三维可视化软件而推出的新型 CAD 设计软件包，是 PTC 闪电计划推出的第一个产品。

本书重点讲述 Creo 软件的参数化建模模块 Creo Parametric。Creo 的核心是从早期的 Pro/Engineer 继承而来，Pro/Engineer 是 PTC 开发的机械产品设计软件，1988 年发布 1.0 版本，是市场上第一个参数化、全相关、基于特征的实体建模软件。

Pro/Engineer 首次采用了基于特征的参数化建模技术，其模型的建立是以"特征"为基本组成单位的，每个特征的基本结构一定，有许多参数控制着特征的具体形状和大小，模型的建立实际上就是指定一个个特征参数的过程，因而这个过程也称为"参数化"建模的过程。

Pro/Engineer 首次提出了单一数据库、全相关等概念。在 Pro/Engineer 中，无论是工程图还是装配模型，其基本数据都源自一开始建立的零件模型，即装配模型和工程图中所使用的都是零件模型中的数据。因此，如果零件模型中的数据发生变动，装配模型或三视图在重新生成的时候就会调用新的零件模型数据，保证了模型的正确性。由此可见，零件模型、工程图、装配模型是"全相关"的。由于 Pro/Engineer 这种独特的数据结构，使产品开发过程中任何阶段的更改都会自动应用到其他设计阶段，保证了数据的正确性和完整性。

当然，参数化建模和单一数据库技术已经普及到当今大多数三维建模软件中，但 Pro/Engineer 无疑开创了这些特性的先河。在新的 Creo 软件中，三维参数化建模模块 Creo Parametric 继承了原 Pro/Engineer 软件中的参数化建模技术，用于实现 3D 实体建模、装配建模、建立 2D 和 3D 工程图、进行专业的曲面设计等基础功能以及建立钣金、焊接、渲染、动画等专用功能。Creo Parametric 以无与伦比的设计效率、用户体验以及快速地零件建模等功能替代了 Pro/Engineer，从而成为新一代的 3D 参数化建模系统。

在整合 Pro/Engineer、CoCreate 和 ProductView 三项软件技术基础上，Creo 的推出旨在消除 CAD 行业内几十年来迟迟未能解决的多系统界面不兼容、数据不能共享等问题，解决了目前制造企业在 CAD 应用方面软件易用性差、互操作性差以及数据转换困难等问题。

Creo 提供了一套全新的产品设计解决方案，它基于一个公共平台，包含多个界面统一的应用程序，对于设计过程中的每一个角色，使用者都可以找到一个适合自己的应用程序来完成自己的工作。例如，概念设计师需要的是迅速捕捉构思以及进行广泛的沟通，他们所需要的可能是一种最简单的 2D 绘图工具，Creo Sketch 概念设计模块以及 Creo Layout 概念工程解决方案模块是概念设计师的最佳选择；对于分析工程师或是面向客户的工程师，他们需要的是一种简单的、非参数化的三维模型，3D 直接建模模块 Creo Direct 的使用过程简单直观，而且建立的模型也具有参数化模型所具有的干涉检查、模拟以及逼真的效果；而对于结构设计工程师，则需要最为复杂的参数化建模软件模块，建立最精确的产品模型，Creo Parametric 参数化建模模块能够出色地完成这些任务。

1.1.2 Creo 软件的主要功能模块简介

Creo 是一个 CAD 设计软件包，其中包含了 Creo Parametric、Creo Sketch、Creo Direct、Creo Options Modeler、Creo Simulate、Creo Layout、Creo Schematics、Creo Illustrate、Creo View MCAD、Creo View ECAD 等多个界面一致的应用程序，用于完成产品开发过程中的不同设计内容。

Parametric 是 Creo 中最重要的参数化三维建模模块，用于建立详细的三维产品模型，其基本功能包括 3D 实体建模、装配建模、创建 2D 和 3D 工程图、建立专业曲面以及进行自由风格的曲面设计、钣金件建模、焊接建模、静态结构分析及运动学设计验证、实时照片渲染、集成的设计动画、集成的 NC 功能、数据交换以及完善的零件、特征、工具库及其他项目库。另外，Creo Parametric 还可以扩展柔性建模、高级装配等三维设计高级解决方案，以及交互曲面设计、逆向工程等三维计算机辅助工业设计扩展包。

Creo 的其他模块简单介绍如下。

（1）概念设计模块 Creo Sketch。为早期的构思和概念设计提供了简单的二维"手绘"绘图功能。它是一个独立的 2D 程序，能让用户快速画出产品构思的草图。用户还可以在草图中添加颜色或其他特殊效果。通过共享数字草图，供应商、客户、专业的营销和销售人员能够更有效地传达自己的构思。它可以使每个人抓住稍纵即逝的构思，轻松保存并共享设计方案。比起常规的设计工具，Creo Skecth 没有了预定义的形状或有限功能的束缚，可自由表达产品在视觉上的美感。

在实际的产品设计过程中，企业中的许多人都会产生可能帮助创造新产品或改进现有产品的构思。但是，多数人并非 CAD 专家，无法使用专业的参数化 CAD 软件来自由表达自己的构思。Creo Sketch 可帮助这些人捕捉和共享这些构思，以便能够积极参与到产品开发过程中。从创建产品要求和 2D 概念设计，到允许供应商和客户参与工程设计审阅，Creo Sketch 可以帮助多个利益相关者捕捉到可以改善设计的信息。此外，因为 Creo 中界面的统一性和数据的开放性，Creo Sketch 中创建的 2D 草绘可以用在后续的 Creo Parametric、Creo Simulate 等模块中，用于创建 3D 模型以及进行分析模拟，从而进一步提高了设计效率。

（2）概念工程设计模块 Creo Layout。提供了一个完善的 2D 设计环境，包含了 2D 设计师开发概念设计所需的所有工具,在产品开发的早期辅助设计师进行概念工程设计。

因为研发周期和成本的需要,概念设计和详细的产品设计流程需要不断简化。但是,设计师在某个 2D CAD 工具中建立了 2D 设计之后,必须转换到其他 3D CAD 系统上操作,或将 2D 设计交给其他设计师来建立 3D 模型。在 3D 系统中重建 2D 数据不但浪费时间,还可能发生数据错误。

Creo Layout 这个独立的 2D CAD 应用程序便可以解决此问题,能够在设计流程中体现 2D 和 3D 的最大优点。设计者可以快速建立 2D 细部设计概念和加入细部信息,然后在 Creo Parametric 的 3D 设计中沿用这些 2D 数据。设计数据将会在应用程序间完整移动,并完整保留设计意图。

(3) 直接建模模块 Creo Direct。用于快速创建和修改 3D 设计方案。在整个产品开发过程中,所有用户都可以使用 Creo Direct 通过直接建模法创建和编辑 3D CAD 数据。例如,在产品概念化设计的初期阶段,使用 Creo Direct 可以方便快速地收集客户、供应商或其他合作伙伴的反馈;进行早期的 CAE 分析前,利用 Creo Direct 可创建简化产品集合图形。

Creo Direct 易于学习和使用,直观、直接的建模方法可以让新用户或不熟练的用户快速入门,创建并编辑 3D 设计方案,其快捷灵活的部件建模方法可大大提高工作效率,同时还可轻松整合其他 CAD 系统中的数据,从而提高多数 CAD 环境中的工作效率。使用 Creo Direct 模块,可加速概念设计和标书制作,快速灵活地创建和修改 3D 几何模型,提高设计效率。

(4) 模块化产品装配模块 Creo Options Modeler。随着现代社会工业化程度的提高,客户对个性化产品的需求越来越大,这就需要制造企业能够具备快速提供产品变体的能力,模块化体系结构产品是满足客户要求的最佳方案。为控制模块化设计的成本和复杂性,Creo Options Modeler 专用于创建和验证 3D 模块化产品装配。通过创建可重复使用的产品模块,以及定义它们如何接合和装配,设计师可以快速创建和验证客户化产品。

(5) 仿真模块 Creo Simulate。Creo Simulate 提供了结构仿真和热能仿真模块两个模块,每个模块针对不同系列的机械特性解决问题。结构分析模块用于评估零件或装配的结构特性,在模型上添加载荷和约束后,可执行结构静态分析、模态分析、预应力分析、失稳分析和振动分析,还可评估模型的疲劳寿命和解决接触问题。热模块用于评估零件或装配的热行为,在模型上施加热载荷、规定的温度和对流条件后,能够执行稳态或瞬态热分析,这些分析结果可用来研究模型中的热传递,还可将热分析的结果用作结构分析模块中温度载荷的基础。

Creo Simulate 模块可以在产品设计的早期,制造产品物理模型之前,在计算机上了解产品的结构和热力学性能,通过及早了解产品的性能,改善产品质量,节省产品开发时间和成本。与其他 CAE 软件相比较,因为 Creo Simulate 与 Creo 的建模模块是基于同一界面和数据库,在建模模块中生成的三维模型可以无缝对接到分析模块中,不需要费时费力来转换数据。

(6) 创建管道和电缆系统设计的 2D 布线图模块 Creo Schematies。Creo Schematies 提供了创建 2D 示意图所需的专业工具,能够定义完整的 2D 布线图。同时,其创建的全数字化的设计方案,也可以直接传递到 Creo Parametric 或其他模块中,以驱动管道和电缆的 3D 设计。

（7）3D 技术插图模块 Creo Illustrate。在原 ISODRAW 模块基础上发展起来，使用卓越的 3D 插图的方式，与相关的 CAD 模型数据结合起来，精确反映当前产品的结构，以三维图形的方式向用户传达维修信息和技术信息，在维修程序、培训材料、图解零件目录等技术性交流中完美展现产品结构。

使用 Creo Illustrate，设计者可以根据特定的产品配置和用户环境轻松地以 3D 形式浏览维修信息，为技术人员和用户提供易于理解的 3D 技术信息，减少了用户在静态技术文档中搜索维修信息等费时费力的活动。

（8）通用查看器 Creo View。Creo View 是在 ProductView 基础上发展起来的，又分为 Creo View MCAD 和 Creo View ECAD 两个模块。

Creo View MCAD 是机械结构通用查看器，可以在不使用文档原始创作程序的情况下，查看、测量并标注 Creo 软件生成的产品模型、装配、绘图、图形等各种文档，以及 CADDS5、CATIA V4、CATIA V5、NX、I-DEAS、SolidWorks、Microstation、Autodesk Invertor 等文件格式。同时，Creo View MCAD 还有一整套标注工具，用来标注 3D 模型、2D 绘图、图像和文档，并能管理多个标注，在扩展型企业中分发标注。

Creo View ECAD 是电子设计数据查看器。利用 Creo View ECAD，用户可轻松准确地访问复杂的电子设计数据，快速查看和分析电子 CAD 的文件。此模块可帮助电子公司在产品开发周期的早期快速发现并解决电子设计数据问题。

1.1.3　Creo 功能概述

Creo 是 PTC 产品开发系统（Product Development System，简称 PDS）的一部分，是一套综合性的产品设计软件系统。从功能上来说，Creo 软件横跨工业设计、实体建模、加工制造、仿真、渲染等多个领域，包含了较多的功能模块。使用统一的界面和数据格式，用户可轻松操作各模块，完成概念设计与渲染、零件设计、虚拟装配、功能模拟、生产制造等整个产品生产过程。针对产品设计的不同阶段，可以将 Creo 软件分为概念与工业设计、机械设计、功能模拟、生产制造等几个大的方面，分别提供完整的产品设计解决方案。

（1）概念与工业设计方面。使用 Creo Direct 等模块，客户可通过草图、建模以及着色来快速地建立产品概念模型，其他部门在其流程中运用已认可的概念模型，尽早进行装配研究、设计及制造。

（2）机械设计方面。工程人员可运用 Creo Parametric 模块准确建立与管理各种产品的设计与装配方案，获得诸如加工、材料成本等详尽模型信息，设计人员可探讨多种替换方案，可以使用原有的资料，以加速新产品的开发。

（3）功能模拟方面。使用 Creo Simulate 等模块，工程人员可评估、了解并尽早改善设计的功能表现，以缩短推出市场时间并减少开发费用。与其他 Creo 解决方案配合，以使外形、配合性以及功能等从一开始就能正确发展。

（4）生产制造方面。运用 Creo 能够准确制造设计好的产品，并说明其生产与装配流程。对实体模型的直接加工能够减少重复工作并增加其准确性，并直接集成 NC（数控）程序编制、加工设计、流程计划、验证、检查与设计模型。

1.1.4　Creo 及 Pro/Engineer 软件发展历程及功能演变

自 1988 年发布 Pro/Engineer 1.0 以来，PTC 已经发布了 35 个 Pro/Engineer 及 Creo

的版本,本书所用软件版本为 Creo 4.0,是 PTC 发布的第 35 个版本。近几年 PTC 发布的几个软件版本如表 1-1-1 所示。

表 1-1-1　　　　　　　　Creo 及 Pro/Engineer 近期版本一览表

版本	Wildfire	Wildfire2.0	Wildfire 3.0	Wildfire 4.0	Wildfire 5.0	Creo 1.0	Creo 2.0	Creo3.0	Creo 4.0
发布日期	2002 年 6 月	2004 年 5 月	2006 年 4 月	2008 年 1 月	2009 年 7 月	2011 年 6 月	2012 年 4 月	2014 年 6 月	2016 年 12 月

注意:Creo 的正式版本通常是以“Creo x. x Mxxx”格式来编排的,x. x 表示版本号,如 1.0、2.0 等,Mxxx 表示日期代码,如 Creo 4.0 M010,其中 M010 表示本日期代码版本在 Creo 4.0 中发布时间的早晚,数字越大表示越是最近发布的。

除了以上版本格式外,还经常能够看到如 C000、B000 或 F000 等版本,其中的 C 是 Conner Release(意为“测试者”)的简称,B 是 Beta 版的简称,均表示公测版本,其中有些功能可能不完善;F 是 Final Release(意为“最终的”)的简称,表示最终发行版本,其功能基本完善,B 版、C 版和 F 版一般是 PTC 免费供客户试用的。PTC 产品的正式版本是 M 版,如 Creo 3.0 M010,其中 M 可理解为 Milestone Release(意为更正、维护或里程碑)的简称,表示修正版或升级版,M 版后面的版本号越高代表该版本软件中的错误越少,软件稳定性就越好。修正版与正式版在功能上差别不大,一般仅仅做一些小的微调,修正小错误;在兼容问题上,M 版和 F 版软件可打开相应的 C 版本文件,而 C 版本软件则不能打开 M 版和 F 版创建的文件。

1.1.5　Creo 软件系统需求

Creo 可运行于图形工作站、个人计算机(Personal Computer,简称 PC)以及笔记本电脑等设备上。图形工作站因其强大的图形处理速度、海量的内存以及良好的综合性能是使用 Creo Parametric 进行复杂产品或大型部件处理的首选,但因其价格昂贵,对于个人用户或一般企业设计人员来说 PC 机就成为首选。

由于 Creo 4.0 是一个庞大的设计系统,其运行对计算机操作系统有一定的要求。可运行 Creo 4.0 的操作系统有 Windows 7 系列的 Professional(专业版)、Enterprise(企业版)以及 Ultimate(旗舰版),Windows 8. x 以及 Windows 10,以上各软件 32 位及 64 位版本均可。从 Creo 3.0 版本开始,Creo 停止对 Windows XP、Vista 以及 Server 2008 等各种 Windows 操作系统早期版本的支持。本书中所有实例均在 Windows 7 Ultimate(64 位)上测试过。

Creo4.0 对计算机的硬件需求较高,为了保证软件能够顺畅运行,一般推荐使用 4 GB 或以上内存、Microsoft Internet Explorer 8.0 及以上浏览器版本、1280×1024 或以上分辨率显示支持、支持 TCP/IP 协议的网卡、3D 鼠标、NTFS 文件系统等。

1.2　Creo Parametric 4.0 使用前的准备

本书主要讲述 Creo Parametric 模块,本节讲述使用 Creo Parametric 4.0 所要了解的基础知识,包括软件启动方法、软件界面、工作路径等内容。

1.2.1　Creo Parametric 4.0 的启动

根据自己的喜好,读者可使用下面方法中的任意一种进入 Creo Parametric 4.0 软件。

1.2.1.1　**双击桌面上的快捷方式图标**

默认安装下,桌面上将生成一个启动 Creo Parametric 4.0 的快捷方式,双击快捷方式启动软件。根据计算机运行速度的快慢,启动耗费时间可能为几十秒到几分钟不等。

注意:因为 Creo Parametric 4.0 为大型软件,启动耗时比较长,切忌不要在双击软件快捷方式图标后,看到软件没有立即启动起来而再次双击图标。如果多次双击图标,软件将被多次启动,会导致启动速度变慢,甚至由于启动过程中内存不足而退出。

1.2.1.2　**从"开始"菜单启动**

在 Windows 操作系统下,大部分软件都可以通过屏幕左下角"开始"菜单来启动,启动软件的方法为:单击 ⊕(Windows 7 版本)然后依次选取【所有程序】→【PTC】→【Creo Parametric 4.0】命令,启动软件。

1.2.1.3　**从快速启动栏启动**

此种方法不是 Creo Parametric 4.0 软件安装的默认选项,需要软件安装完成后添加。在快速启动栏添加快速启动项的方法为:拖动桌面上的 Creo Parametric 4.0 快捷方式图标至屏幕下方的快速启动栏,当在要放置的地方出现插入图标 时放开鼠标,这时快速启动栏中添加了 Creo Parametric 图标 ,单击此图标即可启动软件。

1.2.2　Creo Parametric 4.0 的界面

Creo Parametric 4.0 启动后进入起始界面如图 1-2-1 所示,单击左上角的【文件】→【打开】菜单项,或单击功能区【主页】选项卡中的打开按钮 ,在弹出的【文件打开】对话框中选取网络配套文件 ch1\ch1_3_example1.prt,单击【打开】按钮,进入到零件设计工作界面如图 1-2-2 所示。

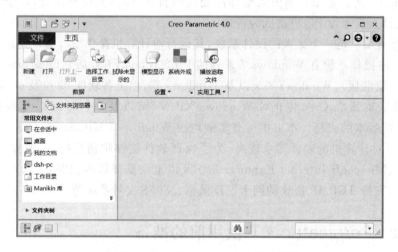

图 1-2-1　Creo Parametric 4.0 起始界面

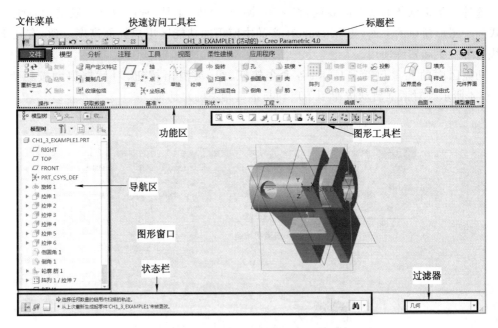

图 1-2-2　Creo Parametric 4.0 零件建模界面

本节以零件设计模块为例,介绍 Creo Parametric 4.0 工作界面,后面章节中将要讲述的草图设计模块、组件装配模块界面与此类似。

Creo Parametric 4.0 工作界面一般由标题栏、功能区、快速访问工具栏、图形工具栏、文件菜单、图形窗口、导航区、状态栏和过滤器等部分组成,说明如下。

1.2.2.1　标题栏

位于软件工作界面顶端,用于显示打开模型的文件名及窗口是否活动、软件版本等信息。图 1-2-2 的标题栏为 **CH1_3_EXAMPLE1 (活动的) - Creo Parametric 4.0**,表示当前打开的文件名为"CH1_3_EXAMPLE1.prt",并且此窗口当前为活动窗口,软件版本为 4.0。

1.2.2.2　功能区

功能区的设立是 Creo 软件相对于原来的野火版 Pro/Engineer 在界面上的最大改变和优化。功能区包含组织成一组选项卡的命令按钮,在每个选项卡上,相关按钮分组在一起,单击窗口中的最小化按钮可以将功能区最小化以获得更大的屏幕建模空间,如图 1-2-3 所示,也可以通过添加、删除或移动按钮来自定义功能区。

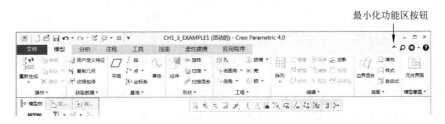

图 1-2-3　最小化功能区按钮

　　这种基于带状条的功能区界面,将文件、模型、分析、工具、视图等所有功能以选项卡的形式列于图形窗口的上面,与 Microsoft 产品中使用的功能区用户界面高度一致,有利于设计快速者上手和熟练使用。

　　功能区中的元素包括选项卡、各命令按钮、组、组溢出按钮、对话框启动按钮等,如图 1-2-4 所示。对话框启动按钮用于启动与本组相关的对话框。

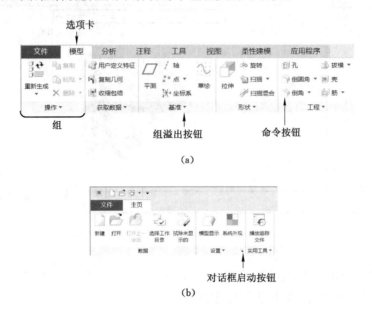

图 1-2-4　功能区元素

(a) 选项卡、命令按钮、组以及组溢出按钮;(b) 对话框启动按钮

　　选项卡是特定工具按钮的组合,一个选项卡又由若干个组构成,一个组是相关命令的集合,如【模型】选项卡中的【形状】组中包含了【拉伸】、【旋转】、【扫描】、【扫描混合】等多个建立一定形状特征的命令。当软件处于不同的状态或打开不同的模块时,选项卡的内容和数量将有所不同。例如,在零件建模状态下功能区中有【模型】、【分析】、【注释】、【工具】、【视图】、【柔性建模】、【应用程序】等多个选项卡可用,如图 1-2-4(a)所示;但是当 Creo Parametric 没有打开模型时,功能区中只有【主页】选项卡可用,如图 1-2-4(b)所示;打开一个零件并单击【应用程序】→【模具/铸造】时,功能区中将添加【模具和铸造】选项卡,如图 1-2-5 所示。

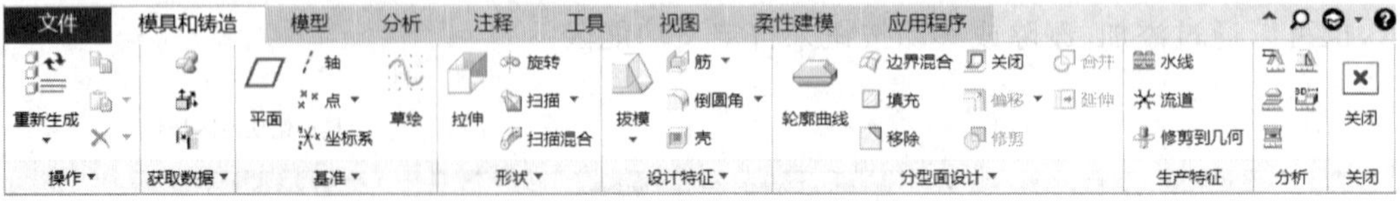

图 1-2-5　【模具和铸造】应用程序的功能区

　　选项卡中的工具按钮代表一个或多个命令,直接单击按钮可启动相关命令。有些命令右侧有一个小三角形,称为命令溢出按钮,单击命令溢出按钮可显示其他相关命令,如图 1-2-6 所示。组溢出按钮类似于命令溢出按钮,单击显示组内其他命令,如图 1-2-7 所示。

图 1-2-6　命令溢出按钮　　　　　　　　　　图 1-2-7　组溢出按钮

提示：关于功能区中的命令按钮，1.3.2 节有简单概述，其具体使用方法将在后面各相关章节讲述。

1.2.2.3　快速访问工具栏

快速访问工具栏提供了对常用命令的快速访问，默认状态下位于软件窗口顶部，其命令如图 1-2-8(a)所示。使用"窗口"按钮  可切换活动的文件。当系统中打开多个文件时，单击按钮 可弹出下拉列表如图 1-2-8(b)所示，选取列表中的项目可激活对应的模型文件。工具栏中的其他命令将在 1.3.1 中讲述。

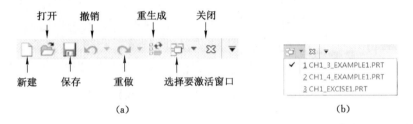

(a)　　　　　　　　　　　　　　　　(b)

图 1-2-8　快速访问工具栏
(a)快速访问工具栏；(b)文件下拉列表

单击快速访问工具栏右侧向下箭头 ，弹出菜单如图 1-2-9 所示。取消选取复选框可不显示相应命令；单击【更多命令】菜单项，可打开【Creo Parametric 选项】对话框如图 1-2-10 所示，选取左侧列表中的命令，并单击添加按钮 ，可将选中的命令添加到快速访问工具栏中；单击【在功能区下方显示】菜单项，可快速访问工具栏放在功能区下方。

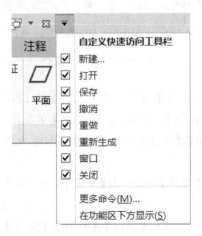

图 1-2-9　快速访问工具栏的选项菜单

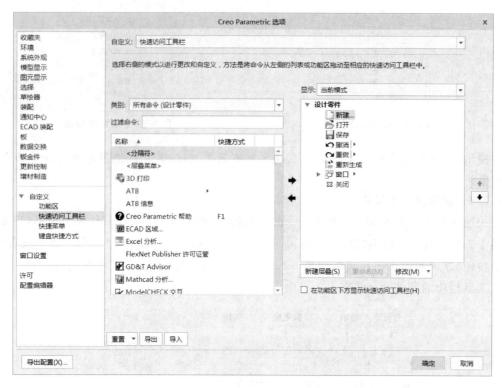

图 1-2-10 【Creo Parametric 选项】对话框

1.2.2.4 图形工具栏

图形工具栏用于控制图形的调整、缩放、重画、显示样式、命名视图管理以及基准、注释、旋转中心等图形要素是否显示,被嵌入图形窗口的顶部,其功能如图 1-2-11 所示。有关模型控制的具体内容详见 10.2 节。

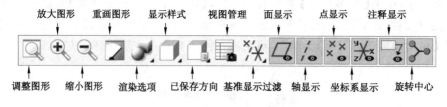

图 1-2-11 图形工具栏

在工具栏上右击,弹出右键菜单如图 1-2-12 所示,取消选取复选框可使对应的命令不显示在图形工具栏上;单击【位置】菜单项,弹出二级菜单如图 1-2-13 所示,可将图形工具栏放置于其他位置或不显示;单击【大小】菜单项可调整图标的显示大小。

1.2.2.5 文件菜单

单击软件窗口左上角的【文件】按钮打开【文件】菜单,用于管理文件模型以及设置软件环境和配置选项,如图 1-2-14 所示。菜单的右侧一列显示了最近打开的文件,单击其中的项目可直接打开该文件;左侧上部的【新建】、【打开】、【保存】、【另存为】、【打印】、【关闭】、【管理文件】、【管理会话】等菜单项用于管理文件;【帮助】菜单项可查看 Creo Parametric 帮助信息、查看软件版本、在线资源、软件新增功能等；打开【选项】菜单项中【选项】对话框可进行系统设置。有关文件管理相关菜单项，将在 1.3 节中详细介绍。

图 1-2-12　快速访问工具栏右键菜单

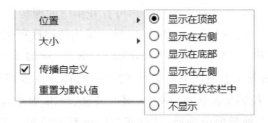

图 1-2-13　快速访问工具栏【位置】二级菜单

图 1-2-14 【文件】菜单

1.2.2.6 图形窗口

图形窗口是 Creo Parametric 的主要工作区，用于显示模型。

1.2.2.7 导航区

底部状态栏的最左侧按钮控制着是否显示导航区。导航区有 3 个选项卡：模型树、文件夹浏览器、收藏夹。单击每个选项卡均可打开相应的面板。

（1）模型树。列出了文件的所有特征，并以树状结构按层次列出。在零件图模型树中，其顶部对象是模型的名称，如"CH1_3_EXAMPLE1. PRT"，下面显示的为组成此模型的特征，其中特征前面有向右箭头▶或向下箭头▼的表示此特征由多部分组成，如图 1-2-15 所示，特征"阵列 1"由多个拉伸特征构成，单击▶展开特征、单击▼选起特征。

（2）层树。显示了当前图形中的层，可以使用层树有效组织和管理模型中的层。在导航区中单击▤ ▼图标，弹出菜单如图 1-2-16 所示，单击【层树】菜单项，即可打开层树，如图 1-2-17 所示。

图 1-2-15　由多个部分组成的特征

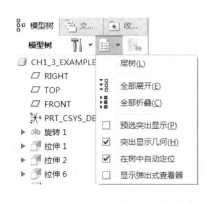

图 1-2-16　打开【层树】菜单

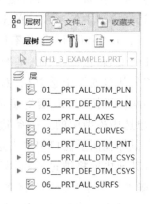

图 1-2-17　模型层树

（3）文件夹浏览器。提供了浏览本机及网络配套文件的功能，包括已经打开的存在于进程中的文件、本机硬盘上的文件、网上邻居中的文件和共享空间中的文件。此选项卡类似与 Windows 操作系统中的"资源管理器"。

（4）收藏夹。用于组织和管理个人资源，可以将喜爱的链接保存到收藏夹中。

1.2.2.8　状态栏

状态栏位于软件窗口左下部，可以控制导航区和浏览器的显示、显示与窗口工作有关的消息等。

其中，按钮用于控制导航区的显示；按钮用于控制浏览器的显示，单击将在图形区域打开网络浏览器，显示 PTC 官方相关网页内容，再次单击关闭浏览器，显示模型图形；

按钮用于切换全屏模式,按功能键 F11 退出; ![binoculars]按钮用于打开搜索工具对话框;中间的文字显示部分是消息区,当用户执行有关操作时,与该操作相关的信息会显示于此。拖动状态栏上部的边线可改变消息区大小,如图 1-2-18 所示。

图 1-2-18　状态栏及其调整

消息区中的每条消息前有一个图标,它表示了消息的类别,其含义如下。

（1） ➡ 表示提示,提示用户下一步将要进行的操作。

（2） ■表示信息,用于显示用户操作所产生的结果和信息。

（3） ⚠ 表示警告,提示用户注意可能的错误。

（4） ⊗ 表示危险,提示到达临界状态,引起用户注意。

（5） ▨ 表示出错,提示用户操作失败。

1.2.2.9　过滤器

过滤器位于主窗口右下角,使用该栏中相应选项,可以有目的地选择模型中的对象。单击过滤器右侧箭头,打开列表如图 1-2-19 所示,可选择不同类型对象。默认状态下,选取几何要素,包括边、面、基准等。若要选取顶点或特征,需要首先从过滤器中选取相应的项,也可在默认的"几何"过滤器状态下按住 Alt 键直接选取特征。

图 1-2-19　使用过滤器
选取不同元素

如要想选中模型中的某一条边,从过滤器下拉列表中选择"边",鼠标在图形窗口中单击选取要素时,特征、基准、面、顶点等其他内容将被过滤掉,只剩模型的边,从而提高选择的准确性。关于"过滤器"的使用范例参见 4.2.2 节。

注意:相对于以前的 Pro/Engineer 软件,Creo 在用户使用界面上改变了很多,除了添加了功能区外,较重大的一个改变是去掉了大部分的 Pro/Engineer 沿用多年的菜单管理器(即浮动菜单,也称为级联菜单)。Creo 将以前使用多级菜单显示的内容均改为了使用操控面板显示,简化了操作界面,有利于操作者快速上手。

1.2.3　设置工作目录

工作目录又称为工作路径,是检索和存储文件的默认路径,也是打开文件的初始路径。工作目录设定后可以方便以后文件的保存与打开,既方便了文件的管理,又节省了文件打开与存储的时间。

默认工作目录是"C:\Users\Public\Documents\",以下几种方法均可设定新的工作目录。

（1）从【文件】菜单选择工作目录。单击【文件】→【管理会话】→【选择工作目录】菜单项,打开【选择工作目录】对话框如图 1-2-20 所示,指定目录并单击【确定】按钮完成工作目录的设定。以后每次打开和保存文件的默认路径都是上面选定的路径,直到修改工作目录或退出 Creo 软件为止。

图 1-2-20　【选择工作目录】对话框

(2) 在【选项】中设置工作目录。单击【文件】→【选项】菜单项,打开【选项】对话框,单击左侧列表中的【环境】,如图 1-2-21 所示,然后单击右侧【工作目录】项的【浏览】按钮,找到要设定为工作目录的路径,单击【确定】退出。

图 1-2-21　【Creo Parametric 选项】对话框

(3) 在【主页】选项卡中设定工作目录。刚打开 Creo Parametric 软件,还没有打开模型之前,单击【主页】选项卡中的选择工作目录按钮,也可打开图 1-2-20 所示的【选择工作目录】对话框,设定工作目录。

1.3　Creo Parametric 4.0 基本操作

本节详细介绍 Creo Parametric 4.0【文件】菜单中与文件操作有关的菜单项的含义,并概述其他模型操作相关按钮的功能,介绍模型旋转、缩放、移动等操作方法,最后总结鼠标使用方法。

1.3.1　【文件】菜单中与文件相关的操作

【文件】菜单如图 1-2-14 所示,下面介绍该菜单中与文件操作相关常用菜单项的含义与使用方法。

1.3.1.1　**新建**

使用 Creo Parametric 4.0 可进行草图绘制、零件设计、组件装配、工程图、模具设计、NC 加工、结构分析等多种设计工作，而且多数功能模块生成的文件类型不同，使用【新建】菜单项可建立大部分 Creo Parametric 文件。单击【文件】→【新建】菜单项，弹出【新建】对话框，如图 1-3-1 所示，该对话框包含了要建立文件的类型及其子类型。与本书有关的几种文件及其子类型介绍如下。

图 1-3-1　【新建】对话框

（1）草绘。建立二维草图文件，用于绘制平面参数化草图，其扩展名为.sec。草图文件的建立方法在第 2 章讲述。

（2）零件。建立三维零件模型文件，用于零件设计，其扩展名为.prt。零件模型文件又包含了实体、复合钣金等多种子类型，通常创建的零件模型文件为【实体】子类型，建立的方法从第 3 章开始介绍。

（3）装配。建立三维模型装配文件，其扩展名为.asm。装配文件又分为设计、互换、模具布局等多种子类型，每种子类型对应不同的应用，本书只介绍装配文件的建立方法，将在第 8 章讲述。

（4）绘图：建立二维工程图文件，其后缀为.drw，本部分内容在第 9 章讲述。

【新建】对话框中名称和公用名称后的输入框用于指定文件名和文件公用名称。每当新建文件时系统给出文件的默认名称，若不更改则接受之，以后此文件将按此名称保存。文件公用名称用于与其他模块或 PTC 公司其他产品如 Windchill 的参数传递，本书中没有涉及，可不填写。

注意：从 4.0 版本开始，Creo 软件支持中文名，文件名中可以包含中文字符。但是鉴于某些模块对文件名称的限制,不建议使用中文字符命名文件名,并且 Creo 软件的安装路径中也尽量不要包含任何非字母和数字字符。除了以上关于中文字符的要求之外,Creo 的文件名还要满足下列条件:

(1) 文件名限制在 31 个字符以内,系统不能创建或检索文件名长度大于 31 个字符的文件。

(2) 文件名中可以包含中文(但不建议使用)、字母、数字以及连字符和下划线,不能使用空格、[ ]、{ }、标点符号(.?!;)等字符。

(3) 文件名的第一个字符不能是连字符。

对话框中文件名输入框的下面是【使用缺省模板】复选项。选中复选框表示使用系统默认的模板,关于模板的问题在 3.3.1 节中讲述。

1.3.1.2　保存

每个 Creo Parametric 模型文件都有两重扩展名,第一个代表此文件的类型,如.prt 或.asm 等;第二个扩展名代表文件版本号,如.1 或.2 等。设定计算机可以看到文件的扩展名(方法:从【我的电脑】或【资源管理器】的菜单中,单击菜单【组织】→【文件夹和搜索选项】打开【文件夹选项】对话框,选择【查看】选项卡,将【高级设置】框里的【隐藏已知文件类型的扩展名】前面复选框中的√去掉),打开网络配套文件中的任何一个目录,将看到每个文件的扩展名。

Creo 中保存文件的方式与常用的其他软件有较大差别。其他软件在保存文件时是覆盖原文件,而 Creo 则是将要保存的模型文件以增加版本号(将第二个扩展名加 1)的方式建立一个新的版本文件,原来版本的文件仍然存在。例如,单击【文件】→【新建】菜单项,选择建立一个“零件”类型的文件 aa.prt,当单击【文件】→【保存】菜单项或单击保存按钮 🔲 存盘后,存储在计算机中的文件名为 aa.prt.1,若再次存盘,新文件名为 aa.prt.2。

1.3.1.3　关闭

单击【文件】→【关闭】菜单项,或单击当前模型工作窗口中的关闭按钮 ✖ (位于 Creo 工作界面的右上角),或单击功能区【视图】选项卡【窗口】组中的关闭按钮 ✖ ,或单击快速访问工具栏中的关闭按钮 ✖ ,当前图形在屏幕上不显示。

【关闭】命令只是让当前图形不在显示器上显示了,但此文件在计算机内存中仍然是运行的,除非系统的主窗口被关闭,也就是 Creo 软件被关闭。在这一点上,Creo 与其他软件不一样。

那么既然文件没有被关闭,怎样让其在屏幕上显示出来? 又怎样才能将文件彻底关闭? 这就是后面要讲述的【打开】和【拭除】的功能。

提示:如果是 Creo 的主窗口,单击关闭按钮 ✖ 时,系统提示是否退出系统,若选【是】按钮,将会退出 Creo 系统,所有的模型均将不存在于内存,此时单击关闭按钮 ✖ 的作用是关闭软件;只有当软件中存在多个打开的窗口时,单击关闭按钮 ✖ 才能起到上述【关闭】的作用。

1.3.1.4　打开

单击【文件】→【打开】菜单项,系统弹出如图 1-3-2 所示的【文件打开】对话框,使用该对话框可以打开系统可识别的图形文件。

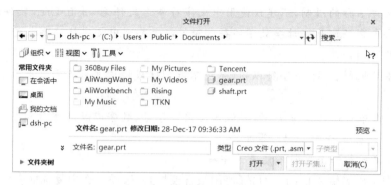

图 1-3-2　【文件打开】对话框

(1) 确定打开文件的位置。可在对话框左侧的常用文件夹中选取要打开文件的位置，包括当前路径文件夹以及收藏夹、系统格式、在会话中、我的电脑、网上邻居、Mainkin 库等。也可单击对话框左下角的文件夹树打开文件目录树查找文件。

提示：在会话中的文件即使用【文件】→【关闭】命令关闭的文件，这些文件虽然在屏幕上看不到，但实际上其文件信息仍存在于内存中，是处于运行状态的，这样的文件也称为位于进程中。

(2) 选择打开文件的类型。单击打开图 1-3-2 所示【文件打开】对话框下部的【类型】下拉列表，选择要打开文件的类型，如图 1-3-3 所示。

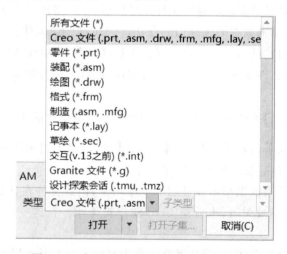

图 1-3-3　打开文件时选取要打开文件的类型

提示：Creo Parametric 可打开的文件类型有近 60 种，除了在 Creo Parametric 直接生成的草绘(.sec)、零件模型(.prt)、装配(.asm)、工程图(.drw)等文件，还可打开与其兼容的文件，如 IGES 格式文件(.igs)、STEP 格式文件(.set)、中性文件(.neu)、CATIA 文件(.model)等，但在打开兼容文件时，由于数据结构的不同，可能图形会有损失。

(3) 打开文件的版本。打开文件时，默认状态下打开最新版本的文件，即最近一次保存的文件。若要打开以前保存的版本，单击【文件打开】对话框中的【工具】按钮，在弹出的下拉列表中选择【所有版本】即可显示文件的所有版本。

例如,单击【文件】→【打开】菜单项,将【查找范围】选定在配套网络文件目录 ch1 中,文件扩展名均为.prt。单击【文件打开】对话框上【工具】按钮,在弹出的下拉列表中选中【所有版本】复选框,如图 1-3-4(a)所示,显示文件的所有版本,其扩展名为数字,如图 1-3-4(b)所示。

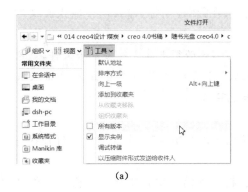

(a)　　　　　　　　　　　　　　　　　(b)

图 1-3-4　打开文件时显示文件所有版本的操作
(a) 显示打开文件的所有版本;(b) 文件的所有版本

(4) 单击【文件打开】对话框右下角附近的【预览】按钮,可以在文件列表的下方看到选中文件的预览,再次单击【预览】按钮,文件预览关闭。

1.3.1.5　保存备份

单击【文件】→【另存为】→【保存备份】菜单项,可以在当前路径或更换路径对文件进行同名备份。若备份的位置为当前路径,则系统将当前文件保存一个新的版本;若备份位置为其他路径,则系统将文件保存到指定的位置,其版本号为 1。

注意:文件备份功能只能在相同或不同的位置形成新的文件版本,不能更改文件名。

1.3.1.6　重命名

使用重命名功能可以改变文件的名称。单击【文件】→【管理文件】→【重命名】菜单项,弹出对话框如图 1-3-5 所示。其中【模型】名称为当前文件名称,在【新名称】输入框中输入新的文件名。下面有两个单选框,【在磁盘上和会话中重命名】表示此次重命名将更改现在已经打开的位于进程中的文件名称和位于磁盘上的文件名;【在会话中重命名】表示此次重命名只改变已经打开的、位于会话中的文件的名称,而不会更改磁盘上的文件名。

注意:文件重命名功能只能更改文件名称,不能改变文件所在位置。

图 1-3-5　【重命名】对话框

1.3.1.7　保存副本

上面介绍的备份和重命名功能只能改变文件存盘路径或文件名,要想将文件以不同的文件名保存到不同的位置,可使用保存副本命令。单击【文件】→【另存为】→【保存副本】菜单项,弹出【保存副本】对话框。在【查找范围】下拉列表中选择要存盘的位置,在【类型】下拉列表中选择保存文件类型,并在【新建名称】输入框中输入新文件名,可将文件以新的文件名保存到新的位置。

在【保存副本】对话框的类型下拉列表中选择新的文件类型,还可建立新的文件格式。例如,可以将上例打开的 ch1_3_example1.prt 中的模型保存为图形文件格式,其操作方法:在对话框的【类型】下拉列表中选择 JPEG (*.jpg);在【新建名称】输入框中输入新文件名,如 ex1,然后单击【确定】便可得到一个新的图形文件 ex1.jpg。

注意:保存副本时,可以不改变新文件的保存路径,但是必须更改文件名。若文件名(包括主文件名和扩展名)与原模型重名,存盘不能完成,且状态栏中的消息区显示错误提示 具有该名称的对象已存在于会话中。请选取一个不同的名称。

1.3.1.8 拭除

在使用关闭功能关闭文件以后,模型不显示但还位于内存中,实际上还是处于打开状态的,使用拭除功能可以将内存中的文件关闭。

单击【文件】→【管理会话】→【拭除当前】菜单项,将当前活动窗口中显示的模型文件从内存中删除;单击【文件】→【管理会话】→【拭除未显示的】菜单项,将使用关闭功能关闭的、处于进程中的文件从内存中删除。

注意:当系统打开多个文件后,因为内存被大量占用,计算机运行速度会变慢。此时若单击窗口右上角的关闭按钮 将文件关闭,只是起到了单击【关闭】菜单项相同的功能,只是让模型不显示了,文件仍然存于内存中仍占用计算机的资源,若想让模型从内存中退出,可使用拭除功能将文件从内存中彻底清除。

1.3.1.9 删除

使用删除命令可以从磁盘上彻底删除文件。单击【文件】→【管理文件】→【删除旧版本】菜单项,将删除该文件除最高版本以外的所有版本;单击【文件】→【管理文件】→【删除所有版本】菜单项,将删除该模型所有版本的文件,同时从内存中删除该模型。因为此操作将删除硬盘上的文件,为保险起见在确认删除后系统还会弹出提示对话框,再次确认是否删除。

提示:因删除所有版本命令将直接删除磁盘上所有版本的文件,其功能相当于在资源管理器中按 Shift+Delete 组合键彻底删除文件,其操作是不可恢复的,使用时要慎重。

1.3.2 功能区命令按钮介绍

本节仅概述各功能按钮基本功能,其具体功能在后面章节中都有具体讲述。

1.3.2.1 【模型】选项卡

【模型】选项卡如图 1-3-6 所示,包含了建立与修改模型相关的几乎所有命令按钮,是学习 Creo Parametric 初期使用最多的选项卡,也是本书第 3 到 7 章所要讲述的内容。其中【形状】组中的功能按钮与基本特征建立相关,将在第 3 章讲述;【基准】组中的按钮与基准特征的建立相关,在第 4 章讲述;【工程】组中的按钮与放置特征相关,在第 5 章讲述;【操作】和【编辑】组中的按钮与复制、阵列、合并、修剪等特征操作有关,将在第 6 章讲述;【曲面】组中按钮与建立曲面特征相关,在第 7 章讲述。

图 1-3-6　【模型】选项卡

除了上面章节中讲述的内容外，【模型】选项卡中涉及的部分高级实体特征如扫描混合、螺旋扫描、可变剖面扫描、轴特征、法兰特征以及高级曲面特征等的建模方法，请读者参考其他书籍。

1.3.2.2 【视图】选项卡

【视图】选项卡如图 1-3-7 所示，包含了模型方向调整、大小缩放、颜色外观设置与显示、基准显示、窗口管理等与模型视图有关的多项内容。

图 1-3-7　【视图】选项卡

【视图】选项卡【方向】组中与模型大小与位置有关的基本操作主要有以下几个：重新调整按钮 ，单击此按钮重新调整模型尺寸至与屏幕适合，此命令不调整模型方向，仅调整其大小；放大按钮 ，单击此按钮鼠标变为 ，单击鼠标指示两个位置定义缩放区域；缩小按钮 缩小 ，单击此按钮模型缩小至原模型大小的一半；平移按钮 平移 ，单击按钮鼠标变为手型 ，拖动鼠标可平移模型；标准方向按钮 ，单击按钮模型将重新调整到合适大小，并以标准的等轴测方向定位至图形窗口中心位置；上一个视图按钮 ，单击按钮模型将恢复到上一个视图方向。

单击【视图】选项卡【模型显示】组中的显示样式按钮 ，弹出模型显示样式下拉菜单如图 1-3-8 所示，有带反射着色 、带边着色 、着色 、消隐 、隐藏线 以及线框 等 6 种显示模式，各种模式显示样式效果如图 1-3-9 所示。

图 1-3-8　模型显示样式下拉菜单

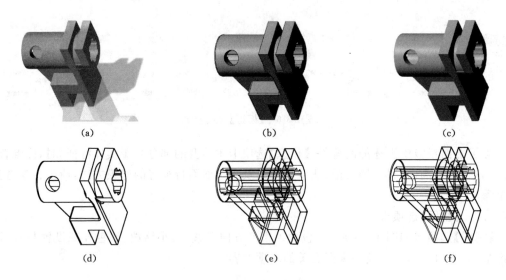

图 1-3-9 各种模型显示样式的显示效果

(a) 带反射着色；(b) 带边着色；(c) 着色；(d) 消隐；(e) 隐藏线；(f) 线框

【视图】选项卡中的【显示】组如图 1-3-10 所示，其中的按钮均为开关按钮，第一次单击使其开（或关），再次单击使其关（或开）。其中 ⬚ 控制基准平面显示，⬚ 控制基准平面标记，⬚ 控制基准轴，⬚ 控制基准轴标记，⬚ 控制基准点，⬚ 控制基准点标记，⬚ 控制基准坐标系，⬚ 控制基准坐标系标记，⬚ 控制标准螺纹孔等的注释，⬚ 控制旋转中心。

单击【视图】选项卡【窗口】组中的切换窗口按钮⬚，弹出下拉列表如图 1-3-11 所示，其中显示了当前系统中打开的模型，选择列表中的模型可将其激活，使其成为当前模型。

图 1-3-10 【显示】组

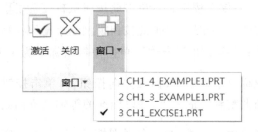

图 1-3-11 切换模型

1.3.2.3 【分析】选项卡

【分析】选项卡如图 1-3-12 所示，使用相应命令，可测量图形的长度、距离、角度、面积等、质量、厚度等参数，以及曲面、曲线等的曲率、拔模斜度、配合间隙等。

文件	模型	分析	注释	工具	视图	柔性建模	应用程序

管理 ▼	自定义	模型报告	测量	检查几何		设计研究

图 1-3-12 【分析】选项卡

1.3.2.4　【应用程序】选项卡

　　【应用程序】选项卡如图 1-3-13 所示，是 Creo Parametric 与其他功能模块的接口，如单击仿真按钮 ，可切换到仿真模块，进行结构分析与热分析。

图 1-3-13　【应用程序】选项卡

1.3.3　Creo 模型操作方法与鼠标使用

　　在三维建模（包括零件建模、组件装配等模块）界面下，鼠标三键的使用方法是相同的。其常用操作说明如下。

　　提示：在草绘模块中，鼠标的使用方法与零件模块稍有不同，将在 2.1 节中讲述。

1.3.3.1　左键：指定与选择

　　左键的使用方法与在其他软件中的使用基本相同，用于选取菜单或功能区中的命令按钮；指定点、位置、确定图素的起点和终点；选取模型中的对象等。

1.3.3.2　中键：完成操作或操作模型

　　在创建和操作三维模型过程中，中键有着非常重要的作用，在这一点上 Creo 软件与常用的办公软件（如 Windows office）有着很大的不同，用法如下。

　　（1）中键单击：完成操作。

　　单击中键表示完成当前操作，比如完成线段的绘制、完成模型特征的制作等，与操作过程中单击对话框【确定】按钮、单击操控面板中的 按钮具有相同的效果。

　　（2）中键其他操作：操作模型。

　　① 中键拖动：按下中键并移动鼠标，可旋转图形窗口中的模型。根据有无旋转中心，模型旋转的方式也不相同。当旋转中心"开"时（即按下【视图】选项卡【显示】组中的旋转中心图标 时），模型中显示旋转中心，此时拖动中键，图形将围绕旋转中心转动；当旋转中心"关"时，模型以选定点（即单击中键时鼠标的位置）为中心旋转。

　　② 滚动鼠标轮：向下转动鼠标轮可放大模型视图，向上转动鼠标轮缩小模型视图。

　　以上两种鼠标中键的操作方法在 Creo 软件中是应用是最多的。

　　③ Ctrl＋中键拖动：同时按下 Ctrl 键和鼠标中键上下拖动鼠标可放大或缩小图形窗口中的模型，向下拖动放大视图，向上拖动缩小视图。

　　④ Shift＋中键拖动：同时按下 Shift 键和鼠标中键，拖动鼠标可平移模型。

1.3.3.3　右键：调入右键快捷菜单

　　选定对象后，右击可显示相应的快捷菜单。Creo 软件中的右键操作使用了计时右键单击功能，选定的对象不同、右击的方式不同，显示的快捷菜单也不相同，说明如下。

　　（1）快速右键单击：在图形窗口以外选定对象后快速右击可显示该对象的右键菜单，如图 1-3-14 为选定模型树中的"拉伸_1"特征后右击显示的快捷菜单。

（2）慢速右键单击：在图形窗口内选定对象，按住右键约半秒钟，系统将显示此图元的快捷菜单，如图 1-3-15 所示为在零件建模环境中选定一个特征并慢速右击时弹出的右键菜单。此时快速右击并不能调出快捷菜单，但可以在与选定的重叠或靠近的对象之间来回切换，此种选择方式称为循环选择。

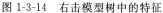
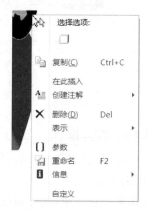

图 1-3-14　右击模型树中的特征　　　　图 1-3-15　选定特征并慢速右击后的快捷菜单

注意：AutoCAD 中也具有这种计时右键单击功能，但需要从【选项】菜单项中设置。

本书在后面的讲述中若没有特别说明，在图形窗口中选定图形元素后的右击均为慢速单击右键；在非图形窗口内的右击为快速单击右键。

对于模型的操作方法总结如下：

（1）旋转模型：中键拖动。

（2）平移模型视图：Shift＋中键拖动。

（3）缩放模型视图：滚动鼠标轮或 Ctrl＋中键拖动，或使用 🔍 和 🔍 命令按钮。

1.4　综合实例

以网络配套文件 ch1\ch1_4_example1.prt 的操作为例，练习本章所学内容。

步骤 1：设置工作目录。

（1）双击桌面上 Creo Parametric 4.0 快捷方式图标打开程序，或单击 🔘，然后依次选取【所有程序】→【PTC Creo】→【Creo Parametric 4.0】命令以开始菜单方式打开程序。

（2）打开【文件】→【管理会话】→【选择工作目录】菜单项，在弹出的【选取工作目录】对话框中指定工作目录到放有网络配套文件的目录，如 D:\creo\ch1。

步骤 2：打开文件。

（1）单击【文件】→【打开】菜单项或顶部快速访问工具栏中的打开按钮 📂，在弹出的【打开文件】对话框里，选择文件 ch1\ch1_4_example1.prt，单击【确定】按钮。

步骤 3：操作模型。

（1）旋转模型：拖动中键，旋转模型。

（2）缩放模型：滚动鼠标轮或按住 Ctrl 键上下拖动中键均可缩放模型，观察两种操作模式的不同。

(3) 移动模型：按住 Shift+拖动中键。

步骤 4：熟悉【视图】选项卡中关于模型显示与控制的方法。

(1) 模型缩放和移动控制方法。单击【视图】选项卡【方向】组中的重新调整按钮 重新调整、放大按钮 放大、缩小按钮 缩小、平移按钮、标准方向按钮 标准方向、上一个视图按钮 上一个，熟悉各种模型显示控制方法。

(2) 模型显示方式控制方法。单击【视图】选项卡【模型显示】组中的显示样式按钮 显示样式，熟悉模型各种显示样式：带反射着色、带边着色、着色、消隐、隐藏线以及线框。

(3) 模型基准与旋转中心显示控制。单击功能区【视图】选项卡【显示】组中的基准平面显示按钮、基准平面标记显示按钮、基准轴显示按钮、基准轴标记显示按钮、基准点显示按钮、基准点标记显示按钮、基准坐标系显示按钮、基准坐标系标记显示按钮、注释显示按钮、旋转中心显示按钮，观察模型变化。

(4) 模型标准视图方向控制方法。单击功能区【视图】选项卡【方向】组中的已保存方向按钮 已保存方向，弹出下拉列表如图 1-4-1 所示，分别选取标准方向和默认方向观察模型方向，然后分别单击 BACK、BOTTOM、FRONT、LEFT、RIGHT、TOP 等方向观察模型方向变化。

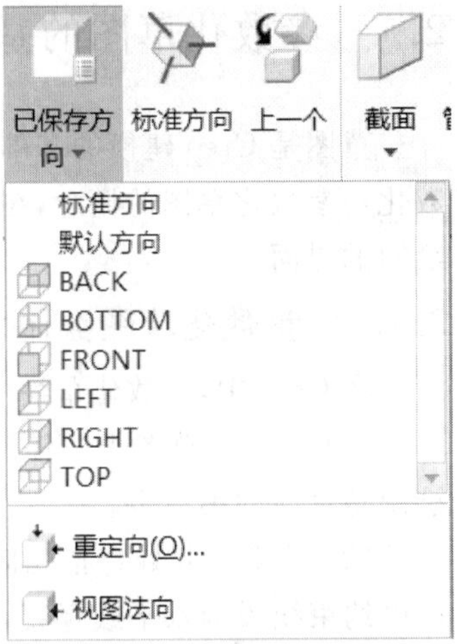

图 1-4-1　已保存视图列表

步骤 5：熟悉快速访问工具栏。

因没有进行模型的操作，不能进行撤销或重做等操作，可进行新建、打开、存盘、再生、关闭以及选取要激活的窗口等操作。

步骤 6：更改文件名并在其他位置存盘并退出。

(1) 单击【文件】→【另存为】→【保存副本】菜单项，弹出【保存副本】对话框。选取新的存盘位置，在【新名称】对话框输入新的名称，单击【确定】。

(2) 单击【文件】→【退出】菜单项，退出 Creo Parametric 系统。

习　题

(1) 在网络配套目录 ch1 中存有 ch1_exercise1.prt 文件的 5 个版本，使用打开文件“所有版本”的方法，依次打开这 5 个文件。注意：在打开下一个文件版本时，要首先拭除前一个版本。

(2) 将习题 1 中打开的最后一个版本文件保存为图片格式(JPG 或 TIF 格式)、IGES 格式和 STEP 格式。

第 2 章　参数化草图绘制

　　参数化草图是模型建立的基础,本章在讲述参数化概念和草绘基本操作基础上,介绍草图图元的建立与编辑、几何约束和尺寸的添加等内容,最后结合实例讲述草图辅助图元的使用技巧。

2.1　参数化草图的基本知识

　　草图是 Creo 建模的基础,几乎每个模型的建立过程中都离不开草图。本节重点讲述参数化与参数化草图的概念,在此基础上说明精确草图的绘制过程,并介绍 Creo 参数化草图绘制的界面。

2.1.1　参数化草图绘制术语

　　在 Creo 中,参数化草绘模块又称为草绘器,其中经常使用的术语如下。

　　(1) 图元。草图中的任何元素,如直线、圆弧、圆、样条、圆锥、文字、点或坐标系等,图元绘制是草绘的第一步。

　　(2) 约束。此处特指几何约束,是指定义图元的条件或定义图元间关系的条件。例如,可以约束线段为水平或竖直,也可以约束两条线段平行,或是约束一条线段和一个圆相切。几何约束用一系列的约束符号来表示,如对一条线段添加水平约束后,在线段附近将会出现水平约束符号 ▬,具体内容将在 2.4 节讲述。

　　(3) 尺寸。又称为尺寸约束或尺寸标注,是指图元或图元之间关系的度量,如线段的长度为图元的度量尺寸,两条平行的线段之间的距离为两图元之间距离关系的度量尺寸。具体内容将在 2.5 节讲述。

　　(4) "弱"尺寸。为保证草图的全约束状态,在绘制图元时系统根据图元位置和大小自动建立的尺寸。当用户对此图元显式添加尺寸或约束后,系统会在没有用户确认的情况下移除"弱"尺寸。"弱"尺寸在草图中默认以浅蓝色显示。

　　(5) "强"尺寸。由用户创建的尺寸或经用户修改过的"弱"尺寸称为"强"尺寸。草绘器不会自动删除"强"尺寸。"强"尺寸默认以深紫色显示。

2.1.2　参数化绘图

　　参数化技术是现代 CAD 发展过程中的一次重大变革,Creo Parametric 的前身 Pro/Engineer 是三维建模领域首个采用参数化技术的软件,也正是因为有了参数化这项革命性的技术才促成了 PTC 的建立和 Pro/Engineer 的诞生。

　　进入草绘界面后,使用草图绘图命令绘制有大致形状和尺寸的图形,这其中的每一个图元都由一个或多个参数来控制,通过精确约束这些参数最终可得到精确二维图形,这个图形就是一个精确的参数化草图。参数化绘图的过程可以图 2-1-1 所示图形的绘制过程为例来说明：首先绘制基本图元并编辑，使之成为有大致形状和尺寸的图形，如图 2-1-1（a）、图 2-1-1（b）所示；然后添加约束，如图 2-1-1（c）所示的圆心等高约束、两圆等半径约束、图 2-1-1（d）所示的线与半圆相切约束；最后为线段和半圆添加尺寸约束，得到精确草图，如图 2-1-1（e）所示。本例制作过程参见网络配套文件 ch2\ch2_1_example1.sec.1、ch2_1_example1.sec.2、ch2_1_example1.sec.3 和 ch2_1_example1.sec.4。

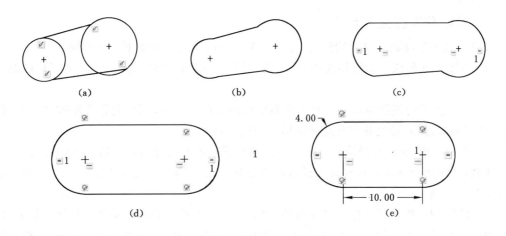

图 2-1-1　参数化草绘过程

（a）大致形状与尺寸的图形；（b）图形编辑；（c）添加圆心等高、两圆等半径约束；
（d）添加相切约束；（e）添加尺寸约束，完成草图绘制

提示：图 2-1-1 只是用于说明参数化绘图的概念和过程，目的是使读者理解参数化绘图的概念。若读者是首次阅读此节内容，因为有许多知识点尚未学习，所以先不要尝试绘制此例。等学完本章所有内容后再来完成图形绘制。

图 2-1-1（e）所示图形可以直接使用自动约束功能，在图元绘制过程中自动添加约束，然后编辑图形、添加尺寸，即可快速完成图形，详细制作过程参见 2.4.3 节例 2.1。

参数化绘图的过程实际上就是一个将最初绘制的只有大致形状，没有精确尺寸和位置关系的图形约束为有确定尺寸和位置关系的图形的过程。而这其中的约束可分为尺寸约束和几何约束两种类型。

尺寸约束是控制草图中图元大小的参数化驱动尺寸，当它改变时，草图中的相应图元将随之改变。因此，可通过更改控制图元的尺寸参数来得到草图的精确尺寸。几何约束是控制草图中图元自身位置以及图元之间相互位置关系的约束。图元自身位置约束是指控制某图元水平或竖直；图元之间的位置关系约束指明两个元素是否相互垂直、平行、相等、同心或是重合等。

Creo 要求草图必须是全约束的，也就是说每一个参数都要指定，完成后的草图是可以求解的；同时，草图又不能过约束，若存在过约束则表示尺寸或位置关系的指定有重复，会造成约束间的矛盾，其解决方法是删除重复的约束。

在 CAD 技术中引入了约束的概念后，出现了参数化设计的概念。参数化是指对零件

上各图形元素施加约束,如以直径约束圆的大小,以圆心的 x、y 坐标约束圆的位置,即得到一个精确的圆。再以该精确的圆作为截面,沿着圆的法线方向拉伸,以高度作为约束得到圆柱,这个过程就是参数化建模的基本过程。

各个特征的几何形状与尺寸大小用变量参数的方式来表示,这些变量参数可以是独立的,也可以具有某种代数关系。如果定义某图元或特征的变量参数发生改变,则图元或特征的形状和大小将会随之而改变。由参数驱动图形是 Creo 软件系统自动实现的过程,也是参数化绘图的基本原理。

2.1.3　参数化草图绘制步骤

按照上面关于参数化绘图的叙述,完成一个完整的草图需要如下三个步骤:

(1)草图图元的绘制。使用绘制直线、圆、矩形、圆弧、样条曲线等命令绘制图形的基本雏形。

(2)草图图元的编辑与修改。对上步骤中绘制的图形进行修剪、删除等修改或复制、镜像、旋转等编辑操作,使之具有与最终图形相似的形状。

(3)添加约束,完成草图绘制。对图形添加位置约束和尺寸约束,得到精确图形。

注意:上面的步骤只是从理论上说明的草绘基本过程,实际的绘图可能是上面三个步骤多次反复的过程。

一般的绘图过程都是先建立基本框架并标注尺寸,然后在基本框架之上添加细枝末节,完成图形。并且其中的每一步都是一个绘制图元、编辑图元、约束并标注图元的过程。例如,图 2-1-2 所示图形的建立过程如下。

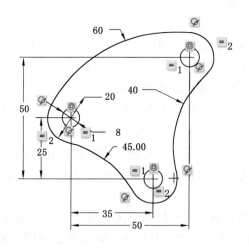

图 2-1-2　要建立的参数化草图

(1)绘制三处同心圆并确定其位置关系及圆自身尺寸,如图 2-1-3(a)所示。

(2)绘制三条弧线,对其添加相切、端点在圆上约束,并添加尺寸约束,如图 2-1-3(b)所示。

(3)删除多余线段得到最终图形,如图 2-1-2 所示。

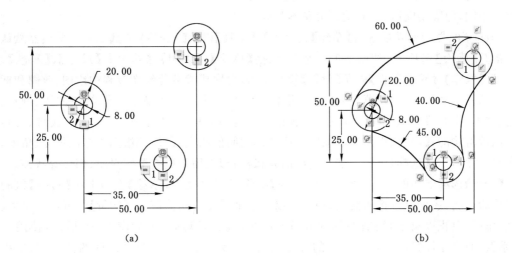

(a)　　　　　　　　　　　　　　　　(b)

图 2-1-3　参数化草图过程

（a）建立基本图形；（b）细化图形并添加约束

　　提示：图 2-1-2 所示图形是为了演示说明参数化绘图过程，若读者是首次阅读此节内容，先不要尝试完成此例，等学完 2.5 节后再练习即可。

2.1.4　草绘器界面与设置

　　单击【文件】→【新建】菜单项或顶部快速访问工具栏中的新建按钮 ，在弹出的【新建】对话框中选择【草绘】，并在【名称】输入框中输入文件名，单击【确定】按钮即进入草绘器。建立草图后，草绘界面如图 2-1-4 所示。

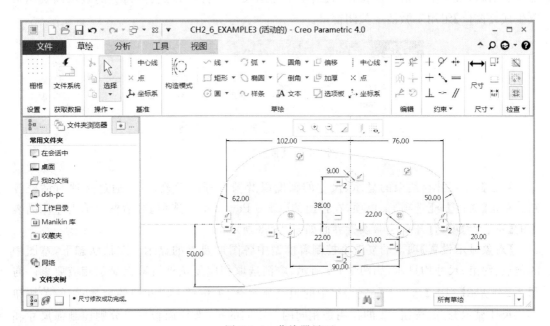

图 2-1-4　草绘器界面

Creo 中各软件模块提供了较为统一的用户界面。草绘器界面与第 1 章讲述的零件模块有所不同,但除功能区外,其他部分基本相同。

Creo 草绘器中的功能区有【草绘】、【分析】、【工具】以及【视图】4 个选项卡。草绘器默认显示的是【草绘】选项卡,如图 2-1-4 所示,包括【草绘】、【编辑】、【约束】、【尺寸】、【基准】、【检查】、【操作】、【获取数据】以及【设置】等 9 个组,可完成参数化绘图过程中绘图、改图和标图全部的三个过程。其中【草绘】选项卡用于绘制线段、矩形、圆、弧、椭圆、样条曲线、倒角、圆角、文本、中心线、点、坐标系以及插入预设图形;【编辑】组用于完成修剪、分割、镜像、旋转等草图编辑功能;【约束】组用于添加图形或图形之间的约束;【尺寸】组用于标注长度、角度、直径等尺寸约束;【基准】组用于建立基准图元;【检查】组用于检查草图封闭、相交等特性。

【分析】选项卡如图 2-1-5 所示,其【检查】组除了可以完成【草绘】选项卡中【检查】组的图形检验功能,还可以分析相交线、相切线以及单个图元的相关信息;【测量】组可进行距离、长度、角度、面积以及半径、曲率等的分析与测量。【工具】选项卡如图 2-1-6 所示,使用其【关系】组的命令按钮可以切换图元的尺寸与符号显示,建立图元尺寸之间的关系式;使用【调查】组可以查看状态栏里的消息日志以及文件历史记录。

图 2-1-5 【分析】选项卡

图 2-1-6 【工具】选项卡

【视图】选项卡如图 2-1-7 所示,用于完成图形操控、文件操控等。其中,【方向】组用于缩放、平移以及调整图形显示;【显示】组用于控制尺寸、约束、顶点、网格等的显示以及图形重生成;【窗口】组用于激活或关闭窗口。

图 2-1-7 【视图】选项卡

草绘器中尺寸与约束的显示、尺寸的精度以及栅格等的设置,可以通过选项对话框控制。单击【文件】→【选项】菜单项,在弹出的【Creo Parametric 选项】对话框中单击左侧列表中的【草绘器】项,打开草绘器设置界面如图 2-1-8 所示。

【对象显示设置】项下的复选框控制着模型中各图形要素的显示。默认状态下,草图中的顶点、约束、尺寸均显示,如图 2-1-9 所示,取消选取相应复选框可取消显示相应要素。与图 2-1-7 所示【视图】选项卡【显示】组中的顶点显示开/关按钮 、几何约束显示开/关按钮 、尺寸显示开/关按钮 的作用是相同的。不同的是,选项面板可以分别控制强尺寸和弱尺寸的显示,而尺寸开/关按钮 不能。

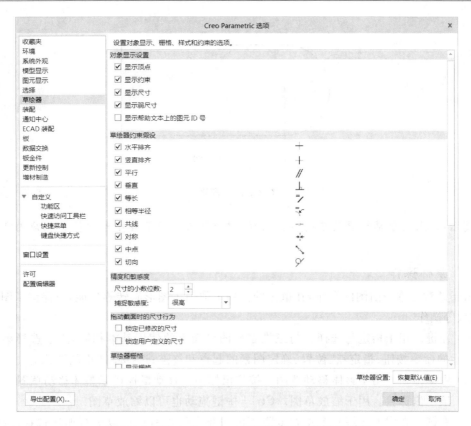

图 2-1-8　【Creo Parametric 选项】草绘器设置对话框

【草绘器约束假设】项下的复选框控制着建模过程中自动约束的引入(有关自动约束参见 2.4.2 节),默认状态下所有约束均可自动创建,取消选取相应复选框可取消显示相应的自动约束。

【精度和敏感度】项控制尺寸的显示精度和捕捉的敏感度。尺寸显示精度默认为 2 位小数,通过设置【尺寸的小数位数】后面的数字改变尺寸精度。捕捉敏感度默认设置为很高,绘图过程中顶点等的捕捉较容易,若设置为其他值则捕捉相对较困难。

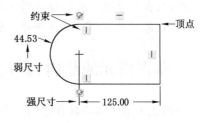

图 2-1-9　草图中的各要素

【拖动截面时的尺寸行为】项控制拖动修改图元时(有关拖动修改图元参见 2.3.3 节),已定义强尺寸的变化行为。【锁定已修改的尺寸】复选框控制是否锁定经由修改得到的强尺寸;【锁定用户定义的尺寸】复选框控制是否锁定用户自定义的强尺寸。若选取后者,则前者也被默认选中。拖动图元时锁定已修改或自定义的强尺寸,可以避免拖动修改图形时错误地修改已经定义好的图形参数,提高拖动效率和准确性。

【草绘器栅格】控制草绘器中的栅格相关功能。【显示栅格】复选框控制栅格显示与否,草绘界面中的栅格如图 2-1-10 所示;【捕捉到栅格】复选框控制草绘过程中是否捕捉到栅格的交点,若选用,则绘图过程中仅能在栅格交点上选取点,不能完成对非栅格点的顶点、圆心等要素的捕捉。

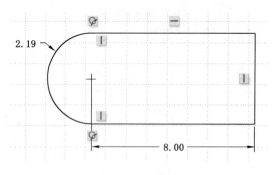

图 2-1-10　栅格

提示：以上关于草绘器设置的相关内容，建议读者在后面各小节中根据相应内容对照学习。

2.1.5　鼠标操作

由于是对二维平面图的操作，在鼠标的使用上取消了图形旋转等功能，只保留了图形移动、缩放等操作。

（1）左键。用于指定与选择。与三维零件图界面下的使用基本相同，用于选择菜单或工具栏上的命令按钮；指定点、位置、确定图素的起点和终点；选择草图中的图元等。

（2）中键拖动。用于整体移动草图。按住鼠标中键移动鼠标可以整体移动草图。

（3）滚动鼠标轮。用于缩放草图。Ctrl＋中键拖动也可以缩放草图。

（4）右键。在图形区域几个重叠或靠近的对象上快击右键可以进行循环选择；选中图形对象后慢击右键可以调出右键菜单。

提示：在本章建立的二维草图文件中，图形不能旋转，但在三维建模文件中建立的二维草图，可以像对待实体模型一样进行旋转操作。

2.2　草图图元的绘制：参数化草图绘制第一步

根据 2.1 节讲述的具有精确约束草图绘制过程，草图绘制的第一步是画出图形元素，本节讲述线段、构造线、中心线、矩形、圆与椭圆、圆弧、圆角、倒角、点与坐标点、文本、样条曲线等的绘制方法，以及外部数据的插入方法。

2.2.1　线、中心线、构造线与切线的绘制

Creo 中的线分三类：实线、中心线和构造线。实线用于构成几何图形，也就是通常所说的线段；中心线是无限长的直线，用点划线表示，通常可用作对称图元的对称轴等；构造线是用来辅助完成图形绘制的参考线，以虚线表示，其功能相当于几何图形中的辅助线。图 2-1-1 是使用构造线的例子，为了在半径为 10 的圆周上绘出 3 个均布的圆，首先绘制一个半径为 10 的构造线圆和三条分别成 120°的中心线，然后以构造圆与三条中心线的交点为圆心绘制圆。本例参见网络配套文件 ch2\ch2_2_example1.sec。读者可在学完 2.5 节后，练习绘制本例图形。

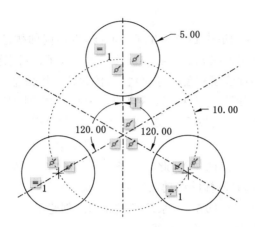

图 2-2-1　使用构造线和中心线的图例

2.2.1.1　绘制线段

默认状态下,功能区【草绘】选项卡【操作】组中的选择按钮 选择 处于选中状态,表示系统处于选择状态,此时单击可以选中图形窗口中已绘制的草图。单击功能区【草绘】选项卡【草绘】组中的绘制线段按钮 ╲ 线,鼠标由"选择"状态 转换到绘制线段的选择点状态 。线段绘制过程如下:

(1)在要开始线段的位置单击,此时一条"橡皮筋"线便附着在光标上随着鼠标的移动而移动。

(2)在要终止线段的位置单击,系统在两点间创建一条线段。同时,此点又是另一条线段的起点,"橡皮筋"线继续跟随光标移动。

(3)重复上一步骤,创建其他线段。

(4)单击鼠标中键,"橡皮筋"线消失,结束本段线段的绘制。再次单击中键,退出绘制线段状态。鼠标由绘制线段的选择点状态 转换到选择状态 。单击【操作】组中的选择按钮 选择,也可以起到退出绘制线段状态同样的效果。

提示:在图形绘制过程中,经常会出现一些约束符号并出现"橡皮筋"线的跳动。比如,在绘制的线段接近水平时出现 并且图形自动由接近水平跳到水平;接近竖直时出现 且图形跳动到竖直;在一条线段和另一条线段接近平行时两条线段附近都出现 // 且两线段变的平行等。这些功能都是系统自动使用了一项称为目的管理器的自动约束技术。

创建草图时目的管理器可以自动追踪设计者的设计意图,实时、动态地约束图形,并显示出这种约束关系,上面所述的符号就是目的管理器对图形的动态约束,目的管理器可极大提高建模效率。若不想使图形具有这种约束关系,可调整光标位置,使约束图标消失后再单击、绘制图形。

注意:在使用 Creo 草绘器绘制草图时,不能根据尺寸大小绘制图形,只能绘制一个具有大致形状、没有精确尺寸的图元,要想得到精确的图形,必须使用尺寸修改命令(见 2.5 节)。这也正反映了参数化草绘的步骤:先根据自己的设计思路勾勒出只有大体形状和尺寸的草图,再使用修改与约束的方法将草图细化,使之具有精确的形状和尺寸。

2.2.1.2 绘制中心线

草图中的中心线分为构造中心线和几何中心线，以不同的颜色区分。构造中心线只能应用于草图中，一般用作镜像图元的中心线。几何中心线不但可以作为镜像中心线使用，还可用于草绘器以外，如零件建模和装配等模块中，传达特征级信息。

绘制中心线的方法与线段基本相同，不同的是中心线是无限长的直线，仅作参考，起到辅助线的作用，并不形成实际的图形。构造中心线的绘制过程如下：

（1）单击【草绘】组中的中心线按钮 ┆ 中心线 ，激活绘制中心线命令。

（2）单击中心线上第一点的位置，此时一条无限长的"橡皮筋"中心线便附着在光标上，并以第一点位置为中心随着鼠标的移动而转动。

（3）单击中心线上第二点的位置，系统经过此两点创建了一条中心线。

（4）重复（2）和（3）创建另一条中心线。

（5）单击鼠标中键，或单击【操作】组中的选择按钮 选择 ，退出绘制中心线命令。

几何中心线是草图中的一种基准图元，又称为基准中心线，单击【基准】组中的几何中心线按钮 ┆ 中心线 ，激活几何中心线命令。其建立步骤同构造中心线。

构造中心线和几何中心线可以相互转换。单击构造中心线或几何中心线，在鼠标图标附近弹出浮动工具栏，如图 2-2-2 所示，单击其【切换构造】图标 ，完成构造中心线和几何中心线之间的互换。

图 2-2-2　构造中心线或几何中心线的浮动工具栏

提示：浮动工具栏是 Creo 4.0 的新增功能。根据所选图元的不同，系统将图元常用的功能以浮动工具栏的形式列出，方便了图元的操作。例如，线段、圆以及点的浮动工具栏分别如图 2-2-3、图 2-2-4、图 2-2-5 所示。

图 2-2-3　线段的浮动工具栏　　　图 2-2-4　圆的浮动工具栏　　　图 2-2-5　点的浮动工具栏

2.2.1.3 绘制构造线

在构造模式状态下，所绘制的线段、矩形、圆、样条曲线等图元均为构造线。单击功能区【草绘】组中的构造模式按钮 构造模式 ，系统进入构造模式状态。在此状态下，单击【草绘】选项卡中的 线 按钮绘制线段，将建立构造线，系统以虚线显示，如图 2-2-6 所示。同样，在此模式下绘制的圆、矩形等也将是构造线。

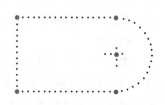

图 2-2-6　构造线实例

对于已经绘制完成的几何图元,也可以通过编辑转换为构造图元,反之亦然。单击选取线段等几何图元,在弹出的浮动工具栏中单击【切换构造】图标 ,可将其转换为构造线。若选取构造线并单击,在浮动工具栏中单击【切换构造】图标 ,可将其转换为几何图元。

2.2.1.4　绘制切线与中心线切线

单击【草绘】组中的绘制线段按钮 线 右侧向下三角形,弹出下拉菜单如图 2-2-7 所示,单击选取 直线相切 ,系统进入绘制切线状态,单击圆或圆弧后,系统可自动寻找圆或圆弧的切点,绘制两圆或圆弧的外切或内切线。

同理,单击【草绘】组中的绘制中心线按钮 中心线 右侧的向下三角形,弹出下拉列表如图 2-2-8 所示,单击选取 中心线相切 ,可绘制两圆或圆弧的外切或内切中心线。

　　图 2-2-7　线段下拉菜单　　　　　　　　　图 2-2-8　中心线下拉菜单

打开网络配套文件 ch2\ch2_2_example2.sec,图中有两圆如图 2-2-9 所示。绘制两圆的外切线及其内切中心线,如图 2-2-10 所示,完成后的实例参见网络配套文件 ch2\f\ch2_2_example2_f.sec。

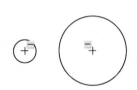

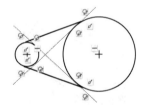

　　　图 2-2-9　实例　　　　　　　　图 2-2-10　绘制外切线及内切中心线

在绘制切线时,生成外切线还是内切线根据操作者选择圆弧上的位置来确定,如果选择的点离内切点较近,则生成内切线,反之生成外切线。

提示:有些功能区按钮右侧带有一个小三角,如绘制线按钮 线 ,其意义表示此命令按钮下有级联的子工具栏按钮,选择其子按钮可以绘制与此按钮命令相似的图形,或进行相似的编辑操作。

2.2.2　矩形、斜矩形与平行四边形的绘制

Creo 4.0 中可以直接建立的四边形有矩形、斜矩形、中心矩形以及平行四边形。单击【草绘】组中 矩形 按钮右侧的三角形箭头,弹出下拉菜单如图 2-2-11 所示,单击相应的按钮可建立各种四边形。

矩形又称为拐角矩形,其基本建立步骤如下:

(1) 单击【草绘】组矩形按钮 拐角矩形 ,系统进入绘制矩形状态。

(2) 在绘图区选定的位置单击,选择矩形的第一个角点。

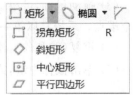

图 2-2-11　【矩形】下拉菜单

（3）移动鼠标，可以看到跟随光标移动的"橡皮筋"矩形，在合适的位置单击，完成矩形的绘制。系统将在两个角点之间创建矩形。

（4）重复（2）和（3），绘制另一个矩形。

（5）单击鼠标中键，或单击【操作】组中的选择按钮 选择，退出矩形命令。

建立斜矩形的基本步骤如下：

（1）单击图 2-2-11 所示下拉菜单中的斜矩形按钮 ◇ 斜矩形，系统进入斜矩形绘制状态。

（2）在绘图区选定的位置单击，选择矩形的第一个角点。

（3）移动鼠标，跟随光标出现"橡皮筋"线，在合适的位置单击，建立斜矩形的第一条边。

（4）沿垂直于斜矩形第一条边的方向拖动鼠标，出现斜矩形预览，在合适位置单击，完成绘制，如图 2-2-12 所示。

（5）重复步骤（2）、步骤（3）、步骤（4），绘制另一个斜矩形。

（6）单击鼠标中键，或单击【操作】组中的选择按钮 选择，退出斜矩形命令。

平行四边形的建立与斜矩形类似，单击图 2-2-11 所示下拉菜单中的平行四边形按钮 ▱ 平行四边形，激活平行四边形命令。在选定第一、二点绘制平行四边形的第一条边后，在任意第三点单击，可完成平行四边形，如图 2-2-13 所示。与图 2-2-12 所示斜矩形相比，平行四边形没有两条边之间的垂直约束。

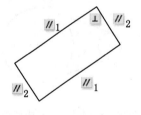

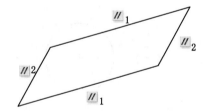

图 2-2-12　斜矩形　　　　　　　　图 2-2-13　平行四边形

中心矩形的建立方式是选取矩形中心以及一个角点自动生成矩形。与普通矩形相比，中心矩形相当于首先建立了矩形的两条对角构造线，然后在线的端点分别建立两条竖直和水平的线段，如图 2-2-14 所示。

中心矩形的建立过程如下：

（1）单击图 2-2-11 所示下拉菜单中的中心矩形按钮 ▣ 中心矩形，进入中心矩形绘制状态。

（2）在绘图区选定的位置单击，选择矩形中心。

（3）拖动鼠标，可以看到跟随光标移动的"橡皮筋"矩形，在合适的位置单击选取矩形的一个端点。系统将以第一个点作为中心点、第二个点作为一个端点创建矩形。

（4）重复（2）和（3），绘制另一个矩形。

（5）单击鼠标中键，或单击【操作】组中的选择按钮 选择，退出中心矩形命令。

2.2.3　圆、圆弧与椭圆的绘制

2.2.3.1　圆的绘制

单击【草绘】组中圆按钮  圆 右侧的三角形,弹出下拉菜单如图 2-2-15 所示。Creo 中绘制圆的方式有圆心和圆上一点画圆、绘制同心圆、圆上任选三点画圆以及三点相切画圆。

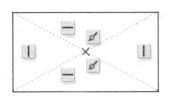

图 2-2-14　中心矩形

图 2-2-15　【圆】下拉列表

(1) 中心点和圆上一点画圆

使用中心点和圆上任一点画圆是最常用绘制圆的方式,其步骤为:

① 单击【草绘】组中的圆按钮 圆心和点 ,系统进入绘制圆状态。

② 在图形窗口合适位置单击指定圆心,移动鼠标,出现随光标移动的"橡皮筋"圆,单击鼠标确定圆上任一点,确定圆的大小。

③ 重复步骤②可创建其他圆。

④ 单击鼠标中键,或单击【操作】组中的选择按钮选择 ,退出绘制圆命令。

(2) 创建同心圆

如果图形中已存在圆弧或圆,系统提供了创建其同心圆的方法,过程如下:

① 单击图 2-2-15 所示下拉菜单中的 同心 按钮。

② 在图形窗口单击选择已经存在的圆、圆弧或其圆心作为参照,移动鼠标,出现随光标移动的"橡皮筋"圆,此圆的圆心正是前面选择的圆弧或圆的圆心,单击鼠标指定圆上任一点,确定圆的大小,单击中键退出。

③ 重复步骤(2)可创建其他同心圆。

④ 单击鼠标中键,或单击【操作】组中的选择按钮选择 ,结束同心圆命令。

(3) 创建 3 点圆

若已知圆上任意 3 个点位置,可以使用 3 点作圆,过程如下:

① 单击图 2-2-15 所示下拉菜单中的 3点 按钮。

② 在图形窗口依次单击 3 个不在一条直线上的点,系统自动生成经过此 3 点的圆。

③ 重复步骤(2)可创建其他 3 点圆。

④ 单击鼠标中键,或单击【操作】组中的选择按钮选择 ,结束 3 点圆命令。

(4) 创建相切圆

若已知圆的三个切点所在的图元,可以绘制相切圆,过程如下:

① 单击图 2-2-15 所示下拉列表中的 3相切 按钮。

② 在图形窗口依次单击三条线或弧,系统自动生成与该三图元相切的圆。

③ 重复步骤②可创建其他相切圆。

④ 单击鼠标中键,或单击【操作】组中的选择按钮 选择,结束相切圆命令。

注意:创建相切圆时,圆的切线可以是实线、构造线、圆、圆弧或实体边线等图元,但不可以是椭圆或中心线等图元。

2.2.3.2 圆弧的绘制

与圆的绘制方法类似,系统也提供了四种绘制圆弧的方法,分别是指定圆心和两圆弧端点画圆弧、绘制同心圆弧、指定圆上任选三点绘制圆弧以及三点相切绘制圆弧。在【草绘】组中单击 弧 按钮右侧的三角形,弹出下拉菜单如图 2-2-16 所示。

图 2-2-16 【弧】下拉菜单

(1)三点方式绘制圆弧

通过指定圆弧的两个端点与弧上其他任一点可绘制圆弧,其操作步骤如下:

① 单击【草绘】组中的 3点/相切端 按钮,进入 3 点圆弧草绘状态。

② 在图形窗口合适的位置单击,指定圆弧起点,单击另一个位置,指定圆弧终点,移动鼠标,出现随光标移动的"橡皮筋"圆弧,此"橡皮筋"圆弧的两个端点正是上面选择的起点和终点,单击鼠标确定圆弧第三点,从而确定圆弧位置和大小。

③ 重复步骤②可创建其他圆弧。

④ 单击鼠标中键,或单击【操作】组中的选择按钮 选择,结束 3 点圆弧命令。

(2)创建同心圆弧

如果图形中已经存在圆弧或圆,可以创建其同心圆弧,过程如下:

① 单击图 2-2-16 所示下拉菜单中的 同心 按钮。

② 在图形窗口单击选择已经存在的圆弧、圆或其中心,移动鼠标,出现随光标移动的"橡皮筋"构造圆,沿此构造圆单击两次分别指定圆弧的起点和终点,同心圆弧草绘完成。

③ 重复步骤(2)可创建其他同心圆弧。

④ 单击鼠标中键,或单击【操作】组中的选择按钮 选择,结束同心圆弧命令。

(3)通过圆心和端点创建圆弧

通过指定圆心和圆弧的两端点也可以创建圆弧,过程如下:

① 单击图 2-2-16 所示下拉菜单中的 圆心和端点 按钮。

② 在图形窗口合适位置单击选择圆心,移动鼠标,出现随光标移动的"橡皮筋"构造圆,沿此构造圆单击两次分别指定圆弧起点和终点,圆弧草绘完成。

③ 重复步骤②可创建其他圆弧。

④ 单击鼠标中键,或单击【操作】组中的选择按钮 选择,结束圆心和端点圆弧命令。

(4)创建相切圆弧

若已知圆的三个切点所在的图元,可以绘制相切圆,过程如下:

① 单击图 2-2-16 所示下拉菜单中的 3 相切 按钮。

② 在图形窗口中依次单击选择两条线段、弧或圆,移动鼠标,出现随光标移动的"橡皮筋"圆弧,此圆弧的端点切于上面选择的线段。

③ 单击选择第三条线段、弧或圆,窗口显示草绘完成的圆弧。

④ 重复②、③创建其他相切圆弧。

⑤ 单击鼠标中键,或单击【操作】组中的选择按钮 选择,结束相切圆弧命令。

2.2.3.3　椭圆的绘制

Creo 中建立椭圆的方式有两种:通过定义轴端点创建椭圆、通过定义中心和轴创建椭圆。在【草绘】组中单击椭圆按钮 椭圆 右侧的三角形,弹出下拉菜单如图 2-2-17 所示。

图 2-2-17　【椭圆】下拉菜单

(1) 通过定义轴端点创建椭圆

通过定义一条主轴,以及椭圆弧上的一个点可以创建椭圆,其操作步骤如下:

① 单击【草绘】组中的轴端点椭圆按钮 轴端点椭圆,进入椭圆草绘状态。

② 在图形窗口合适的两个位置单击,指定第一条主轴的两个端点位置。

③ 移动鼠标,跟随光标显示椭圆预览,在合适位置单击完成椭圆。

④ 重复步骤②和③创建其他椭圆。

⑤ 单击鼠标中键,或单击【操作】组中的选择按钮 选择,结束椭圆命令。

(2) 通过定义中心和轴创建椭圆

① 单击图 2-2-17 所示下拉菜单中的中心和轴椭圆按钮 中心和轴椭圆,进入椭圆草绘状态。

② 在图形窗口合适的位置单击,指定椭圆中心点位置。

③ 移动鼠标至所需主轴长度位置单击,生成第一条主轴。

④ 移动鼠标,跟随光标显示椭圆预览,在合适位置单击完成椭圆。

⑤ 重复步骤②、③、④创建其他椭圆。

⑥ 单击鼠标中键,或单击【操作】组中的选择按钮 选择,结束椭圆命令。

2.2.4　圆角与倒角的绘制

对于两条不平行的边,可以绘制圆角或椭圆形圆角。单击【草绘】组中的 圆角 按钮,弹出圆角命令下拉菜单,如图 2-2-18 所示,可以建立两边间的圆角、圆形修剪、椭圆角或椭圆形修剪。圆角是在两条选定边上建立等边圆角,而边上原来的部分建立圆角后保留构造线和原顶点;圆角修剪也是在两条选定边上建立等边圆角,但边上原来的部分将直接被删除。同样椭圆角是在两边上的选定点建立椭圆形过渡曲线,将原边上的线保留为构造线,并保留原点;椭圆角修剪是直接修剪边从而建立椭圆过渡。

圆角的建立过程如下:

(1) 单击【草绘】组中的圆角按钮 圆形,系统进入建立圆角状态。

(2) 选取两条边,系统在两边之间生成圆角,将圆角修剪掉的边变为构造线,并保留了原顶点,如图 2-2-19 左上角所示。

(3) 单击图 2-2-18 所示下拉列表中的圆形修剪按钮 圆形修剪,系统进入建立圆角修剪状态。

（4）选取两条边，系统在两边之间生成圆角，并直接修剪掉圆角之外的部分，如图 2-2-19 右下角所示。

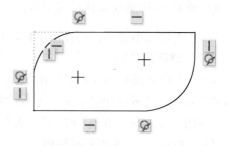

图 2-2-18　【圆角】菜单　　　　　　　　　　图 2-2-19　在矩形上建立圆角和圆角修剪

同理可建立椭圆形圆角和椭圆形圆角修剪，如图 2-2-20 所示，左上角为椭圆形圆角，右下角为椭圆形圆角修剪。

通过单击要创建倒角的两条边，可在两边之间创建倒角。单击【草绘】组中的 倒角 按钮，弹出下拉菜单，如图 2-2-21 所示，分为倒角和倒角修剪两种。选取 倒角 建立倒角，选取 倒角 建立倒角修剪。

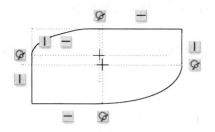

图 2-2-20　在矩形上建立椭圆形圆角和椭圆形圆角修剪　　　图 2-2-21　【倒角】菜单

倒角的建立方法和过程与圆角类似，对图 2-2-22 所示矩形建立两个倒角，如图 2-2-23 所示。左上角完成倒角后保留构造线和原顶点，右下角通过倒角修剪建立倒角并剪除了原来的边建立顶点。

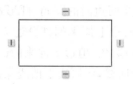

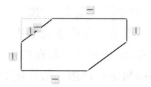

图 2-2-22　矩形　　　　　　　　　　图 2-2-23　建立倒角和倒角修剪

2.2.5　样条曲线的绘制

样条曲线是非均匀有理 B 样条曲线（non-uniform rational B-spline，简称 NURBS）的简称，是一种由给定的离散点构成的光滑过渡曲线。在样条曲线的建立过程中，这些离散点都通过或无限逼近所生成的样条曲线。因此,样条曲线就是通过或逼近若干个中间点的光滑曲线。在汽车、飞机、电子消费品家电等产品的外观设计中,样条曲线可用于表达不能用简单数学公式表述的复杂线条。

样条曲线绘制方法如下:

(1) 在【草绘】组中单击样条曲线绘制按钮 ∿ 样条 ,激活样条曲线命令。

(2) 在图形窗口单击一系列点,单击过程中可以看到光标上附着着一条"橡皮筋"曲线,这条曲线就是即将生成的样条曲线。

(3) 单击鼠标中键,完成本样条曲线的绘制,再次单击中键退出样条曲线绘制命令。也可直接单击【操作】组中的选择按钮 选择 ,系统转换到选择状态,结束样条曲线命令。

提示:样条曲线生成过程中,在图形窗口单击形成的一系列的点称为内插点,而位于曲线两端的点称为端点,内插点和端点的位置用于确定样条曲线形状。

2.2.6　点和坐标系的绘制

与 2.2.1 节中讲到的中心线一样,草图中的点和坐标系也分为普通的点、坐标系以及几何点、几何坐标系两种。

单击【草绘】组中的点按钮 ✕ 点 或坐标系按钮 ⊹ 坐标系 ,可分别建立点或坐标系,也称为构造点和构造坐标系,只能应用于草图,在草图之外构造点和构造坐标系是不可见的。

单击【基准】组中的几何点按钮 ✕ 点 或几何坐标系按钮 ⊿ 坐标系 ,可分别建立几何点或几何坐标系,也称为草绘基准点和草绘基准坐标系。这类基准要素除在草图内可见外,还可应用于零件建模、装配等其他模块中。详见 4.4 节基准点特征,或 4.5.3 节中基准坐标系特征。

点和坐标系的建立较简单,激活命令后,在图形窗口单击,选择点或坐标系的位置即可完成绘制。单击鼠标中键或单击【操作】组中的选择按钮 选择 ,系统转换到"选择"状态,结束点或坐标系命令。

2.2.7　文本的绘制

可以在草图中绘制文本。单击【草绘】组中的绘制文本按钮 𝐀 文本 ,系统进入草绘文本状态。在确定了文本方向和高度后,系统弹出文字设置对话框如图 2-2-24 所示。使用该对话框可写入文本内容、选择文本字体、设定文本放置方式等。对话框说明如下:

(1) 文本。在此输入要绘制的文本,可输入英文、中文或其他字符。

(2) 字体。设置文本的字体。

(3) 位置。指定即将生成的文本相对于指定点的位置。

① 水平。在水平方向上控制点(即书写文本的起点)位于文本的左边、右边或中间。如图 2-2-25(a)控制点位于文本的左边,图 2-2-25(b)控制点位于文本的右边。

② 垂直。在垂直方向上控制点位于文本的底部、顶部或中间。如图 2-2-25(a)控制点位于文本的底部,图 2-2-25(b)控制点位于文本的顶部。

(4) 长宽比。设置文字的宽度缩放比例。

(5) 斜角。设置文字的倾斜角度。

(6) 沿曲线放置。设定文字是否沿指定的曲线放置,其效果如图 2-2-26(a)所示。

图 2-2-24 【文本】对话框

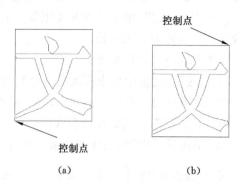

图 2-2-25 文本的控制点
(a) 控制点位于左下；(b) 控制点位于右上

（7）沿曲线反向放置文本⟋。只有当选定了沿曲线放置复选框时此按钮才可用，其效果如图 2-2-26(b)所示。

图 2-2-26 文本沿曲线放置的两种方式
(a) 文本沿曲线放置；(b) 文本沿曲线反向放置

绘制文本的操作步骤如下：

（1）单击【草绘】组中的文本按钮 **A** 文本，系统进入文本绘制状态。

（2）选择文本行的起始点，确定文本方向和高度。在图形窗口合适的位置单击，此点即文本的控制点，移动鼠标单击绘制第二点，两点之间的线段即文本行的高度，第一点到第二点的方向即文字方向，如果第二点在第一点下方，则生成的文字是倒置的。

（3）在随后弹出的文本对话框中输入文本行、指定文本字体、指定文本的位置、长宽比、斜角等。

（4）若要文本沿曲线放置，单击 □ 沿曲线放置 复选框，使之处于选中状态 ☑ 沿曲线放置 ，选取一条已经绘制好的曲线。

（5）单击对话框的【确定】按钮，完成文本绘制。

2.2.8 插入外部数据

以上讲述的方法均为在草绘器中直接绘制草图，Creo 还可以插入系统预定义好的常用草绘截面以及直接插入已经建立好的截面文件或其他系统格式的文件。

2.2.8.1 插入系统预定义图形

单击【草绘】组中选项板按钮 选项板，弹出【草绘器选项板】对话框如图 2-2-27 所示，其中包含四个选项卡：【多边形】、【轮廓】、【形状】和【星形】。每个选项卡分别包含了多种预定义的形状，如【多边形】中的三角形、五边形等，【轮廓】中的 L 形、T 形等。选项卡上部的图形区域是选项卡中被选中项目的图形预览区。

图 2-2-27　【草绘器选项板】对话框

要想将选项板中的图形插入图形窗口,有两种方法:

(1) 在选项卡的图形列表中双击选取要插入的图形,然后在绘图区域单击,生成图形预览。图 2-2-28 所示是插入 T 形轮廓时生成的预览,同时功能区增加了【导入截面】操控面板如图 2-2-29 所示。

图 2-2-28 包含了对新插入图形的旋转、移动、缩放三种操作。拖动图形中的♪符号旋转图形,拖动⊗移动图形,拖动↘缩放图形。同时,在【导入截面】操控面板中 ⃤ 符号后面的输入框中输入旋转角度也可旋转图形,在 ↗ 符号后的输入框中输入数值也可缩放图形。使用图形中的符号和输入数值对图形的操作效果是一样的,单击面板中的 ✔ 完成图形插入。

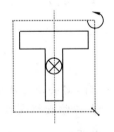

图 2-2-28　插入 T 形轮廓时
　　　　　的图形预览

图 2-2-29　【导入截面】面板

(2) 直接从【草绘器选项板】对话框下部的图形列表中拖动选定的图形到图形区域,也可生成图形预览并显示【导入截面】操控面板,移动、旋转或缩放图形至合适位置、角度及大小即可。

2.2.8.2　插入文件

单击【获取数据】组中的"文件系统"按钮 ，打开【打开】对话框如图 2-2-30 所示。可以插入的文件类型如图 2-2-31 所示,包括 Creo 工程图(＊.drw)、草图(＊.sec)以及标准数据交换格式文件（＊.igs）、Adobe Illustrator 文件（＊.ai）以及 Autodesk 的标准图形文件（＊.dwg）和图形交换格式文件（＊.dxf）。

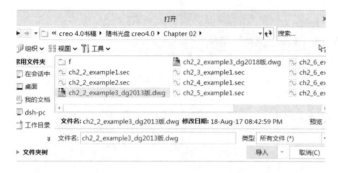

图 2-2-30　插入文件时的【打开】对话框　　　　图 2-2-31　可插入文件的类型

下面以插入一个 AutoCAD 图形为例，说明插入外部数据的过程。

（1）单击【获取数据】组中"文件系统"按钮，在弹出的【打开】对话框中选择要插入的图形，这里选择网络配套文件 ch2\ch2_2_example3_dg2013 版.dwg。

（2）单击【导入】按钮，并在屏幕上单击，被选取的 AutoCAD 图形预览被添加到当前窗口，如图 2-2-32 所示。同时功能区增加图 2-2-33 所示的【导入/绘图】操控面板。

（3）在面板的 符号后输入框中输入 1，按 1∶1 输入 AutoCAD 图形，单击 完成。

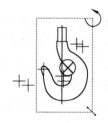

图 2-2-32　插入的 AutoCAD 图形预览

图 2-2-33　【导入/绘图】操控面板

注意：在插入非 Creo 文件（如 AutoCAD、IGES 等格式文件）时，需要经过数据转换才能在系统中显示，这中间用到 Creo 中内置的二维数据交换接口。在二维数据交换接口方面，Creo 4.0 支持 AutoCAD 2013 图形以及更低版本的 AutoCAD 文件。

AutoCAD 2017 及以下版本的软件可保存图形的最高版本为 AutoCAD 2013 图形，可直接导入 Creo 4.0 中。但最新版的 AutoCAD 2018 保存的文件默认为 AutoCAD 2018 图形格式，不能被 Creo 4.0 识别，读者可尝试使用网络配套文件 ch2\ch2_2_example3_dg2018 版.dwg。只有将 AutoCAD 文件保存为 AutoCAD 2013 图形或以下版本才能被正确使用。保存的方法为：在高版本 AutoCAD 软件中打开.dwg 文件，单击【另存为】菜单项，在弹出的【图形另存为】对话框中，指定【文件类型】为 AutoCAD 2013 图形或更低版本，单击【确定】按钮生成低版本文件。

2.2.9　偏移边创建图元

通过偏移指定的一条或多条边一定距离，可以生成新的图元。早期的 Pro/Engineer 软件仅能在零件模式下偏移零件或其他特征的边,而 Creo 不但继承了偏移零件或其他特征边的功能,还能够偏移当前草图中的图形生成新图元。Creo 提供了两个命令实现偏移功能。

2.2.9.1　偏移命令:单侧偏移创建图元

单击【草绘】组中的偏移按钮 ▢ 偏移 ,激活偏移命令,通过偏移边或草绘图元来创建图元。弹出【类型】对话框如图 2-2-34 所示。

通过偏移边创建图元,激活命令后必须要选取参照的边或图元才能创建图元,选取参照图元的方式分为单一、链以及环三种。单一是指单击选取一条线段、圆、圆弧或曲线作为参照;链是指选取两个图元指定其间的部分为一条链;环是指通过选取环中的一个图元从而选中整个环形图形。

图 2-2-34　【类型】
对话框

通过偏移边或图元创建图元的步骤和过程如下:

(1) 单击【草绘】组中的偏移按钮 ▢ 偏移 ,激活通过偏移边或草绘图元创建图元命令。

(2) 在图 2-2-34 所示【类型】对话框中指定选取偏移参照的类型。例如,对于图 2-2-35 所示图形,要想偏移图 2-2-35(a)底部线段如图 2-2-35(b)所示,可选取【单一】类型。

(3) 选取参照要素并指定偏移方向与尺寸。单击选取底部的边,图形中显示偏移方向如图 2-2-36 中箭头所示,同时图形区域上部弹出输入框如图 2-2-37 所示,输入距离 1.5,单击 ✔ 完成。

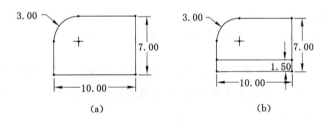

图 2-2-35　图形偏移　　　　　　　　　　图 2-2-36　箭头提示偏移方向
(a) 要偏移的图形;(b) 偏移生成的图形

若要偏移整个图形,可在类型对话框中选环单选框,然后选取图中任意一条线,输入偏移距离,即可偏移整个环形。将图形偏移 1.5 的结果如图 2-2-38 所示。

图 2-2-37　偏移距离输入框　　　　　　　图 2-2-38　偏移整个环

2.2.9.2　加厚命令:双侧偏移创建图元

单击【草绘】组中双侧偏移按钮 ▢ 加厚 ,激活加厚命令,弹出【类型】对话框如图 2-2-39 所示。通过在两侧偏移边或草绘图元创建图元。

通过在两侧偏移边或草绘图元来创建图元,可根据参照图元偏移生成两条图元,它们按用户定义的距离分离。根据输入的偏移值和厚度值,生成的草绘可跨骑参考边,或者两个偏移图元都位于参照图元一侧。创建双侧图元后,根据图 2-2-39 所示对话框中的【端封闭】选项,可以添加平整或圆形端封闭以连接两个偏移图元,或者可以使其保持未连接状态。

加厚命令与偏移命令的步骤类似,以图 2-2-40 所示图形中偏移图元的建立过程为例说明加厚命令。图 2-2-40(a)中有两条线段,单击【草绘】组中的加厚按钮 ⤶ 加厚 ,【端封闭】项中选取【开放】单选框,使用【链】的方式选取两条线段,输入厚度为 3、箭头方向的偏移为 1.5,得到偏移图形如图 2-2-40(b)所示;若其他均不变,【端封闭】项中选取【平整】,得到偏移图形如图 2-2-40(c)所示;【端封闭】项中选取【圆形】,得到偏移图形如图 2-2-40(d)所示。

图 2-2-39 【类型】对话框

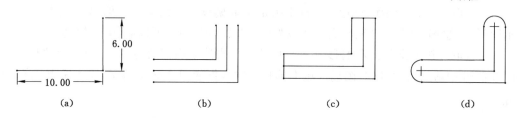

(a)   (b)   (c)   (d)

图 2-2-40 加厚偏移的例子

(a) 要偏移的图形;(b)【开放】端封闭;(c)【平整】端封闭;(d)【圆形】端封闭

提示:从第 3 章开始讲述实体特征,在三维实体特征中进入草图时增加了投影命令,其命令按钮为 ☐ 投影 。使用投影命令可以通过已有实体的边创建投影图元。其使用方法将在第 3 章建立了实体图元后再讲述,详见 3.3.3 节。

2.3 草图编辑与修改:参数化草图绘图第二步

在绘制复杂草图时,仅靠草图图元绘制命令实现起来非常麻烦,甚至难以实现。借助于草图编辑功能,可以轻松、高效地实现复杂图形绘制。参数化草图绘制的第二步就是对上面绘制的基本图元进行编辑与修改。执行编辑与修改命令通常需要分两步进行。

(1) 选择要编辑的对象,即构造选择集。

(2) 编辑与修改选择集中的对象。

本节讲述了选择集的构造以及图元删除、修剪、复制等操作方法。

2.3.1 构造选择集

选择集是被修改对象的集合,它可以包含一个或多个对象。用户可以在执行编辑命令之前建立选择集,也可在执行命令时构造。不过有些命令如删除、复制、镜像、旋转与缩放等必须先构造选择集再执行命令,详见后面相关论述。构造选择集的方法如下:

(1) 单击选择。单击要选择的对象,被单击的对象高亮显示(默认状态下为绿色),表示对象被选中。使用单击的方法只能选中一个对象,如果再单击选取其他对象,以前选择的对象将被替换。

(2) Ctrl+单选对象。按住 Ctrl 键单击可以选择多个对象,也可以从已经构造好的选择集中使用 Ctrl+单击将特定对象去除。

(3) 框选。按住鼠标左键并拖拉(以下简称拖动)出现矩形窗口,将选择所有包含在矩形窗口内的对象,该方法称为框选,可以同时选择多个对象。同样按住 Ctrl 键拖动鼠标可以将对象添加到选择集中或从选择集中去除。

除了以上构造选择集的方法外,Creo 4.0 还提供了其他选取图元的方法。单击【操作】组中【选择】按钮下部的三角形,弹出【选择】下拉菜单如图 2-3-1 所示。

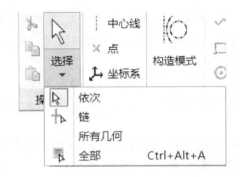

图 2-3-1　【选择】下拉菜单

在默认的选择状态【依次】下,单击图元对象时仅能选取一个图元;在【链】的选择方式下,选取链或环的一部分即可选取整条链;选取【所有几何】,即选中当前图形中所有图元,包括草图和基准图元等;选取【全部】,将选取当前图形中的所有内容,除了以上【所有几何】中包含的图元外,还将包含草图中的参照等内容。

2.3.2　删除图元

执行删除操作前必须构造选择集,在选定要删除的对象后,直接按键盘上的 Delete 键,或使用下面两种方法删除选定对象:

(1) 右击,在弹出的快捷菜单中选择【删除】菜单项。

(2) 单击【编辑】组中的删除段按钮 删除段 (有关删除段命令本节后面还有讲述)。

2.3.3　拖动修改图元

系统提供了图元的拖动修改功能,可以方便地实现点、线段、圆、圆弧、样条曲线等图元的旋转、拉伸和移动等操作。

2.3.3.1　拖动点

将光标移动到要被移动的点上,点高亮显示后,拖动鼠标,光标变为 ,此时点跟随光标移动,达到所需要的位置后,松开鼠标左键完成拖动。

2.3.3.2　拖动线段

对于线段的操作,可以分为平移和旋转/拉伸两种方式。

(1) 平移。单击选中线段,此时线段高亮显示,将光标移动到线段上除端点外的任意一点并拖动,此时线段在符合现有的约束条件下跟随光标 移动,到达所需的位置后松开鼠标左键完成拖动。

(2) 旋转/拉伸。在没有选中线段的情况下,直接拖动线段(拖动线段端点最佳),线段将以远离鼠标点的那个端点为圆心转动,并且随着鼠标的移动改变线段长度,达到所需的角度和长度后,松开鼠标左键完成拖动。

2.3.3.3 拖动圆

拖动圆心,可以移动圆;拖动圆弧,圆的直径会随着鼠标的移动变大或缩小。达到所需要求后,松开鼠标左键完成拖动。

2.3.3.4 拖动圆弧

使用拖动的方法能够实现圆弧转动、圆弧整体移动、改变圆弧包角等操作。

(1) 拖动圆弧端点。拖动圆弧的一个端点,圆弧将以另一端点为固定点转动,并且随着拖动位置的改变,圆弧包角也在发生变化。

(2) 拖动圆弧。拖动圆弧,圆弧会以圆弧的两个端点为固定点改变直径和圆心。

(3) 整体移动圆弧。拖动圆弧的圆心,达到所需位置后,松开鼠标左键,实现圆弧移动。

2.3.3.5 拖动样条曲线

(1) 拖动样条曲线的端点,能够按比例缩放图元,同时图形绕另一个端点旋转。

(2) 拖动样条曲线上的内插点,可以改变曲线的形状。

注意:拖动修改图形是一种在不考虑尺寸约束的情况下,大体修改图元形状和大小的方法,主要用于建模初期图形的总体设计。

图元的拖动修改方法非常灵活,选择方式、选择对象类型、对象已有约束的不同,都会引起拖动对象时图形修改方式的不同,在建模过程中要灵活对待。

2.3.4 复制图元

同删除对象一样,要想复制图元,必须首先选定对象才能激活复制命令。其步骤如下:

(1) 构造选择集。使用单选、多选或框选等方法选取要复制的图元。

(2) 单击【操作】组中的复制按钮 ,或按组合键 Ctrl+C,或右击选择右键菜单中的【复制】菜单项,将选定图元复制到剪贴板中。

(3) 单击【操作】组中的粘贴按钮 ,或按组合键 Ctrl+V,鼠标变为 ,在图形区单击确定被复制对象的放置位置,功能区弹出【粘贴】操控面板如图 2-3-2 所示,指定图形位置及缩放比例。拾取框 ✛ ▭ 用于拾取直线或中心线、坐标系的轴等要素,在其后的 // `0.000000` 、⊥ `0.000000` 输入框中输入数值,以指定粘贴生成对象相对于参考的平行和垂直方向上的移动距离。拾取框 ⌒ ▭ 用于拾取点、顶点或坐标系,在其后的 ∠ `10.000000` 、☑ `0.500000` 输入框中输入数值,以指定生成对象相对于参照的旋转角度和缩放比例。单击

图 2-3-2 【粘贴】操控面板

面板上的 ✔ 按钮,完成图形粘贴。

2.3.5 镜像图元

镜像图元是指以中心线或坐标轴为轴线,对称生成选中图元的副本,与复制图元一样,必须先选中对象才能激活镜像命令。其操作步骤如下:

(1)构造选择集。单选、多选或框选要镜像的图元。

(2)单击【编辑】组中的镜像按钮 ⅠⅠ 镜像 ,状态栏中提示 ➡选择一条中心线。

(3)选取构造中心线、几何中心线或坐标系的轴线作为镜像中心线完成镜像,如图 2-3-3 所示。如果没有中心线,可在执行镜像命令前绘制一条中心线。

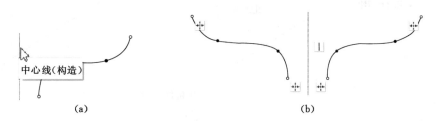

图 2-3-3 镜像曲线

(a)选取中心线;(b)完成镜像

注意:镜像命令使用的镜像中心线只能是构造中心线、几何中心线或坐标系的轴线,线段、构造线或平面、基准面等都不可以作为镜像中心线。

2.3.6 修剪图元

Creo 提供了三种修剪工具,分别为删除段(动态修剪)、拐角(剪切/延伸)以及分割,可完成不同的修剪操作。

2.3.6.1 删除段

删除段又称为动态修剪,可对绘图区的任意图元作动态修剪,操作过程如下。

(1)单击【编辑】组中的动态修剪按钮 ⚡ 删除段 ,激活删除段命令。

(2)删除段命令有两种方式,如图 2-3-4 所示。单击要修剪掉的部分即将其删除,如图 2-3-4(a)所示;按住并拖动鼠标左键,使其经过要删除的线段如图 2-3-4(b)所示,经过的线段高亮显示,抬起鼠标左键时选定部分即被删除,按照以上两种方法得到的结果如图2-3-4(c)所示。

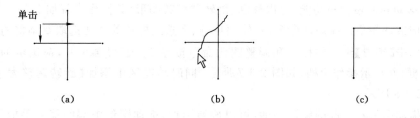

图 2-3-4 动态修剪

(a)单击要修剪部分;(b)拖动鼠标经过要修剪部分;(c)修剪结果

2.3.6.2 拐角

拐角命令又称为剪切/延伸，用于构建拐角，执行的操作可能是剪切，也可能是延伸，其过程如下。

（1）单击【编辑】组中的拐角按钮 ├─拐角，激活拐角命令。

（2）单击图形中的两条线段，系统将所选择部分保留以形成夹角。在此命令执行过程中，多余的部分被剪除，不相交的部分被延伸。如图 2-3-5 所示，单击左图中的位置 1 和位置 2，将生成右图所示的图形。

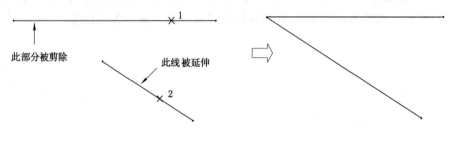

图 2-3-5　剪切并延伸线段

2.3.6.3 分割

使用分割图元的方法，可将图元在鼠标选定的位置截断，其操作步骤如下。

（1）单击【编辑】组中的分割按钮 ├─分割，激活分割命令。

（2）单击要分割的图形，将其分割。如图 2-3-6 所示，若图形首尾相接，将从分割处断开，如图 2-3-6(a)所示；若图形为一条线段，则图形从单击的位置一分为二，如图 2-3-6(b)所示。

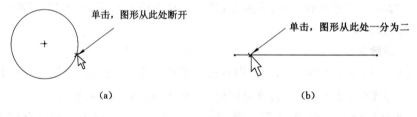

(a)　　　　　　　　　　　　　　　(b)

图 2-3-6　分割图形

(a)分割圆；(b)分割线段

2.3.7 移动和调整图元

使用移动和调整大小功能，可以移动、旋转并缩放图形，其操作步骤如下：

（1）构造选择集。在激活命令前，使用单选、多选或框选等方法选取要调整的图元。

（2）单击【编辑】组中的移动和调整图元命令按钮 ⟳ 旋转调整大小，被选定的对象周围出现编辑框，并显示操作手柄，如图 2-3-7 所示，同时功能区中添加【旋转调整大小】操控面板，如图 2-3-8 所示。

（3）拖动图形右上部的旋转手柄，可以旋转图形；拖动图形中部的移动手柄，可以移动图形；拖动图形右下部的缩放手柄，可以缩放图形。也可以在【旋转调整大小】面板中直接输入缩放比例和旋转角度，然后单击面板上的完成按钮 ✔，结束图形旋转与缩放。

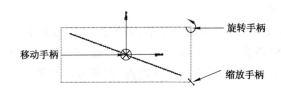

图 2-3-7　图元对象出现编辑框

图 2-3-8　【旋转调整大小】面板

也可在图 2-3-8 所示面板中使用指定参照的方法来调整图形位置与大小。拾取框 $\oplus$ ⬚ 用于拾取直线或中心线、坐标系的轴等要素，在其后的 $/\!/$ 0.000000 、$\perp$ 0.000000 输入框中输入数值，以指定调整后的对象相对于参考的平行方向和垂直方向上的移动距离。拾取框 ⬚ 用于拾取点、顶点或坐标系，在其后的 $\measuredangle$ 10.000000 、⬚ 0.500000 输入框中输入数值，以指定调整后的对象相对于参照的旋转角度和缩放比例。

2.3.8　编辑文字

多种方法可以激活文字的编辑命令：单击选取将要编辑的文字，在弹出的浮动工具栏中单击【修改】图标 ，或直接双击文字，或选取文字后单击【编辑】组中的修改按钮 修改（也可先激活命令再选取文字）。在弹出的【文本】对话框中可以修改文本内容、文本字体、文本放置方式等项目，单击【确定】按钮完成文字编辑。

2.3.9　编辑样条曲线

样条曲线的编辑，除了可以使用 2.3.3 讲述的拖动方法之外，还可以使用操控面板对样条曲线进行高级编辑。多种方法可以调出样条曲线操控面板：双击该样条曲线，或选取样条曲线后单击【编辑】组中的修改按钮 修改（也可先激活命令再选取曲线），或单击样条曲线，在弹出的浮动工具栏中单击修改图标 。

样条曲线操控面板如图 2-3-9 所示，此时曲线上的内插点和端点处于活动状态，如图 2-3-10 所示。对样条曲线的高级编辑包括修改各点坐标值、增加插入点、创建控制多边形、显示与调整曲线曲率等操作。下面以网络配套文件 ch2\ch2_3_example1.sec 中样条曲线的修改为例分别介绍。

图 2-3-9　样条曲线操控面板

图 2-3-10　处于活动状态的样条曲线

2.3.9.1 添加与删除点

在样条曲线任意点处右击,弹出快捷菜单,单击【添加点】菜单项可以在此点插入新点,如图 2-3-11 所示。在样条曲线内插点或端点处右击,弹出菜单如图 2-3-12 所示,选择【删除】菜单项删除此点。直接拖动内插点或端点,改变点的位置。

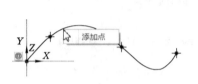
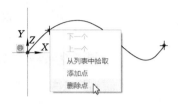

图 2-3-11　在样条曲线中插入点　　　　　图 2-3-12　删除样条曲线上的点

2.3.9.2 用控制点驱动样条曲线定义

默认状态下,样条曲线是用内插点和端点的位置定义的。单击控制面板中的 图标,可以切换到控制多边形模式,此状态下在样条曲线上添加了控制多边形,通过拖动多边形端点可改变样条曲线形状。也可通过添加或删除控制多边形上的点添加或删除样条曲线上的内插点,最终使曲线变得复杂或简单,图 2-3-13 所示为在控制多边形上添加控制点并将其向右拖动后样条曲线形状的变化,图 2-3-14 所示为删除控制点后样条曲线形状的改变。

图 2-3-13　添加样条曲线控制多边形上的点并修改曲线形状

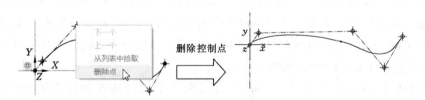

图 2-3-14　删除样条曲线控制多边形上的点

2.3.9.3 显示与调整曲线曲率

要使曲线光滑就要使曲线上各点的曲率变化均匀,并且尽量不出现正负曲率值交替的情况。通过样条曲线的曲率分析图,可以形象、直观地观察与调整曲线各处的曲率,其操作过程如下。

(1)在样条曲线操控面板中,单击 按钮显示样条曲线曲率分析图,如图 2-3-15 所示。同时操控面板中出现调整界面如图 2-3-16 所示,通过滚动比例滚轮可调整代表曲率大小的曲率线的长度,通过密度滚轮可调整曲率线的数量。

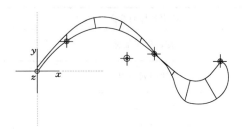

图 2-3-15　样条曲线的曲率分析图

图 2-3-16　样条曲线曲率图调整界面

（2）拖动样条曲线上的内插点或端点，可以看到随着曲线形状的改变，曲率线发生变化，也可以使用上面讲述的方法在样条曲线上添加或删除内插点，以进一步改变曲线形状。

（3）单击操控面板上的 ✔ 按钮，完成样条曲线编辑。

2.4　草图的几何约束：参数化绘图第三步(1)

2.3 节中讲述的是对图形形状的修改，要想得到确定的几何图形，还需要使图元具有精确的约束关系和尺寸。本节讲述精确草图绘制过程中确定图元之间约束关系的相关问题，包括几何约束的种类、几何约束的建立方法以及几何约束的删除等问题。

2.4.1　几何约束

单击功能区【视图】选项卡【显示】组中的几何约束显示开/关按钮 ，可以控制约束符号在屏幕中的显示与关闭。

Creo 中的约束可以分为两类：对单个图元的形状约束和对多个图元位置关系的约束。对单个图元的约束有竖直和水平两种。对图元间位置关系的约束包括两图元正交、两图元相切、点在线的中间、点在线上或相同点、图元上点、共线、对称、相等、平行等多种。当在图元上添加约束后，约束符号会出现在图元附近。常用约束按钮及其符号见表 2-4-1。

表 2-4-1　　　　　　　　　　　　　　常用约束的含义

约束按钮	约束名称与意义	在图形中显示的符号
╈ 竖直	使直线竖直	▌
	使两点或两顶点在竖直方向上对齐	
╈ 水平	使直线水平	▬
	使两点或两顶点在水平方向上对齐	

约束按钮	约束名称与意义	在图形中显示的符号
⊥ 垂直	使两图元垂直	⊥1
⸹ 相切	两图元相切	⸹
↘ 中点	点位于线的中点	↗
↦ 重合	点在线上或相同点、图元上点	↗
	重合顶点	◎
↔ 对称	两点相对于中心线对称	↔
═ 相等	两线段长度相等、两圆半径相等	=1
	两尺寸相等	E1
∥ 平行	两线段平行	∥1

2.4.2 几何约束的建立

有两种方法可以建立几何约束,一种是在绘制图元的过程中,使用系统提示自动创建约束;另一种方法是在图元建立完成后,使用工具栏中的几何约束命令创建。

2.4.2.1 自动创建约束

在默认环境下,系统根据图元位置自动捕捉设计者的设计意图创建约束,这种约束称为自动约束。例如,若设计者绘制的线段接近水平,系统会认为设计者要绘制一条水平线,就会对此线段自动创建一个水平约束,并在线的附近出现水平约束 ═;再例如,若图中已经有一个圆,当绘制其他圆时,若两圆直径接近,系统会认为设计者要绘制两个半径相等的圆,就会在两个圆上施加一个半径相等约束,并在两圆的附近都出现两圆半径相等约束 ═1。

2.4.2.2 使用几何约束命令创建约束

【草绘】选项卡【约束】组按钮如图 2-4-1 所示,单击图中相应的约束按钮可对图形添加约束,对话框中各项功能按钮的意义见表 2-4-1。

添加约束的过程如下。

(1) 单击【约束】组中相应的约束按钮。

(2) 根据提示选择相应的图元,完成操作。

例如,使用添加约束的方法,使图 2-4-2(a)中两条直线垂直,操作过程如下。

(1) 单击【约束】组中的垂直约束按钮 ⊥ 垂直 。

(2) 根据系统提示单击选取要使其正交的两图元,两线段位置相应调整为垂直关系,如图 2-4-2(b)所示。

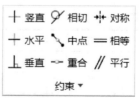

图 2-4-1 【约束】组中的约束按钮

图 2-4-2　对两条线段添加垂直约束

（a）要调整位置关系的线段；（b）添加垂直约束的线段

其他约束的添加方法与之类似，读者可以根据消息区中的提示自行完成。

2.4.3　几何约束禁用与锁定

绘图过程中系统自动添加了大量自动约束，可以大大减少设计者的工作量，但有时自动约束不能正确反映设计者的设计意图，这时就应该将其去掉，这就是几何约束的禁用。有两种方法可以达到这个目的。

（1）夸大法。将图形的差异放大，离开系统创建自动约束的范围。例如，要想绘制一条与平行线有一个小倾斜角的线段，可以在绘图过程中加大此倾斜角度，使系统不认为设计者绘制的线段是水平的，然后使用尺寸标注的方法来修正该角度。

（2）快速右键单击两次禁用约束。当出现自动约束符号时，快速右击两次可以禁用约束，此时原来的约束符号右下角添加了一个叉号符号。例如，在绘制直线的第二个点时，当跟随光标的橡皮筋线呈接近水平状态时，在线的附近自动出现水平约束符号 ▬ ，快速右击两次，或快速右键双击，约束符号就变为了 ▬ₓ ，表示水平约束不起作用了。再次快速右击约束禁用取消。

自动约束是在绘图过程中当光标在一定范围内才动态出现的，要想保持这种约束，可以使用约束锁定的方法。在出现约束符号时，快速单击右键可以锁定该约束。被锁定的约束在原来的符号右下角添加了一个锁符号。例如，在绘制直线的第二个点时，当跟随光标的橡皮筋线呈接近水平状态时，由于系统自动约束的作用，在线的附近出现水平约束 ▬ ，快速单击右键约束符号就变为了 ▬ ，表示此水平约束被锁定，鼠标不能在此约束的范围以外移动，再次快速单击右键禁用该约束，第三次右击可以解除约束锁定。

例 2-1　几何约束的综合应用：以图 2-4-3 所示图形的绘制过程为例来讲述自动约束的使用技巧。

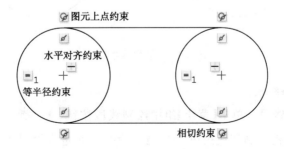

图 2-4-3　要使用自动约束建立的图形

图形特点分析:从设计意图来看,图中两个圆圆心在同一水平线上且半径相等,两直线水平且与两圆相切。可以很容易地使用自动约束的方法创建此图形,其创建步骤如下。

步骤 1:建立新文件。

单击【文件】→【新建】菜单项或顶部快速访问工具栏新建按钮 ⬜,在弹出的【新建】对话框中,选择 ◉ ✿ 草绘,在【名称】输入框中输入文件名 ch2_4_example1,单击【确定】按钮进入草绘界面。

步骤 2:建立两个圆。

(1) 单击【草绘】组中的圆按钮 ◎ 圆,系统进入绘制圆状态。在图形窗口合适的位置单击指定圆心。移动鼠标,出现随光标移动的"橡皮筋"圆,单击鼠标确定圆上任一点的位置确定圆的大小,第一个圆完成。

(2) 拖动鼠标,选择第二个圆心位置,将光标放在接近与第一个圆心水平的位置,系统在两圆心附近出现自动水平对齐符号 ➖。此时可以快速单击右键锁定此水平对齐约束,如图 2-4-4 所示。在锁定状态下,无论鼠标如何移动,光标始终位于锁定的水平线上,单击确定第二个圆的圆心位置。

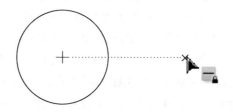

图 2-4-4　锁定水平约束

(3) 移动鼠标,出现随光标移动的"橡皮筋"圆,当半径大小与第一个圆相似时,在两圆附近出现等半径约束符号 ➖1,如图 2-4-5 所示,表示两圆半径相等,单击确定第二圆半径。

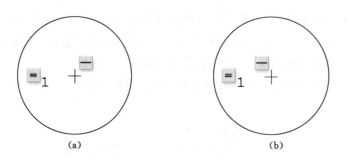

(a)　　　　　　　　　　　　　　　(b)

图 2-4-5　捕捉等半径约束

步骤 3:建立两条线段。

(1) 建立上面的线段。单击【草绘】组中绘制线段按钮 ∿ 线 ▼ 右侧的三角符号,在弹出的下拉列表中单击绘制切线按钮 ╲ 直线相切,系统进入绘制切线状态,分别单击两圆顶点,系统自动寻找圆的切点并创建两圆的外切线。

(2) 同理建立下部线段,完成图形。

本例见网络配套文件 ch2\ch2_4_example1.sec。

2.5　草图的尺寸约束：参数化设计第三步（2）

上节讲述了怎样使图元具有确定的形状和相对位置关系，本节讲述确定草图精确尺寸的方法。在 Creo 绘图过程中采用了先确定图元形状后确定尺寸的方式来绘制精确草图，即在绘图时不能指定图元尺寸，绘制完成后使用尺寸标注和修改命令确定图元大小。

绘图时之所以不需要设计者指定尺寸，是因为系统根据设计者绘制图元的位置和大小自动生成了尺寸，这些尺寸被称为"弱"尺寸，在默认系统中显示为浅蓝色。系统在创建和删除"弱"尺寸时并不给予提示，而且用户也无法干预，这种设计方式符合人们的思维方式，可以尽量少地打断设计者思路，使设计者以最快的速度完成设计构思的草图，然后再使用尺寸标注和修改方法将草图精确化。

在完成草图的绘制后，设计者可以根据自己的设计意图添加尺寸，这些尺寸称为"强"尺寸，"弱"尺寸被修改以后也变为"强"尺寸。增加"强"尺寸，系统会自动删除多余的"弱"尺寸，以保证图形不出现过约束。

单击【视图】选项卡【显示】组中的尺寸约束显示开/关按钮 ，可以控制尺寸符号在屏幕中的显示与关闭。下面分别讲述尺寸的标注方法、修改方法、尺寸锁定及标注技巧。

2.5.1　尺寸标注

图 2-5-1　【草绘】选项卡【尺寸】组

【草绘】选项卡【尺寸】组如图 2-5-1 所示，用于标注草图尺寸。Creo 中可标注法向、周长、参照、基线和解释尺寸。法向尺寸属于常规尺寸标注工具，可以标注线性、径向、直径、角度、总夹角、弧长等草图中的尺寸。

本书仅讲述法向尺寸的标注方法：单击【尺寸】组中的法向尺寸标注按钮 ，激活尺寸标注命令。根据标注对象和操作方法的不同将得到不同的标注尺寸。

2.5.1.1　标注线段长度

（1）激活命令。单击【尺寸】组中的法向尺寸标注按钮 。

（2）选取要标注的图元。单击线段上如图 2-5-2 所示的位置 1。

（3）确定尺寸和尺寸文本放置位置。在位置 2 单击中键确定尺寸放置位置。

（4）确定长度数值。在输入框中输入线段长度；或直接回车（或单击中键）接受默认线段长度。

2.5.1.2　标注两条平行线间的距离

（1）激活命令。单击【尺寸】组中的法向尺寸标注按钮 。

（2）选取要标注的图元。分别单击两平行线上位置 1 和位置 2，如图 2-5-3 所示。

（3）确定尺寸和尺寸文本放置位置。在位置 3 单击中键确定尺寸放置位置。

（4）确定距离数值。在输入框内输入平行线间的距离；或直接回车（或单击中键）接受默认平行线间的距离。

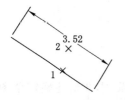

图 2-5-2　标注线段长度

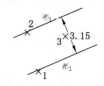

图 2-5-3　标注平行线间距离

2.5.1.3　标注点与线间的距离

（1）激活命令。单击【尺寸】组中的法向尺寸标注按钮。

（2）选取要标注的图元。分别单击位置 1 选取点和线上一点位置 2，如图 2-5-4 所示。

（3）确定尺寸和尺寸文本的放置位置。在位置 3 单击中键，确定尺寸放置位置。

（4）确定距离数值。在输入框内输入点到线间的距离；或直接回车（或单击中键）接受默认点到线的距离。

2.5.1.4　标注两点间距离

（1）激活命令。单击【尺寸】组中的法向尺寸标注按钮。

（2）选取要标注的图元。分别单击位置 1 和位置 2，如图 2-5-5 所示。

（3）确定尺寸和尺寸文本放置位置。在位置 3 单击中键确定尺寸放置位置。

（4）确定距离数值。在输入框内输入两点间距离，或直接回车（或单击中键）接受默认距离。

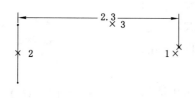

图 2-5-4　标注点到线间的距离

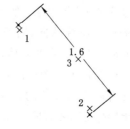

图 2-5-5　标注两点间的距离

两点之间的标注除了标注两点间距外，还可以标注两点间的水平距离和垂直距离。根据中键单击选取的尺寸放置位置不同，生成的标注不同。如果以要标注的两点作为对角点将图形窗口划分为 7 个标注区域的话，可将标注放置区分为三类：1、2、3 为两点间距标注区，4、5 区为水平尺寸标注区，6、7 区为垂直尺寸标注区，如图 2-5-6 所示。读者可自行标注两点之间的水平距离和垂直距离。

以上几种标注方式都与长度有关，也称为线性标注。线性标注比较灵活，除了上面讲述的四种标注方式外，还有如圆弧切点间距离标注、直线与圆弧距离标注、点与圆

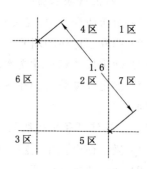

图 2-5-6　两点间距、水平距离和垂直距离标注的区域划分

心距离标注、直线与圆心距离标注等,与上面讲述的方法类似。标注过程可以总结为一句话:左键单击选择标注对象,中键单击选取放置点。

2.5.1.5　标注半径

(1)激活命令。单击【尺寸】组中的法向尺寸标注按钮 。

(2)选取要标注的图元。单击要标注的圆或圆弧上一点,如位置 1,如图 2-5-7 所示。

(3)确定尺寸和尺寸文本放置位置。在位置 2 单击中键确定尺寸放置位置。

(4)确定半径数值。在输入框内输入半径值,或直接回车(或单击中键)接受默认数值。

2.5.1.6　标注直径

(1)激活命令。单击【尺寸】组中的法向尺寸标注按钮 。

(2)选取要标注的图元。分别单击圆或圆弧上任意两点如位置 1 和位置 2,如图 2-5-8 所示,也可在圆或圆弧上任意点如位置 1 或位置 2 双击。

(3)确定尺寸和尺寸文本放置位置。在位置 3 单击中键确定尺寸放置位置。

(4)确定直径数值。在输入框内输入直径值或直接回车(或单击中键)接受默认数值。

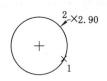

图 2-5-7　标注半径

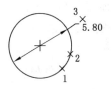

图 2-5-8　标注直径

2.5.1.7　标注两线段夹角

(1)激活命令。单击【尺寸】组中的法向尺寸标注按钮 。

(2)选取要标注的图元。分别单击两条线段上任意一点,如位置 1 和位置 2,如图 2-5-9 所示。

(3)确定尺寸和尺寸文本的放置位置。在两条尺寸线之间任意点(如位置 3)单击中键确定尺寸放置点,可标注锐角,如图 2-5-9 所示。也可在两条尺寸线之外任意点(如位置 4)单击中键确定尺寸放置点,可标注钝角,如图 2-5-10 所示。

(4)确定夹角数值。在输入框内输入夹角值,或直接回车(或单击中键)接受默认数值。

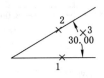

图 2-5-9　标注两线段间锐角

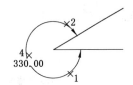

图 2-5-10　标注两线段间钝角

2.5.1.8　标注弧长与圆弧角度

(1)激活命令。单击【尺寸】组中的法向尺寸标注按钮 。

(2)选取要标注的图元。分别单击圆弧的两端点和弧上一点,如图 2-5-11 中位置 1、位置 2 和位置 3,其单击顺序可以颠倒。

(3)确定弧长尺寸和尺寸文本放置位置。在位置 4 单击中键确定尺寸放置位置,在输入框中输入弧长,或单击中键接受默认尺寸。

(4) 若要标注圆弧的角度,单击中键完成尺寸标注命令并回到选择状态,然后单击选取(3)中建立的弧长尺寸,弹出浮动工具栏如图 2-5-12 所示,选择【角度】图标  ,将弧长转换为圆弧角度,如图 2-5-13 所示。同理,也可采用类似方法将圆弧角度转换为弧长。

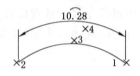

图 2-5-11　标注圆弧长度

图 2-5-12　弧长尺寸的浮动工具栏

2.5.2　尺寸标注的修改

修改标注尺寸有两个方面的内容:一是使用拖动的方法移动尺寸线和尺寸文本的位置,如图 2-5-14 所示。另一方面是修改标注尺寸值。修改尺寸值是修改设计的重要内容,有两种方式可以修改尺寸值。

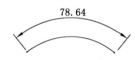

图 2-5-13　标注圆弧角度尺寸

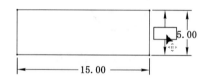

图 2-5-14　移动尺寸位置

2.5.2.1　双击尺寸文本在位编辑尺寸值

双击尺寸文本,如图 2-5-15(a)中尺寸 5.50,出现在位编辑框 5.50 ,在编辑框中直接输入修改后的尺寸值如图 2-5-15(b)所示,回车或单击中键,系统会根据输入尺寸的大小自动调整图形形状,如图 2-5-15(c)所示。

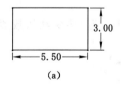

(a)

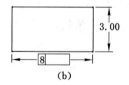

(b)

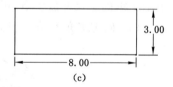

(c)

图 2-5-15　在位编辑尺寸文本

(a) 要修改的图形;(b) 双击修改尺寸;(c) 图形自动再生

2.5.2.2　使用修改尺寸值命令

单击【编辑】组中的修改按钮 修改,激活尺寸编辑命令。选取一个或多个尺寸文本,系统弹出【修改尺寸】对话框如图 2-5-16 所示(此时选取了两个尺寸),在对话框的文本编辑框中输入新的尺寸值,也可以拖动尺寸值旁的旋转轮盘,文本编辑框中的尺寸值和图中对应的尺寸值也会作动态改变。编辑尺寸完成后,单击【确定】按钮关闭对话框草图自动再生。

注意:使用以上两种方法均可以编辑"强"尺寸或"弱"尺寸,"弱"尺寸经过编辑后即自动变为"强"尺寸。在设计过程中,可以先不建立尺寸,而是直接使用尺寸编辑命令编辑"弱"尺寸值,这样可以同时完成尺寸建立和尺寸编辑两项工作。

2.5.3　尺寸锁定

在拖动修改图形时,标注的尺寸值可能被系统修改,如图 2-5-17 所示,尺寸 6 和 4 已编辑好,若使用拖动法向左移动左侧线时,尺寸 6 可能会变化。本例参见网络配套文件 ch2\ch2_5_example1.sec。

图 2-5-16　【修改尺寸】对话框

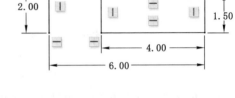

图 2-5-17　尺寸自动修改

为了使特定尺寸在后续编辑过程中不发生变化,可以将其锁定。如拖动图 2-5-17 中左侧线的时候,为了使尺寸 6 不变,而使尺寸 4 发生变化,可以锁定尺寸 6。锁定尺寸的方法如下。

（1）单击要被锁定的尺寸,如尺寸 6。

（2）在弹出的浮动工具栏中,单击【切换锁定】图标 🔒,该尺寸被锁定,默认状态下锁定的尺寸显示为暗红色。锁定的尺寸可以被修改、删除,但修改其他尺寸时锁定的尺寸不会改变,起到了保护作用。读者可在锁定尺寸 6 后,再拖动左侧线,观察各尺寸变化。

若尺寸不需要锁定了,可以将其解除锁定,方法与锁定尺寸类似:首先单击被锁定尺寸,在弹出的浮动工具栏中选取【切换锁定】图标 🔓。

提示:为了使修改过的尺寸或自定义尺寸不在拖动中发生改变,也可以在选项中使用锁定已修改的尺寸和锁定用户定义的尺寸的方法,参见 2.1.4。

2.5.4　过度约束的解决

过度约束是指一个约束由一个以上的尺寸或约束来限定的现象,如图 2-5-18(a)所示,在水平方向上圆与直线之间的相对位置已经确定,且圆半径也确定了。若想在直线与圆周

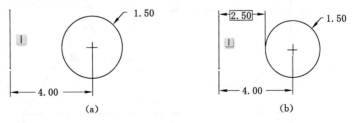

图 2-5-18　图形的过度约束

(a) 完全约束的图形;(b) 过度约束的图形

上最左边之间添加尺寸 2.5，如图 2-5-18(b)所示，在水平方向上就形成了过度约束，因为圆的位置可以由距离 2.5 与半径 1.5 确定，也可以由直线到圆心的距离 4 确定。Creo 系统对尺寸约束要求非常严格，不允许出现过度约束现象。此时系统会弹出如图 2-5-19 所示的【解决草绘】对话框，用来解决发生的冲突问题。

图 2-5-19　【解决草绘】对话框

对话框中列出了发生冲突的尺寸和约束，并且给出了如下解决方法。

（1）撤销。撤销刚刚建立的尺寸，这是最常用的解决方法。

（2）删除。从列表中选择一个多余尺寸或约束将其删除。

（3）尺寸＞参考。从列表中选取一个尺寸，将其转换为参照尺寸。参照尺寸在设计中只起到参考作用，并不限定位置，参照尺寸在正常尺寸数值后面添加了参考标识。

（4）解释。从列表中选取一个约束，获得对于此约束的说明。

2.6　辅助图元的使用与草图范例

由草图生成三维零件模型时，点、构造线和中心线并不生成实体，这些图元只是起到辅助绘图的作用。就像使用辅助点、辅助线和辅助面求解几何问题一样，可以使用点、构造线和中心线辅助完成草图。下面结合例题讲述各种辅助图元的使用方法。

提示：本节所有实例均提供了详细尺寸，建议读者在学习过程中先参照图形和对每个例题的分析自己建立模型，然后再参阅书中讲述的步骤，对照学习。这样可迅速提高设计者分析问题的能力，并快速掌握所学知识。

例 2-2　绘制图 2-6-1 所示车床垫板截面，本例重点讲述辅助点的使用方法。

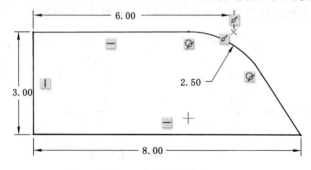

图 2-6-1　例 2-2 图

分析：图中尺寸 6 的右端并没有落在实线上，而是两条线延长线的交点，这时可用辅助点或中心线来确定此点位置。

图形绘制过程：① 建立图形框架（四条线）；② 在右上角顶点处绘制点，并倒圆角；③ 添加尺寸。

步骤 1：建立新的草绘文件。

单击【文件】→【新建】菜单项或顶部快速访问工具栏的新建按钮 🗋 ，在弹出的【新建】对话框中，选择 ◉ ▨ 草绘 ，在【名称】输入框中输入文件名"ch2_6_example1"，单击【确定】按钮进入草绘界面。

步骤 2：绘制草图。

（1）绘制四边形。单击线段按钮 ⌵ 线 ，绘制如图 2-6-2 所示的四边形，绘图过程注意两条水平线和左边竖直线的自动约束问题。

（2）绘制辅助点。单击点按钮 ✕ 点 ，在图形右上角两线交汇处绘制一个点。

（3）绘制圆角。单击圆角按钮 ⌒ 圆形修剪 ，选取两边，生成圆角如图 2-6-3 所示。

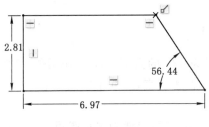

图 2-6-2　绘制四边形

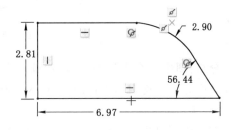

图 2-6-3　建立辅助点

步骤 3：添加尺寸约束。

单击尺寸标注按钮 ⊨ ，按图 2-6-1 所示添加三个线性尺寸和一个半径尺寸。

步骤 4：保存文件。

单击【文件】→【保存】菜单项，或快速访问工具栏中的保存按钮 🖫 ，保存草绘文件。退出草绘环境。

本例中图 2-6-2 添加圆角修剪后，尺寸 6 右侧顶点消失。为形成此尺寸，按上面方法添加一个辅助点，添加圆角后此点依然保持原有的约束条件。本例草图参见网络配套文件 ch2\ch2_6_example1.sec。

当然，从 Creo Parametric 2.0 开始，增加了

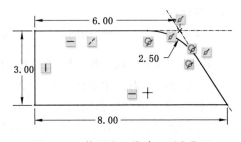

图 2-6-4　使用中心线建立顶点位置

带有原顶点的圆角命令 ⌒ 圆角 ，可以直接倒圆角，同时还可以保留原来的圆角，就不必再使用辅助点了。本例也可沿上面的边和右面的边各作一条中心线，在两中心线的交点处建立点，此点也可作为尺寸 6 顶点，如图 2-6-4 所示。本例参见网络配套文件 ch2 \ch2_6_example1_2.sec。

例 2-3　绘制图 2-6-5 所示法兰盘截面，本例重点讲解构造圆和中心线的使用方法。

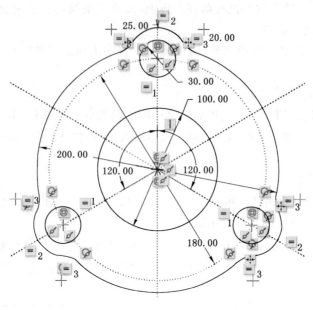

图 2-6-5　例 2-3 图

分析：图中 3 个直径为 30 的小圆均布置于直径为 180 的大圆上，3 个小圆的 120° 均布由 3 条中心线的均匀间隔控制；直径为 180 的大圆仅表达了直径 30 小圆的圆心，不是几何元素，为构造图元。

图形绘制过程：① 绘制直径 180 的构造圆和 3 条中心线，以便确定小圆圆心；② 绘制各圆和圆角；③ 修剪多余线条；④ 添加其他尺寸约束。

步骤 1：建立新的草绘文件。

单击【文件】→【新建】菜单项或顶部快速访问工具栏的新建按钮，在弹出的【新建】对话框中选择 ⊙ ⠿ 草绘，在【名称】输入框中输入文件名 ch2_6_example2，单击【确定】按钮进入草绘界面。

步骤 2：建立第一个辅助图元——构造圆。

(1) 激活构造模式。单击【草绘】组中的构造模式按钮，激活构造模式。

(2) 创建构造圆。单击圆按钮 ⊙ 圆，选取中心线交点作为圆心绘制圆。

步骤 3：建立第二个辅助图元——中心线。

草绘中心线。单击中心线按钮 ┆ 中心线，绘制三条相交的中心线，其中一条竖直，如图 2-6-6 所示。

步骤 4：添加尺寸约束。

单击尺寸标注按钮，标注角度尺寸，使三条中心线两两成 120° 夹角，构造圆直径为 180，如图 2-6-7 所示。

步骤 5：创建其他各圆。

(1) 激活几何模式。再次单击【草绘】组中的构造模式按钮，使其处于未选中状态，取消构造模式，进入创建几何图元模式。

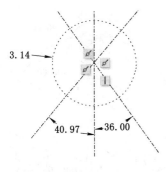

图 2-6-6　创建辅助图元

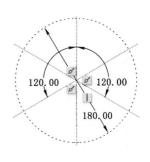

图 2-6-7　标注辅助图元

（2）创建直径为 100 的圆。单击同心圆按钮 ⊚ 圆，选择构造圆作为参照圆建立圆，并修改其直径为 100。

（3）重复步骤（2）创建直径为 200 的圆。

（4）创建直径为 30 的小圆。单击创建圆按钮 ⊙ 圆，选取中心线与构造圆的 3 个交点作为圆心，分别建立等半径圆，并修改其直径为 30，如图 2-6-8 所示。

步骤 6：创建圆弧过渡。

（1）创建同心圆。单击同心圆按钮 ⊚ 圆，直径选择为 30 的 3 个圆作为参照圆建立同心圆，并修改其半径为 25，图 2-6-9 所示。

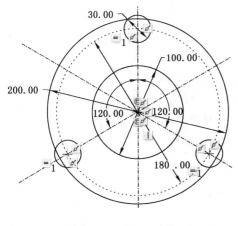

图 2-6-8　创建各圆

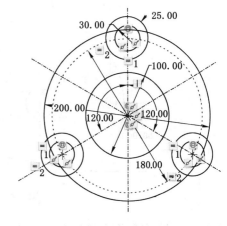

图 2-6-9　创建半径 25 的圆

（2）创建第一个圆弧。单击圆角按钮 ＼ 圆角，分别选取两个圆弧，在两段圆弧之间生成圆角，并修改圆角半径为 20，如图 2-6-10 所示。

（3）创建其他圆角。使用与（2）相同的方法创建其他 5 个圆角，并单击【约束】组中的【相等】约束按钮 ＝ 相等，使其半径相等，如图 2-6-11 所示。

步骤 7：修剪图形。

（1）选取命令。单击动态修剪命令按钮 删除段，激活动态修剪命令。

（2）修剪多余图元。按住鼠标左键拖动，使其经过要删除的圆弧段，抬起鼠标左键，选定的图形部分被删除，完成后的图形如图 2-6-5 所示。

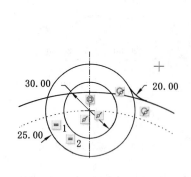

图 2-6-10　创建第一个圆角

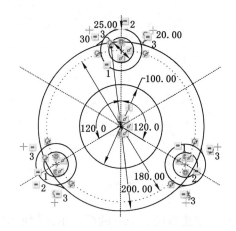

图 2-6-11　创建其他圆角并添加相等约束

步骤 8：保存文件。

单击【文件】→【保存】菜单项，或快速访问工具栏中的保存按钮 ▣ ，保存草绘文件。退出草绘环境。

完成的图形参见网络配套文件 ch2\ch2_6_example2.sec。

例 2-4　绘制图 2-6-12 所示车床床头垫片截面。

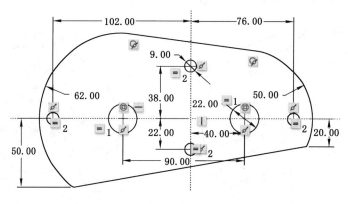

图 2-6-12　例 2-4 图

分析：本例是各种图元绘制命令的综合应用，其图形框架为一横一竖两条中心线，在框架上绘制各圆后再绘制上面相切的线和下面相交的线，修剪并标注尺寸。

图形绘制过程：① 绘制水平中心线和竖直中心线；② 绘制 6 个圆并标注尺寸；③ 绘制上面切线和下面的交线；④ 编辑：剪除圆上多余的部分；⑤ 标注尺寸。

步骤 1：建立新的草绘文件。

单击【文件】→【新建】菜单项或顶部快速访问工具栏的新建按钮 ▫ ，在弹出的【新建】对话框中，选择 ◉ ▨　草绘 ，在【名称】输入框中输入文件名 ch2_6_example3，单击【确定】按钮进入草绘界面。

步骤 2：建立中心线。

单击中心线按钮 ┆ 中心线 ，绘制一条水平中心线和一条竖直中心线。

步骤 3：绘制中心线上的圆。

（1）创建直径为 22 的圆。单击圆按钮 ⊙ 圆，选取水平中心线上一点为圆心创建圆并修改圆直径为 22。

（2）使用同样的方法创建水平中心线上的同半径的第二个圆。

（3）添加尺寸约束。修改右边圆心到竖直中心线距离为 40，两圆心之间距离 90，如图 2-6-13 所示。

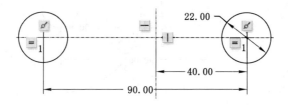

图 2-6-13　创建圆并添加约束

（4）重复以上步骤，按照图 2-6-14 所示的尺寸，创建其余 4 个直径均为 9 的小圆。

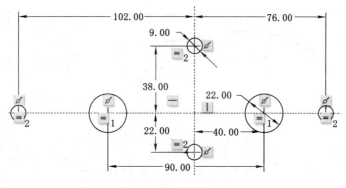

图 2-6-14　创建其余圆

步骤 4：创建同心圆。

单击同心圆按钮 ⊙ 圆，以左边直径为 20 的圆为参照创建半径为 62 的圆，以右边直径为 20 的圆为参照创建半径为 50 的圆，如图 2-6-15 所示。

步骤 5：绘制线段。

（1）绘制切线。单击切线命令按钮 ✕ | 直线相切，选择半径为 62 和 50 的圆，绘制其外切线。

（2）绘制下面的线段。单击线段按钮 ⌒ 线，选择左侧圆弧上一点和右侧圆弧上一点形成线段，并为线段添加到水平线的尺寸约束 50 和 20，如图 2-6-16 所示。

步骤 6：修剪图形。

（1）选取命令。单击动态修剪命令按钮 ╱ 删除段，激活动态修剪命令。

（2）修剪圆角。按住鼠标左键拖动，使其经过要删除的圆弧段，抬起鼠标左键，选定的图形部分被删除，完成后的图形如图 2-6-12 所示。

步骤 7：保存文件。

单击【文件】→【保存】菜单项，或快速访问工具栏中的保存按钮 🖫，保存草绘文件，退

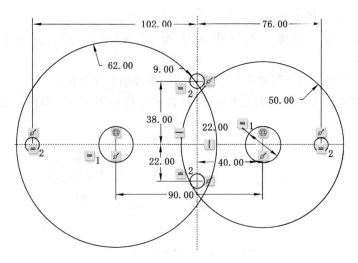

图 2-6-15　创建同心圆

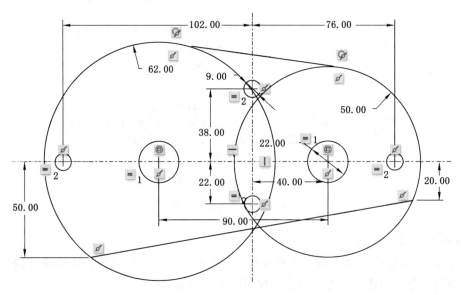

图 2-6-16　添加线段

出草绘环境。

绘制完成的图形参见网络配套文件 ch2\ch2_6_example3.sec。

根据前面的讲解及范例制作可以得出草绘的思路：首先使用绘图命令绘制具有大体形状和尺寸的图形；然后使用编辑命令修改、添加、删除图元，得到图形的所有图素；再使用几何约束的方法约束图形的位置和尺寸值，得到需要的精确草图，完成图形绘制。

绘图、改图、约束图一般为一个循环过程，通常先绘制图形框架，如中心线等，修改并添加约束，再在这个框架的基础上添加其他图形。

习　题

1. 绘制如题图 1 所示草图。

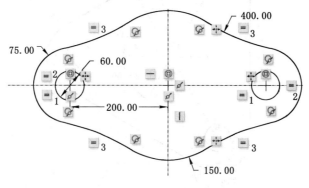

题图 1　习题 1 图

2. 绘制如题图 2 所示草图。

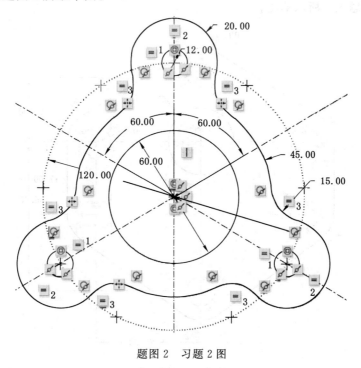

题图 2　习题 2 图

3. 绘制如题图 3 所示草图。

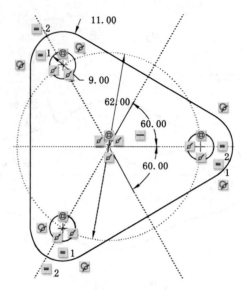

题图 3　习题 3 图

4. 绘制如题图 4 所示草图。

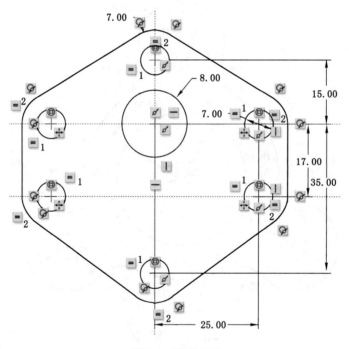

题图 4　习题 4 图

5. 绘制如题图 5 所示草图。

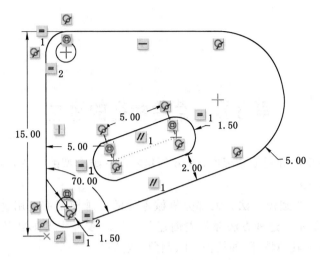

题图 5　习题 5 图

6. 绘制如题图 6 所示草图。

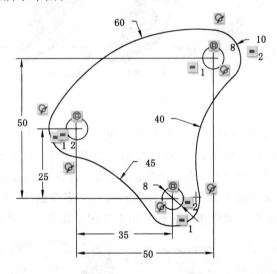

题图 6　习题 6 图

7. 绘制如题图 7 所示草图。

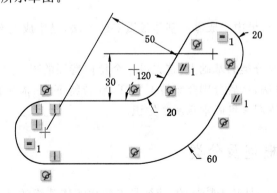

题图 7　习题 7 图

第3章　草绘特征的建立

根据要生成模型的外观复杂程度,Creo创建零件三维模型的方法基本上可分为"积木"式和由曲面生成两大类。

(1)"积木"式三维建模方法。大部分机械零件的三维模型都使用这种方法建立,其创建过程如图3-0-1所示。这种方法都是先创建一个反映零件主要形状的基础特征,然后在这个特征基础上添加其他特征,如切槽、孔、倒角、倒圆等。

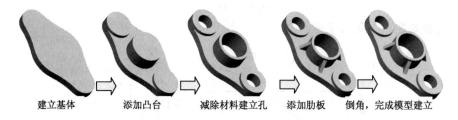

建立基体　　添加凸台　　减除材料建立孔　　添加肋板　　倒角,完成模型建立

图3-0-1　底座零件的建立过程

(2)由曲面生成三维模型的方法。第7章曲面特征的建立中将介绍这种方法,其基本思想是:首先建立多个曲面并将其合并,用于反映形状多变的模型外观,然后用"实体化"方法将曲面内部填充形成三维实体,或使用"曲面加厚"的方法生成具有一定厚度的壳体。图3-0-2是某电话机听筒下部外壳的建立过程:首先建立多个曲面,然后通过合并得到一个整体曲面,最后将曲面加厚生成壳体。这种方法主要用于建立外观件的三维模型。

曲面加厚

图3-0-2　含有复杂曲面外形零件的建立过程

草绘特征是Creo建模中生成零件基体最重要的方法,是生成大部分实体都需要的一种特征建立方法。

本章在特征概述及分类的基础上,首先以一个拉伸特征的建立过程作为例子,详细介绍用Creo创建特征的方法,然后分别介绍拉伸特征、旋转特征、扫描特征、混合特征、筋特征,最后以综合实例作为练习来巩固本章所学知识。

3.1　Creo 特征概述及分类

第1章曾提到,Creo是基于特征的,特征是参数化实体建模的基本组成单位,它具有预定义的结构形式(拓扑结构一定),可通过设置参数改变其外观(参数化)。简单地说,特征就是建模过程中不可分解的基本单位,这些基本单位的建立方式固定,通过设置其参数可以使建立的特征不同,但其建立方式和结构形式是固定的。图 3-1-1(a)中的圆柱和图 3-1-1(b)中的异形圆柱看起来形状不同,但是其建立方式是一样的,都是将截面沿垂直于截面的方向拉伸形成实体,只是因为其截面和拉伸深度不同而导致其形状不同。

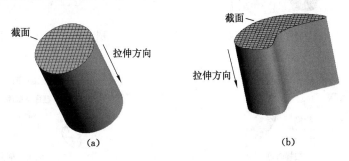

图 3-1-1　Creo 中的拉伸特征

(a) 圆柱;(b) 异形圆柱

　　Creo 中的特征有很多种,按建立方式可分为草绘特征、放置特征、基准特征、复杂三维实体特征、曲面特征等。而 Creo 帮助系统则是根据特征创建的复杂程度将零件建模过程中用到的特征分为基准特征、基础特征、工程特征、构造特征、高级特征、扭曲特征等。本书将根据第一种分类方法讲解各特征建立方法。

3.2　草绘特征基础知识

　　图 3-2-1 所示特征都是由二维草图经过一定操作生成的,它们都是草绘特征。草绘特征是由草图经过一定方式操作生成的特征。草绘特征是零件建模中的重要特征,大部分零件的创建都是由这类特征开始的,熟练掌握草绘特征的创建方法是学习三维建模的基础。

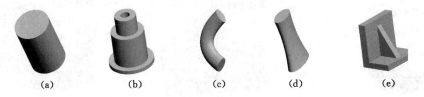

(a)　　　　　　(b)　　　　　　(c)　　　　　　(d)　　　　　　(e)

图 3-2-1　草绘特征

(a) 拉伸特征;(b) 旋转特征;(c) 扫描特征;(d) 混合特征;(e) 筋特征

3.2.1　草绘特征的特点

　　所有的草绘特征都有一个共同点,即模型都是由二维平面内的草图经过一定操作生成的:拉伸特征如图 3-2-2 所示,由草图(图中网格面)沿垂直于草图方向拉伸一定距离而生成;旋转特征如图 3-2-3 所示,由草图绕轴线旋转一定角度而形成;扫描特征如图 3-2-4 所示,由草图沿垂直于其的曲线扫描而生成;混合特征(平行混合)如图 3-2-5 所示,由平行的几个平面沿其法线方向依次连接而成。

图 3-2-2　拉伸特征建立原理

图 3-2-3　旋转特征建立原理

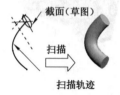

图 3-2-4　扫描特征建立原理

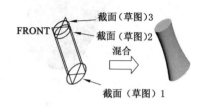

图 3-2-5　混合特征建立原理

提示：第 2 章中建立的草图的英文原文为 section，本章中也将其译为截面（图 3-2-2 至图 3-2-5）或草绘截面。

3.2.2　草绘平面、参照平面与平面的方向

三维建模不同于平面绘图，平面绘图的所有工作均在一个平面内完成，而三维建模是在空间中完成的。前面提道草绘特征是平面中的草图经过一定的操作完成的，这就需要首先确定草图所在的平面，称此面为草绘平面。

以图 3-2-2 所示的拉伸特征为例，草绘平面可以是系统预定义的基准平面（FRONT、TOP 或 RIGHT），如图 3-2-6 所示；也可以是设计者自己定义的基准平面（第 4 章讲述基准平面的建立方法），如图 3-2-7 所示；或者是已经定义好的模型的表面，如图 3-2-8 所示。

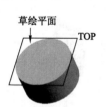

图 3-2-6　TOP 面作为草绘平面

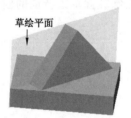

图 3-2-7　基准平面作为草绘平面

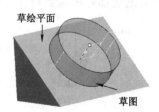

图 3-2-8　模型表面作为草绘平面

草绘平面确定以后，还需要解决怎样摆放草绘平面的问题。在 Creo 操作中，零件建模、组件装配都涉及平面的方向问题，以上三类平面的方向定义如下。

3.2.2.1　系统预定义的基准平面

系统预定义的基准平面包括 FRONT 面、RIGHT 面和 TOP 面，它们的方向是和系统预定义坐标系相关联的。系统在创建新文件时通过默认的模板已经创建了一个默认坐标系（PRT_CSYS_DEF）和三个基准平面（FRONT 面、RIGHT 面和 TOP 面），基准平面的正方向为此平面的正方形的指向。

模型的系统默认方向如图 3-2-9 所示，基准平面因其正方向而得名，即 RIGHT 面的正

方向指向右侧,因此称为 RIGHT 面;同理,TOP 面因为其正方向向上而得名,FRONT 面因为其正方向向前而得名。系统预定义的默认坐标系(PRT_CSYS_DEF)中 X 轴的正方向垂直于 RIGHT 面,Y 轴正方向垂直于 TOP 面,Z 轴正方向垂直于 FRONT 面。

3.2.2.2　模型的表面

模型的表面有正负方向之分,指向模型外为其正方向,指向模型内为其负方向。如图 3-2-10 所示,模型的上表面(图中的网格面)的正方向指向模型外,负方向指向模型内。

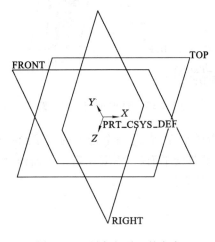

图 3-2-9　预定义平面的方向

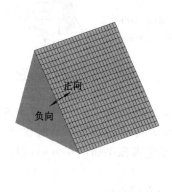

图 3-2-10　模型表面的方向

3.2.2.3　自定义基准平面

建立基准平面时可以指定其正方向,这部分内容将在第 4 章讲述。

对于基准平面,可以从颜色来观察其方向。在默认的系统颜色下,平面的正方向为黄褐色,如图 3-2-11(a)所示;旋转坐标系,观察 RIGHT 面负方向,其边框显示为淡黑色,如图 3-2-11(b)所示。

图 3-2-11　基准平面的颜色
(a) RIGHT 面正方向颜色;(b) RIGHT 面负方向颜色

明白草绘平面和平面的方向后,再来看草绘平面的摆放问题。在草绘平面上绘制草图时,标准的视图摆放位置是草绘平面正对设计者(屏幕方向即草绘平面方向),这时还需要确定草绘平面内坐标的方向,即草绘平面的参照及其方向。如图 3-2-12 和图 3-2-13 所示,两图同样是在 FRONT 面上绘制三角形,使用旋转特征生成圆锥。图 3-2-12 在选择 FRONT 面作为绘图平面的同时,使其 TOP 面向上(即 TOP 面正方向向上),生成旋转特征后在默认视图状态下得到向上的圆锥;图 3-2-13 在选择 FRONT 面作为绘图平面的同时,使 TOP 面向下(即 TOP 面正方向向下),生成旋转特征后在默认视图状态下得到向下的圆锥(三维模型坐标系的方向与图 3-2-12 相同时)。

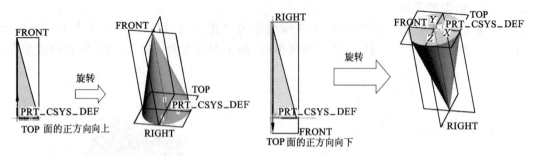

图 3-2-12　TOP 面向上建立圆锥　　　　图 3-2-13　TOP 面向下建立圆锥

上面例子中用到的 TOP 面称为草绘平面的参照平面,它是一个选定的与草绘平面垂直的平面,用来确定草绘平面的放置方式。在确定了草绘平面后,需要指定一个面作为参照平面,并指定参照平面的正方向,以此确定草绘平面的方位。

3.3　拉伸特征

草绘特征是 Creo 的重要建模方法,拉伸特征又是草绘特征中最常用的一种特征,大部分零件建模都是从拉伸特征开始的,如图 3-3-1 所示法兰盘就是一个简单的拉伸特征。

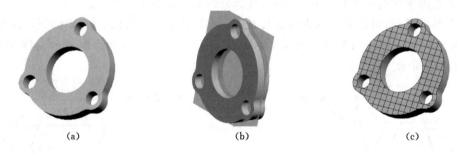

(a)　　　　　　　　　　　(b)　　　　　　　　　　　(c)

图 3-3-1　使用拉伸特征建立的法兰模型
(a) 法兰模型;(b) 剖切法兰;(c) 法兰剖面

在图 3-3-1(a)特征中,以平行于上表面的截面来切实体[图 3-3-1(b)],得到的每个剖面都与上表面相同[图 3-3-1(c)],说明法兰盘在垂直于上表面方向上是等截面实体。等截面实体可以将截面沿着垂直于截面的方向拉伸得到,这种实体特征称为拉伸特征。拉伸特征适用于构造等截面实体。

拉伸特征的建立包含三个方面的基本内容:绘制特征截面、确定拉伸方向、确定拉伸深度,如图 3-3-2 所示。

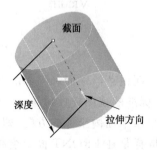

图 3-3-2　拉伸特征的三要素

拉伸特征建立的过程也就是确定这三个方面内容的过程,其中建立特征截面是最主要的内容,因特征截面为草图,所以草图又称为草绘截面。

3.3.1 简单拉伸特征的例子

下面以图 3-3-2 所示的直径 100、高度 100 的圆柱体为例,简单说明拉伸特征的建立过程,以便读者首先建立对拉伸特征和 Creo 建模过程的初步认识。

步骤 1:建立新文件。

(1)单击【文件】→【新建】菜单项或快速访问工具栏中的新建按钮□,在弹出的【新建】对话框中选择 ◉ □ 零件 ,在【名称】文本输入框中输入文件名 ch3_3_example1,并取消 ☑ 使用默认模板 复选框前的对钩,不使用系统默认模板,单击【确定】按钮。

(2)在随后弹出的【新文件选项】对话框中,选择公制样板 mmns_part_solid,并单击【确定】按钮,进入零件设计工作界面,如图 3-3-3 所示。

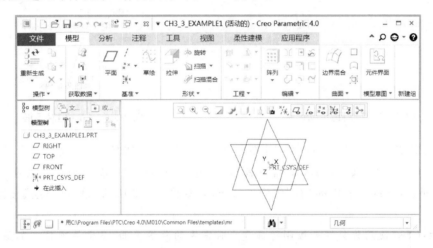

图 3-3-3 零件建模界面

提示:模板是指包含特定内容的特殊文件。一般来说,这些特定内容是某一类文件都需要的,在创建这类文件时,使用模板作为文件的起始可避免一些重复的工作。

模板中包含了预定义的特征、层、参数、命名的视图等。例如,一般零件模型文件模板包含默认基准平面、命名的视图、默认层、参数以及单位等。图 3-3-3 中含有的 3 个默认的正交基准平面 RIGHT、FRONT、TOP 和坐标系 PRT_CSYS_DEF 即从模板中得到。

根据单位的不同,Creo 中的模板分为两类:公制和英制。公制模板的单位长度为 mm(毫米)、重量为 N(牛顿)、时间为 s(秒),英制模板中长度为 in(英寸)、重量为 lb(磅)、时间为 s(秒)。本书中建立的零件文件一律使用公制样板 mmns_part_solid。

步骤 2:建立拉伸特征。

(1)激活拉伸特征命令。单击功能区【模型】选项卡【形状】组中的拉伸特征按钮拉伸,功能区中弹出拉伸面板如图 3-3-4 所示。

(2)定义草绘截面。定义一个内部草图作为拉伸特征的截面。

① 单击操控面板上的【放置】,弹出滑动面板如图 3-3-5 所示,单击【定义】按钮,弹出【草绘】对话框如图 3-3-6 所示。

图 3-3-4 拉伸特征操控面板

图 3-3-5 【放置】滑动面板   图 3-3-6 【草绘】对话框

② 指定草绘平面和参照。单击【草绘平面】收集器将其激活，选取图形中的 TOP 面作为草绘平面。单击【参考】收集器将其激活，并选取 RIGHT 面作为草绘参照，单击【方向】下拉列表，选取列表中的"右"作为参考方向，如图 3-3-6 所示，单击【草绘】按钮进入草绘界面。

提示：Creo 使用收集器来控制特征建立时需要的草绘平面、参考等项目。如图 3-3-6 所示，选择 TOP 面作为草绘平面，在草绘平面的收集器中便存储了这个项目。收集器有激活状态和非激活状态两种状态，非激活状态的收集器为白色，鼠标单击可激活收集器，激活状态的收集器为淡黄绿色，单击选取项目可以将其添加到收集器中或替换已有项目。

③ 绘制草图。在草绘状态下以坐标系的原点为中心绘制一个直径为 100 的圆，如图 3-3-7(a)所示，单击确定按钮 ✔ 退出草绘状态，系统生成拉伸特征的预览。

（3）确定拉伸方向。保证拉伸特征生成于 TOP 面的正方向一侧，如果不是，单击操控面板上的 ⤢ 按钮改变生成拉伸的侧，生成的图形预览如图 3-3-7(b)所示。

（4）定义拉伸深度。在操控面板的深度值输入框 100.00 ▾ 中输入拉伸特征的深度 100。

提示：定义拉伸深度的方法比较灵活，除了上面的方法外，还可以使用如下方法确定深度。

（1）直接双击模型上代表拉伸深度的数字，当此数字变为输入框时直接输入深度值。

（2）拖动模型上的控制滑块（即模型上的白色小框）。

可以看到，以上三种定义深度的方法是相互关联的，改变任一处，其他地方也随之改变。

（5）预览特征。单击操控面板中的预览图标 ⚭ 预览所创建的拉伸特征，若不符合要

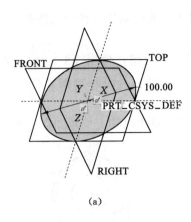
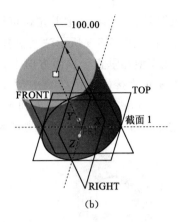

(a)　　　　　　　　　　　　　　(b)

图 3-3-7　拉伸特征的草图与实体预览

(a) 草图；(b) 拉伸特征的预览

求，按 ▶ 退出暂停模式继续编辑特征。

（6）完成特征。单击操控面板中的 ✔ 完成拉伸特征。

步骤 3：保存文件。

单击【文件】→【保存】菜单项或快速访问工具栏保存按钮 💾，弹出【保存对象】对话框，直接单击【确定】按钮保存文件。此例参见网络配套文件 ch3\ch3_3_example1.prt。

3.3.2　拉伸特征概述

上面仅以一个简单例子说明拉伸特征的建模思路，下面详细解释拉伸特征建模要点。

3.3.2.1　草绘截面

拉伸特征建模过程中使用的草绘截面可以是特征内部草图，也可以是一个已经定义好的本文件中的草绘基准曲线特征。单击激活图 3-3-5 所示滑动面板中的 ● 选择 1 个项 收集器，即可选取已定义好的草绘曲线等草图。关于草绘曲线，将在第 4 章中讲述。

提示：在二维绘图系统，如 AutoCAD、Creo 的草绘模块中，设计者可能更习惯于正对设计平面，这个方向称为草绘视图方向［零件建模过程中的草绘平面保持在与屏幕平行的平面，而不是图 3-3-7(a) 中所示的倾斜状态］。要想得到这种效果，在草绘界面下单击【设置】组中的草绘视图按钮 🔲 草绘视图，草绘屏幕即旋转到屏幕平行方向，如图 3-3-8 所示。

当选取草绘平面进入草绘界面时，Creo 4.0 默认保持当前模型视图方向不变。若想恢复早期 Pro/Engineer 版本中进入草绘界面后系统自动定向草绘平面使其与屏幕平行的设置，可使用 Creo Parametric 选项完成，其方法如下：单击【文件】→【选项】菜单项，在打开的【Creo Parametric 选项】对话框中找到下部的【草绘器启动】项，选取【使草绘平面与屏幕平行】复选框即可。

可使用第 2 章中绘制的草绘文件（sec 文件）作为拉伸特征的截面。在定义草绘截面过程中，单击【获取数据】组

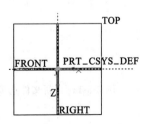

图 3-3-8　草绘视图方向的草绘平面

中的插入文件按钮 ，选取并定位草绘文件，即可将已有的草绘文件导入进来。

例 3-1 建立图 3-3-9 所示法兰盘模型。

分析：此模型在垂直于顶面方向上是等截面实体，可采用拉伸图 3-3-10 所示截面的方法建立。本例可直接借用第 2 章中例 2.3 的结果，使用插入外部数据的方法将已有草图 ch2\ch2_6_example2.sec 直接插入到本例草绘器中。

模型建立过程：使用拉伸特征建立本模型，采用第 2 章中已建立的草图作为本例草图。

图 3-3-9 法兰盘模型

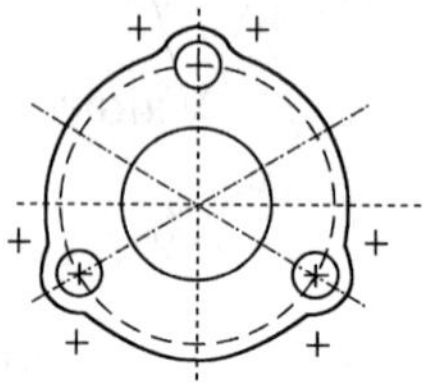

图 3-3-10 法兰盘模型的草图

步骤 1：建立新文件。

（1）单击【文件】→【新建】菜单项或顶部快速访问工具栏中的新建按钮，输入文件名 ch3_3_example2，取消默认模版，单击【确定】按钮。

（2）在【新文件选项】对话框中，选择公制模板 mmns_part_solid，并单击【确定】按钮，进入零件设计工作界面。

说明：除了系统提供的英制和公制模板外，还可以使用已有文件作为模板，在原来模型的基础上建立新文件。如图 3-3-11 所示，在【新文件选项】对话框中，单击【浏览】按钮，在随后出现的【选择模板】对话框中选择已有文件，如图 3-3-12 所示，单击【打开】按钮即可使用选中的文件作为新文件的模板。

图 3-3-11 【新文件选项】对话框

图 3-3-12 【选取模板】对话框

步骤 2：激活拉伸特征命令。单击【模型】选项卡【形状】组中的拉伸特征按钮，弹出拉伸特征操控面板。

步骤 3：定义截面。

（1）单击操控面板上的【放置】，弹出【草绘】滑动面板，单击【定义】按钮，弹出【草绘】对话框。

（2）指定草绘平面和参照平面。选择 TOP 面作为草绘平面、RIGHT 面作为参照平面，方向向右，单击【草绘】按钮进入草绘界面。

（3）插入草图。单击【获取数据】组中的插入文件按钮 文件系统，在【打开】对话框中选取草图 ch2\ch2_6_example2.sec，在草绘器绘图区中心区域单击插入草图，调整比例为 1，插入草图如图 3-3-13 所示。单击 确定 退出草绘，系统返回实体设计模式。

步骤 4：确定生成拉伸的深度方向。保证拉伸特征生成于 TOP 面正方向一侧，如果不是，单击操控面板上的 按钮改变生成拉伸的侧，生成预览如图 3-3-14 所示。

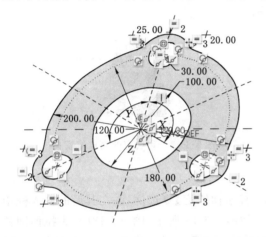

图 3-3-13　拉伸特征的草图

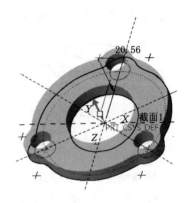

图 3-3-14　拉伸特征预览

步骤 5：定义拉伸特征深度。选取深度模式为盲孔 ，在深度输入框中输入深度值 30。

步骤 6：预览特征。单击操控面板中的预览图标 ，浏览所创建的拉伸特征，若不符合要求，按 退出暂停模式，继续编辑特征。

步骤 7：完成特征。单击操控面板中的完成图标 ，完成拉伸特征的创建。

步骤 8：保存文件。单击【文件】→【保存】菜单项或快速访问工具栏保存按钮 ，在【保存对象】对话框单击【确定】按钮保存文件。参见网络配套文件 ch3\ch3_3_example2.prt。

3.3.2.2　拉伸特征的深度模式

前面例子中指定了圆柱深度为 100。除了指定深度值外，还可以是对称、到选定项、到下一个、穿透、穿至等多种深度模式，图 3-3-15 为单击操控面板上的【选项】弹出的滑动面板，此面板控制了特征生成的深度模式。其中的【侧 1】表示拉伸特征在草绘平面一侧的生成方式，【侧 2】表示在草绘平面另一侧的生成方式。各种深度模式的含义如下：

图 3-3-15　拉伸特征的深度模式

（1）⊥ 盲孔 变量模式，即指定拉伸的深度，按照所输入的深度值在特征创建的方向一侧拉伸，后面的下拉框表示深度值，可以下拉选取深度值，也可以手动输入深度值。

（2）⊟ 对称 对称模式，特征将在草绘平面两侧拉伸，输入的深度值被草绘平面平均分割。如图 3-3-16 所示，位于 TOP 面上的截面草图，向 TOP 面上下各拉伸深度值的一半。

（3）⊥ 到选定项 到选定的点、线或面，特征将从草绘平面开始拉伸至选定的点、线、平面或曲面。如图 3-3-17 所示，圆形草绘截面拉伸到实体的面上，其底面形状与选定面吻合。

（4）═ 到下一个 到下一个模式，特征的深度到下一个面。

（5）⊧ 穿透 穿透模式，特征沿其生成的方向穿透所有已有特征，用于去除材料模式。

（6）⊥ 穿至 穿至模式，特征拉伸至选定的面。

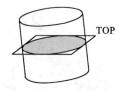

图 3-3-16　对称拉伸模型

图 3-3-17　到选定的面拉伸模式

3.3.2.3　拉伸特征的锥度模式

单击选取图 3-3-15 所示【选项】滑动面板中的【添加锥度】复选框，并在其后的输入框中输入角度值，在当前拉伸特征基础上添加锥度。如图 3-3-18 所示，图 3-3-18（a）为拉伸圆柱体，图 3-3-18（b）为添加 15°锥度后的效果。若要形成上大下小的锥度效果，在锥度值输入框中输入负值即可。

(a)　　　　　　　　　　　　　(b)

图 3-3-18　拉伸特征的锥度模式

(a) 拉伸圆柱体；(b) 添加锥度

3.3.2.4　拉伸特征的去除材料模式

上例的拉伸特征是添加材料形成的，同样拉伸也可以在已有实体特征上去除材料。如图 3-3-19（a）所示模型中的半圆孔，在制作过程中，首先建立拉伸特征形成半圆柱体，然后建立第二个拉伸特征，在操控面板中选择减料方式图标 ◢，形成中间的孔，其操控面板如图 3-3-19（b）所示。除了草绘的半圆截面外，还需要确定两个参数：拉伸深度模式和去除材料方向。

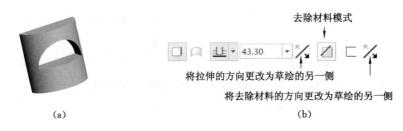

（a）

（b）

图 3-3-19　去除材料的拉伸特征

（a）半圆孔；（b）去除材料模式

（1）拉伸深度模式。模式有变量、对称、到选定项、到下一个、穿透等多种模式，与前面讲述的实体的深度模式相同。

（2）去除材料方向。是指朝向草图的哪一侧去除材料，如图 3-3-20 所示。

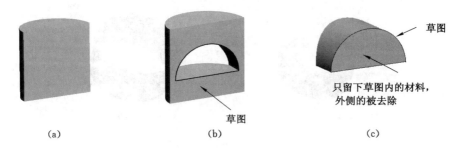

（a）

（b）

（c）

图 3-3-20　去除材料拉伸

（a）原图；（b）去除了草图内侧的材料；（c）去除了草图外侧的材料

3.3.2.5　拉伸特征的壳体模式

拉伸特征还可以生成壳，以圆为草图生成壳体如图 3-3-21 所示，此时的操控面板如图 3-3-22 所示。生成的壳实体可以在草绘的内侧、外侧或是两侧，生成壳位于草绘两侧时，输入的壳的厚度值被草绘图形平均分割。

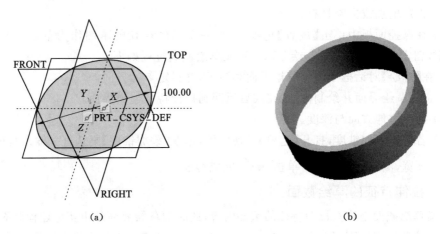

（a）

（b）

图 3-3-21　拉伸生成壳体

（a）草图；（b）拉伸生成的壳体

生成壳体　壳体厚度

在草绘的一侧、另一侧或两侧间更改拉伸方向

图 3-3-22　拉伸为壳体操控面板

3.3.2.6　拉伸特征的曲面模式

拉伸特征操控面板左侧的两个按钮 □ ◠ 为单选按钮,两者只能选其一,分别表示生成的特征为实体或曲面。如图 3-3-23 所示,以圆为截面,图 3-3-23(a)选择了实体选项 □,拉伸生成实体;图 3-3-23(b)选择了曲面选项 ◠,拉伸生成了曲面。有关曲面详细内容参见第 7 章。

（a）　　　　　　　　　　　　　　（b）

图 3-3-23　拉伸为实体或曲面
（a）拉伸实体；(b)拉伸为曲面

3.3.2.7　拉伸特征建立过程

(1)零件设计模式下,单击功能区【模型】选项卡【形状】组中的拉伸特征按钮 拉伸,功能区添加拉伸特征操控面板。

(2)指定拉伸模式为实体、壳或曲面。

(3)指定增加或去除材料。

(4)在操控面板中单击【放置】选项,选取一个已经存在的草图作为草绘截面,或单击【定义】按钮定义拉伸特征的草绘截面。定义草绘截面过程如下:

① 在【草绘】对话框中指定草绘平面和参考,并指定参考方向。

② 进入草绘界面并绘制截面,完成后返回到拉伸特征建模界面。

(5)指定拉伸方向与深度。

(6)若需要添加锥度,打开【选项】滑动面板,选取【添加锥度】复选框并输入角度。

(7)预览,满足设计要求后单击 ✔ 完成特征。

3.3.3　拉伸特征的草绘截面

定义草绘截面是建立拉伸特征的重要内容,此时的草绘界面是由实体建模状态转入的,与第 2 章的草绘有所不同。本小节针对建立实体模型时使用的草绘截面作几点说明。

3.3.3.1　草绘截面的完整性要求及其判断

拉伸实体特征对于草图完整性的基本要求是草绘截面必须封闭,否则无法生成实体。

如图 3-3-24（a）所示截面为四分之三圆弧，退出草绘时状态栏显示警告信息
⚠️ 警告: 不是所有开放端都已被明确地对齐，同时弹出对话框如图 3-3-24（b）所示。因为拉伸为曲面特征
时不需要截面封闭，不封闭的草图可以拉伸为曲面特征。单击图中的【确定】按钮系统将自
动把特征类型更改为曲面，生成模型如图 3-3-24（c）所示，单击【取消】返回草绘界面继续编
辑草图。

图 3-3-24　特征的不封闭截面
（a）不封闭草图；（b）提示对话框；（c）曲面特征

　　除不封闭外，截面不完整的情况还有多种，图 3-3-25 为几种常见的草图不完整的情况。
图 3-3-25（a）所示为图形未闭合，解决方法是从两个端点处画线将图形闭合。图 3-3-25（b）
上端有多余线段，此线段无法与其他图形形成闭合图形，其解决方法是将多余线段删除。
图 3-3-25（c）有非独立的闭合空间，两个闭合图形有相交图元，解决方法是将两个闭合空间
公共部分删除。图 3-3-25（d）与图 3-3-25（c）类似，均出现非独立的闭合空间。图 3-3-25（e）
有孤立的线段，解决方法为将多余线段删除。图 3-3-25（f）是最容易出现却最难以发现的一
种情况，与正方形的一条边重叠多画了一条线段，此时这条线段虽然与封闭图形重叠，但却
是孤立线段，造成了整个图形不封闭。

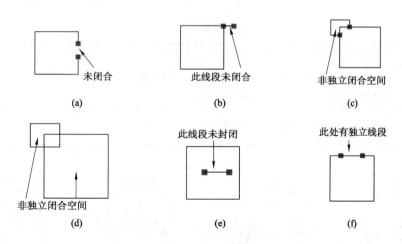

图 3-3-25　截面不闭合的情况
（a）（b）截面未闭合；（c）（d）截面非独立闭合；
（e）截面中线段未封闭；（f）截面中存在独立线段

　　有几种情况看似截面不封闭,但却是允许使用的,如图 3-3 26 所示。图 3-3-26(a)中的虚线为构造线,点划线为中心线,它们在图形中只起到辅助作图的作用,并不影响实体的生成。图 3-3-26(b)中的草绘点也只起辅助作图,不影响模型生成。图 3-3-26(c)为两个独立的封闭空间,模型生成时均生成实体。图 3-3-26(d)中的封闭空间为两个圆之间的空间,可拉伸生成圆管状模型。

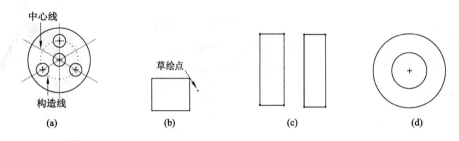

图 3-3-26　截面闭合的情况

(a) 截面中存在构造线;(b) 截面中存在构造点;(c) 独立的封闭截面;(d) 嵌套的封闭截面

　　系统提供了草绘诊断工具来辅助设计者解决截面不完整的问题。【草绘】选项卡中的【检查】组如图 3-3-27 所示,其主要功能包括着色封闭环、突出显示开放端、重叠几何辨别以及分析草图是否满足特征要求。各按钮含义如表 3-3-1 所示。

　　图 3-3-28(a)中,四个圆和外部封闭链之间形成一个封闭图形区域。当单击 分析其封闭性时,草绘界面中封闭的图形区域会被填充,默认填充颜色为粉红色,如图 3-3-28(b)所示。而对于图 3-3-28(c),因外部图元没有封闭,草绘界面中只有 4 个圆分别形成了封闭区域。

图 3-3-27　截面闭合的情况

表 3-3-1　　　　　　　　　　　　　　　草绘诊断工具

⬚	着色封闭环,对草绘图元的内部封闭链着色,使设计者直观地观察封闭草图
⬚	突出显示开放端,对不为两个图元所共有的独立图元的端点,系统加亮显示
⬚	检测重叠几何,对于重叠图元,系统加亮显示
特征要求	分析草绘,以确定它是否满足特征要求

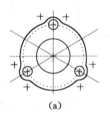 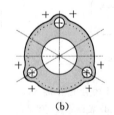 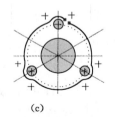 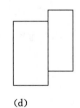

(a)　　　　　　　　(b)　　　　　　　　(c)　　　　　　　　(d)

图 3-3-28　草绘诊断

(a) 草图;(b) 封闭性分析;(c) 封闭性分析;(d) 重叠分析

图 3-3-28(c)中,因左上部没有封闭,单击 ,未封闭图元的两个端点处被加亮显示。图 3-3-28(d)中的两个矩形在中部有一条边重合,单击 [图标] 进行重叠分析,中间重合的两条边以及与其相邻的边高亮显示。

分析草绘功能能够分析草图是否满足所建立实体的要求,若最终要建立的特征为实体拉伸特征,对于图 3-3-28(a)所示满足要求的草图,单击 特征要求 分析其是否满足特征要求,其分析结果如图 3-3-29(a)所示。而对于如图 3-3-28(d)所示不满足要求的草图,则显示如图 3-3-29(b)所示对话框。

(a)　　　　　　　　　　　　　　　　　(b)

图 3-3-29　草绘诊断工具的分析结果

(a) 满足要求的草图;(b) 不满足要求的草图

注意:分析草图能否满足特征要求判断的标准是:能否使用草图生成相应的实体特征。例如,要生成实体拉伸特征,绘制的截面草图必须封闭。但若拉伸为曲面,草图则可以开放或闭合。

3.3.3.2　草绘截面的尺寸标注参照

当使用 TOP 面作为草绘平面建立草图时,单击功能区【草绘】选项卡【设置】组中的参考按钮 [图标] **参考**,弹出【参考】对话框如图 3-3-30(a)所示。可以发现,在此对话框的收集器中有两个相互垂直的面(RIGHT 和 FRONT),收集器中的内容称为草绘平面的尺寸标注参照。

参照是指为确定草绘平面中图形的尺寸和约束关系而选定的面、边、点或坐标系。上面

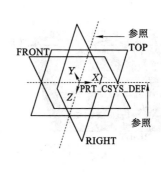

(a)　　　　　　　　　　　　　　　　(b)

图 3-3-30　草绘平面中的尺寸标注参照

(a)【参考】操控面板;(b) 截面中的尺寸参照

例子中为了确定草图在草绘平面上的位置,系统自动选取 RIGHT 面和 FRONT 面作为参照,参照在图形中默认显示为青色的虚线如图 3-3-30(b)所示。在创建新草图的时候,系统一般会自动选取默认的草绘参照。

在【参考】对话框中可以改变草图的参照或选取新的参照。打开网络配套文件 ch3\ch3_3_example3.prt,要想在六面体上建立一个圆柱体,效果如图 3-3-31(a)所示,方法为:使用六面体的上表面作为草绘平面,以圆为草绘截面建立拉伸特征。在特征建立过程中,草绘器会自动选定 RIGHT 和 FRONT 面作为将要绘制草图的参照,如图 3-3-31(b)所示。

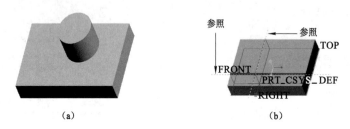

(a)   (b)

图 3-3-31　模型及其参照

(a) 六面体和圆柱体的模型;(b) 截面上的尺寸参照

若想将参照改变为六面体上表面的两条边并建立圆心到两边的尺寸约束 15 和 25,如图 3-3-32(a)所示,其方法如下:

(1) 单击功能区【草绘】选项卡【设置】组中的参考按钮 🗌 参考,在弹出的【参考】对话框中分别选取参照收集器中的 RIGHT 面和 FRONT 面,并单击对话框中的【删除】按钮,删除系统默认参照。

(2) 在选择后面的下拉列表中选取参照类型为使用边/偏距 选择： 使用边/偏移 ▾,并单击参照选取按钮 ⬉,激活参照选取状态,在图形窗口中分别单击选取六面体上面的边和右面的边,收集器中添加了上述拉伸特征的两条边。单击对话框中的【求解】按钮,【参考状况】栏显示状态为完全放置的,【参考】对话框如图 3-3-32(b)所示,单击【关闭】按钮关闭对话框。

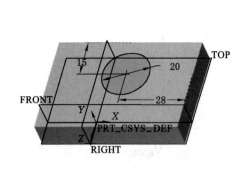

(a)   (b)

图 3-3-32　选取参照并建立截面

(a)【参照】对话框;(b) 截面

（3）按照图 3-3-32（a）所示尺寸绘制圆，并单击 ✓_{确定} 退出草绘状态，单击拉伸操控面板中的 ✓ 完成拉伸圆柱体。参见网络配套文件 ch3\f\ch3_3_example3_f.prt。

在 Creo 之前的各个 Pro/Engineer 版本中，在草绘器中不存在非常合理的参照的时候，系统往往很难自动找到合适的参照。如图 3-3-33（a）所示楔体，若要使用其上表面作为草绘平面建立其他拉伸特征，则难以找到与此面相垂直的面作为参照，此时在 Pro/Engineer 中则会出现参照缺失的情况，如图 3-3-33（b）所示。

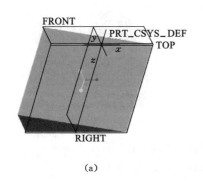

（a）　　　　　　　　　　　　　　　（b）

图 3-3-33　选取参照并建立截面

（a）选取参照；（b）不完全放置的参照

相比于 Pro/Engineer，Creo 更智能。在图 3-3-33 所示的情况中，系统会自动寻找草图中可以实现其定位的其他参照，如坐标系等。当选取图 3-3-33（a）所示模型中楔块斜面作为草绘平面时，其【参考】对话框如图 3-3-34（a）所示，系统自动选定了与楔块斜面垂直的侧面以及坐标系作为参考，草图的参考尺寸如图 3-3-34（b）所示。本例参见网络配套文件 ch3\ch3_3_example4.prt，在楔块上建立拉伸特征后的例子参见 ch3\f\ch3_3_example4_f.prt。

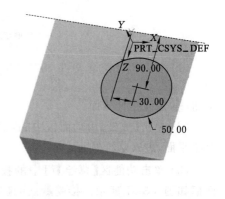

（a）　　　　　　　　　　　　　　　（b）

图 3-3-34　选取参照并建立截面

（a）【参考】对话框；（b）草图的参考尺寸

上例中也可以选用楔块斜面的两条边作为参照,如图 3-3-35(a)所示。激活拉伸命令进入草绘平面后,单击功能区【草绘】选项卡【设置】组中 按钮按钮,在弹出的【参考】对话框中删除系统自动选取的参照,并单击选取按钮 ,在图形窗口中单击选择楔块斜面的两条边,如图 3-3-35(b)所示。绘制草图如图 3-3-35(c)所示,建立的文件参见 ch3\f\ch3_3_example4_f2.prt。

图 3-3-35　选用斜面的边作为参照绘制草图

(a) 选用两边作为参考;(b)【参考】对话框;(c) 斜面上绘制的草图

3.3.3.3　投影命令——通过图元的边创建草图

若在绘制新的特征前模型中已经存在其他特征,可以在草图中使用投影命令创建图形。如图 3-3-36 所示,图 3-3-36(a)是已经存在的图形,图 3-3-36(b)是将要完成的图形,此时可以使用功能区中【草绘】组中的投影按钮 投影 通过已经存在的图形的边创建图元。本例原始模型参见网络配套文件 ch3\ch3_3_example5.prt。

(a)　　　　　　　　　　　　　(b)

图 3-3-36　通过模型的边创建图元

(a) 要创建凸台的模型;(b) 通过边创建凸台

(1) 打开网络配套文件 ch3\ch3_3_example5.prt,单击拉伸特征按钮 拉伸 进入拉伸界面。

(2) 单击【放置】滑动面板中的【定义】按钮,选取模型上表面作为草绘平面,进入草绘界面。

(3) 单击功能区【草绘】组中的投影按钮 投影,弹出【类型】对话框如图 3-3-37 所示。接受默认的【单一】作为选择边的方式,单击捕捉模型的样条曲线边,生成与之重合的草图如图 3-3-38(a)所示。

(4) 使用偏移命令创建另一边。单击偏移按钮 偏移,单击捕捉模型的边并向模型内部偏移 20(若偏移箭头方向指向模型外侧,输入负值),生成如图 3-3-38(b)所示的第二条边。

图 3-3-37　【类型】
对话框

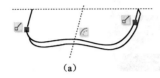
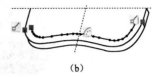

（a）　　　　　　　　　　　　　　　　　（b）

图 3-3-38　通过边创建图元

（a）使用投影命令通过模型边创建图元；（b）使用偏移命令创建偏移图元

（5）在两条平行样条曲线端点绘制两条线段，将其连接成一个封闭区域，如图 3-3-39 所示。退出草图，输入拉伸高度 15，生成模型预览如图 3-3-40 所示。单击操控面板上的 ✔ 按钮完成。完成的模型参见网络配套文件 ch3\f\ch3_3_example5_f.prt。

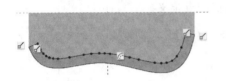
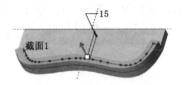

图 3-3-39　封闭草图　　　　　　　　　　图 3-3-40　模型预览

3.3.4　特征重定义

系统提供了重新定义已有特征的方法，以修改特征建立过程中的各个要素。在模型树或图形区单击要修改的特征，弹出浮动工具栏如图 3-3-41 所示。单击其编辑图标 🖌，重新打开此特征的定义界面，修改定义特征的各个要素。

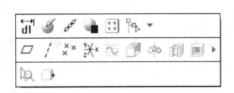

图 3-3-41　拉伸特征浮动工具栏

提示：关于浮动工具栏，在 2.2 节已经提到。单击不同的特征，系统将特征常用的功能以工具栏形式列出，方便操作。图 3-3-42 和图 3-3-43 分别为基准平面和基准点的浮动工具栏。

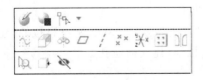

图 3-3-42　基准平面特征浮动工具栏　　　　图 3-3-43　基准点浮动工具栏

重定义特征的过程和建立特征的过程基本相同，下面以图 3-3-44 所示模型修改为例，来说明特征重定义的方法。

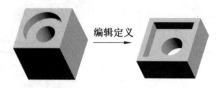

图 3-3-44　要重定义的模型

(1) 打开网络配套文件 ch3\ch3_3_example6.prt,已经建立模型如图 3-3-44 中左图所示。

(2) 在模型树中单击"拉伸 1"特征(也可在模型中单击选取)。

(3) 在弹出浮动工具栏中单击修改图标 ,弹出拉伸特征操控面板如图 3-3-45 所示,在面板中将拉伸深度改为 50。单击 完成本特征的重定义。

图 3-3-45　特征重定义操控面板

(4) 同理,单击选取特征"拉伸 2",在弹出的浮动工具栏中单击修改图标 ,显示其操控面板。

(5) 单击面板中的【放置】,在弹出的滑动面板中单击【编辑】进入草绘模式,将其草绘截面修改为如图 3-3-46 所示的方形,单击 确定退出草绘状态。

(6) 预览并完成特征重定义。修改后的模型如图 3-3-44 中右图所示,其模型参见网络配套文件 ch3\f\ch3_3_example6_f.prt。

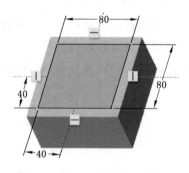

图 3-3-46　编辑特征的草图

提示:本节只是简单介绍特征重定义的方法与过程,有关特征修改的详细内容见 6.5 节。

3.3.5　拉伸特征实例

例 3-2　建立图 3-3-47 所示模型。

分析:此模型是在实体上去除材料形成的,其中实体部分采用两次拉伸完成,去除材料特征,包括中间及两侧通孔、两侧台阶孔以及中间横向孔。

模型建立过程:① 拉伸建立下部实体;② 拉伸建立上部实体;③ 去除材料拉伸,建立竖直通孔;④ 去除材料拉伸,建立台阶孔;⑤ 去除材料拉伸,建立横向孔。

步骤 1:建立新文件。

(1) 单击【文件】→【新建】菜单项或顶部快速访问工具栏中新建按钮 ,输入文件名 "ch3_3_example7",取消默认模版,单击【确定】按钮。

(2) 在【新文件选项】对话框中,选择公制模板 mmns_part_solid,并单击【确定】按钮,进入零件设计工作界面。

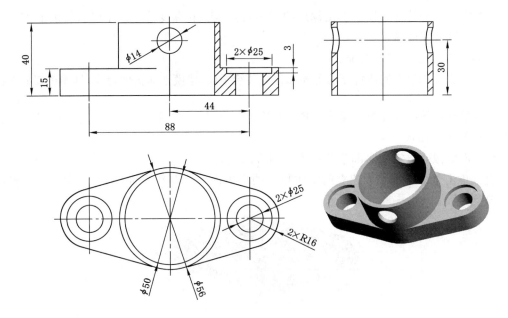

图 3-3-47 例 3-2 要建立的模型

步骤 2:建立下部实体特征。

（1）激活拉伸特征命令。单击【模型】选项卡【形状】组中的拉伸特征按钮 拉伸，弹出拉伸特征操控面板。

（2）定义截面。定义内部草图作为拉伸特征截面。

① 单击操控面板上的【放置】，弹出【草绘】滑动面板，单击【定义】按钮，弹出【草绘】对话框。

② 指定草绘平面和参照平面。选取 TOP 面作为草绘平面和 RIGHT 面为参照，方向向右，单击【草绘】按钮进入草绘界面。

提示:介绍两种进入草绘界面的简便方法:① 打开建立拉伸特征操控面板后，直接单击选取某平面作为草绘平面，系统将自动选取默认参考平面及其方向，并进入草绘器;② 先选取某平面，再激活拉伸特征命令，系统直接以选取的平面作为草绘平面进入草绘界面。

③ 绘制草图。绘制如图 3-3-48 所示草图。单击 确定 退出草绘状态，返回实体设计界面，生成拉伸特征预览，如图 3-3-49 所示。

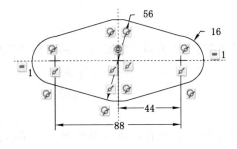

图 3-3-48 拉伸特征草图

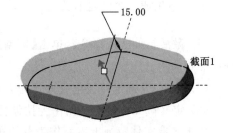

图 3-3-49 拉伸特征预览

（3）定义拉伸特征深度。选定深度模式为盲孔 ⊥⊥，在深度输入框中输入深度值15。

（4）预览并完成特征。

步骤3：生成上部实体特征。

选择步骤2中建立实体特征的上表面作为草绘平面，建模上部实体特征，具体步骤如下：

（1）激活拉伸特征命令。单击功能区【模型】选项卡【形状】组中的拉伸特征按钮 拉伸，弹出拉伸特征操控面板。

（2）定义截面。定义内部草图作为拉伸特征截面。

直接单击选取步骤2中建立的实体特征的上表面作为草绘平面（图3-3-50），系统自动进入草绘界面。

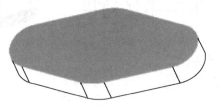

图3-3-50　第二个拉伸特征的草绘平面

（3）绘制草图。单击同心圆按钮 ◎ 圆，选取已有实体中间圆作为新绘制圆的参照，绘制直径为56的圆，如图3-3-51所示。单击 确定 退出草绘，生成拉伸特征预览如图3-3-52所示。

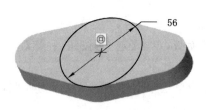

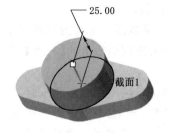

图3-3-51　第二个拉伸特征的草图　　　　图3-3-52　第二个拉伸特征预览

（4）定义拉伸特征方向与深度。确保实体生成的方向向上，选定深度模式为盲孔 ⊥⊥，输入深度值25。

（5）预览并完成特征。

步骤4：生成三个竖直通孔。

（1）激活拉伸特征命令。单击【模型】选项卡【形状】组中的拉伸特征按钮 拉伸，弹出拉伸特征操控面板。

（2）单击 ⊿ 选定特征生成方式为去除材料。

（3）定义截面。定义草图作为拉伸特征截面。

单击选取实体特征上表面作为草绘平面（图3-3-53），系统直接进入草绘界面。单击同心圆按钮 ◎ 圆，选取实体中间圆及两侧半圆作为参照，分别绘制直径为50和15的圆，如

图 3-3-54 所示,单击 确定 退出草绘。

图 3-3-53　指定通孔的草绘平面

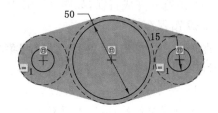

图 3-3-54　通孔的草图

（4）定义拉伸特征的方向与深度。确保去除材料的方向为实体一侧且指向圆的内部,选定深度模式为通孔 ∃ ╞ 。

（5）预览并完成特征,如图 3-3-55 所示。

步骤 5:生成台阶孔。

使用与步骤 4 类似的方法建立模型中的两个台阶孔。激活拉伸特征命令,选定特征生成方式为去除材料模式,选取下部实体的上表面作为草绘平面,绘制与已有小圆同心、直径为 25 的两个圆,如图 3-3-56 所示,选定深度模式为盲孔 ⊥ ,输入深度值 3,预览并完成后模型如图 3-3-57 所示。

图 3-3-55　完成通孔后的模型

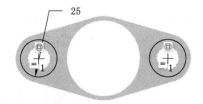

图 3-3-56　台阶孔草图

步骤 6:生成横向孔。

选用 FRONT 面作为草绘平面绘制圆,建立去除材料模式的拉伸特征形成横向孔。

（1）激活拉伸特征命令。单击【模型】选项卡【形状】组中的拉伸特征按钮 拉伸 ,弹出拉伸特征操控面板。

（2）单击 ◢ 选定特征生成方式为去除材料。

（3）定义截面。定义草图作为拉伸特征截面。

单击选取 FRONT 面作为草绘平面,进入草绘界面,绘制如图 3-3-58 所示圆作为草图,单击 确定 退出草绘。

图 3-3-57　完成台阶孔后的模型

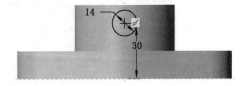

图 3-3-58　横向孔草图

（4）定义拉伸特征的方向与深度。选定去除材料方式为两侧穿透，方向为指向圆的内部。

（5）预览并完成特征，如图 3-3-57 所示。

步骤 7：保存文件。

保存文件。单击【文件】→【保存】菜单项或快速访问工具栏保存按钮 ，在【保存对象】对话框中单击【确定】按钮保存文件。参见网络配套文件 ch3\ch3_3_example7.prt。

说明：关于文件保存，参见 1.3.1 节。

关于模型文件的路径：在系统启动的开始可以先设定工作目录，每个文件在第一次存盘时也可以改变存盘位置，这个位置即系统新的工作目录；以后文件的存盘路径将变更为这个路径。

使用【文件】→【保存】菜单项，或快速访问工具栏保存按钮 保存文件时，不能改变文件名称。如果想使用其他名称保存该模型或更改模型类型，可以使用【保存副本】命令，方法：单击【文件】→【另存为】→【保存副本】菜单项，在【文件名】文本输入框中输入新的文件名，在【类型】列表中选择文件格式。

3.4 旋转特征

3.4.1 旋转特征概述

旋转特征也是零件建模过程中最常用的特征之一，适用于构建回转类零件。旋转特征是由截面绕回转中心旋转而成的一类特征，其生成过程如图 3-4-1 所示，左图截面沿轴线旋转 360°得到右图所示实体。

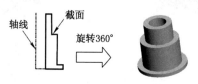

图 3-4-1 旋转特征生成过程

注意：在制作旋转特征时要注意三个问题：（1）旋转特征必须有一条绕其旋转的旋转中心线，此线可以是在草绘截面中建立的中心线，也可以是以前建立的轴线特征、其他特征上的直边、坐标系的轴或直的曲线；（2）其截面必须全部位于中心线一侧；（3）生成旋转实体时，截面必须是封闭的。

单击功能区【模型】选项卡【形状】组中的旋转特征按钮 ，激活旋转特征命令，弹出操控面板如图 3-4-2 所示。

图 3-4-2 旋转特征操控面板

（1）▢◻生成实体特征或曲面特征。

（2）⊥指定旋转角度模式，可选择变量模式⊥、对称模式⊡或旋转至选定图元模式⊥等。

（3）◿去除材料模式，使用此模式可以剪除扫描范围内的材料，用于生成扫描孔。

（4）□生成壳体模式，选定此项后还要指定壳体的厚度及生成方向。

（5）放置单击【放置】弹出滑动面板如图 3-4-3 所示，用于指定或绘制旋转特征的截面和旋转轴。单击 ⬤ 选择 1 个项 收集当前模型中已经存在的草图作为旋转特征的草图；也可以单击【定义】按钮建立新草图，其定义过程同拉伸特征中的草图定义。

（6）选项单击【选项】弹出滑动面板如图 3-4-4 所示，用于指定旋转特征的旋转角度。

图 3-4-3　旋转特征的【放置】滑动面板

图 3-4-4　旋转特征的【选项】滑动面板

3.4.2　旋转特征建立过程

（1）在零件设计模式下，单击功能区【模型】选项卡【形状】组中的旋转特征按钮 ⚙旋转，弹出旋转特征操控面板。

（2）单击操控面板中的【放置】，在弹出的滑动面板中单击【定义】按钮，定义旋转特征的截面，同时定义旋转中心线。

① 在【草绘】对话框中指定草绘平面和参照。

② 在草绘界面中绘制截面，完成后返回旋转特征界面。

（3）旋转中心线的选定。在【放置】滑动面板中选取已有轴线或单击【内部 CL】系统自动选定草图中的轴线作为旋转轴。

（4）指定旋转角度。

（5）指定生成旋转实体为草绘的哪一侧。

（6）预览，满足设计要求后退出，完成模型的建立。

注意：若选用草图内的中心线作为旋转轴线，早期 Pro/Engineer 版本中要求此中心线必须为几何中心线，不能使用构造中心线。在 Creo 中，两类中心线均可作为旋转中心。如果截面包含一条以上中心线，则创建的第一条几何中心线将作为旋转轴；若没有几何中心线，则创建的第一条构造中心线将被选作旋转轴。若要选择其他中心线作为旋转中心，单击选取这条中心线，右击并选取右键菜单中的【指定旋转轴】菜单项，如图 3-4-5 所示。

另外，可以使用草图外的其他要素作为旋转中心，

图 3-4-5　指定旋转轴

如零件模式下的轴线特征、同一平面中的坐标系的轴或其他特征上的直边等。

最好选用几何中心线作为旋转轴,在指定构造中心线作为旋转轴时,系统将弹出【旋转轴选择】对话框如图 3-4-6 所示,提示将构造中心线转变为几何中心线。

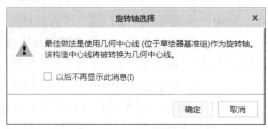

图 3-4-6　指定旋转轴

例 3-3　使用旋转特征建立图 3-4-1 所示模型。

步骤 1:建立新文件。

(1)单击【文件】→【新建】菜单项或顶部快速访问工具栏中新建按钮 □,输入文件名 ch3_4_example1,取消默认模版,单击【确定】按钮。

(2)在【新文件选项】对话框中,选择公制模板 mmns_part_solid,并单击【确定】按钮,进入零件设计工作界面。

步骤 2:激活旋转特征命令。单击功能区【模型】选项卡【形状】组中旋转特征按钮 ⬙⬙ **旋转**,弹出旋转特征操控面板。

步骤 3:定义旋转特征的截面。定义一个带几何中心线的内部草图作为旋转特征的截面。

(1)直接单击选取 FRONT 面作为草绘平面,进入草绘界面。在草绘器中单击【设置】组中的草绘设置按钮 🔲 **草绘设置**,弹出【草绘】对话框如图 3-4-7 所示,可以看到:选取了 FRONT 面作为草绘平面,RIGHT 面作为草绘参照,方向向右。单击对话框中的【草绘】按钮关闭对话框。

(2)绘制草图。在 FRONT 面中绘制草图如图 3-4-8 所示,注意绘制几何中心线。单击 ✓ 退出草绘状态,生成旋转特征预览。

图 3-4-7　【草绘】对话框

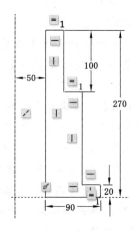

图 3-4-8　旋转特征的草图

步骤 4:确定旋转特征的旋转角度模式。指定旋转角度为 360°。

步骤 5:预 览 并 完 成 特 征,保 存 文 件。本 例 参 见 网 络 配 套 文 件 ch3 \ ch3 _ 4 _ example1. prt。

3.5　扫描特征

Creo 对扫描特征进行了很大改进,将原来 Pro/Engineer 中的定截面扫描和变截面扫描合并成一个扫描命令,通过选项来控制扫描过程中的截面是否可变。本书仅讲述定截面扫描,无特别说明情况下,本书中所说的扫描特征均为定截面扫描。有关变截面扫描的相关内容,请读者参阅相关书籍或 Creo 帮助系统。

3.5.1　扫描特征概述

扫描特征是将二维截面沿给定轨迹掠过而生成的,又称为扫掠特征。如图 3-5-1 所示,默认状态下,特征截面垂直于轨迹,椭圆形截面沿轨迹扫略生成实体特征。扫描特征建立时,首先要选取扫描轨迹,然后才能建立沿轨迹扫描的截面。Creo 中扫描轨迹只能选取,不能在扫描命令中临时绘制,这一点与之前的 Pro/Engineer 不同。而截面建立时使用的草绘平面是与轨迹起始端点相垂直的,因此只有指定扫描轨迹,系统才能够自动确定截面的草绘平面。

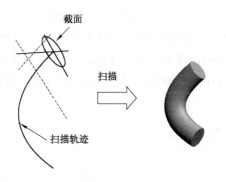

图 3-5-1　扫描特征的生成过程

单击功能区【模型】选项卡【形状】组中扫描特征按钮 🖫扫描,系统进入扫描特征界面,功能区弹出【扫描】选项卡如图 3-5-2 所示。

图 3-5-2　扫描特征操控面板

(1) 🗖🗀生成实体特征或曲面特征。

(2) 🗹创建或编辑扫描截面,在未选取扫描轨迹前此按钮不可用。

（3）去除材料模式。剪除扫描范围内的材料,用于生成扫描孔。

（4）壳体模式,选定此项后还要指定壳体厚度及生成方向。

（5）指定建立定截面扫描或变截面扫描。默认状态下定截面选项按钮被选中,表示建立定截面扫描。

（6）**参考**按钮。单击弹出滑动面板如图 3-5-3 所示,用于指定扫描轨迹及截面控制方式。

图 3-5-3　【参考】滑动面板

在 Creo 中建立扫描特征时,因为扫描轨迹只能选取而不能在扫描命令中临时绘制,所以在建立扫描特征之前模型中必须已经存在可以作为轨迹的图元。草绘基准曲线特征(第4 章中讲述)或其他特征中的曲线均可作为扫描轨迹。图 3-5-4(a)所示曲线是网络配套文件 ch3\ch3_5_example1.prt 中已有的草绘基准曲线特征,本节以此为原始文件来建立扫描特征,如图 3-5-4(b)所示。

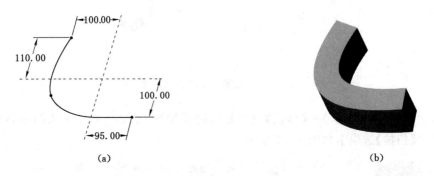

(a)　　　　　　　　　　　　　　　　　　(b)

图 3-5-4　选取轨迹建立扫描特征

(a) 扫描特征的轨迹;(b) 扫描特征

激活扫描特征后,在图 3-5-3 所示下滑面板界面下,单击选取已有曲线作为轨迹,如图 3-5-5(a)所示,轨迹的一端有箭头,箭头方向表示此点的切向,箭头所在的端点为扫描起点,也是创建截面的中心点。同时,【参考】下滑面板变为如图 3-5-5(b)所示,"轨迹"收集器中增加了"原点"轨迹,其"N"选项选中,表示剖面的法向垂直于此"原点"轨迹。单击截面按钮进入截面草绘界面如图 3-5-6 所示,系统自动以图中的两条虚线作为绘图参照,此时的草绘平面为曲线端点方向的法向平面。单击【设置】组中的草绘视图方向按钮![icon]定向草绘平面使其与屏幕平行,绘制中心矩形如图 3-5-7 所示,单击草绘界面中的 ![icon] 返回实体模式,生成扫描特征如图 3-5-4(b)所示。

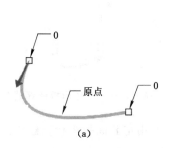

图 3-5-5 选取扫描轨迹

(a)选取的扫描轨迹;(b)【参考】滑动面板

图 3-5-6 扫描截面界面

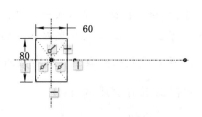

图 3-5-7 草绘视图方向的扫描截面

截面所在的草绘平面与扫描特征轨迹起始点的切线方向是垂直的,此切线方向即图 3-5-5(a)中箭头的方向。按组合键 Ctrl＋D 回到标准视图方向,如图 3-5-8 所示,可清楚地看到轨迹与截面之间的位置关系。本例特征参见网络配套文件 ch3\f\ch3_5_example1_f.prt。

提示:扫描特征是截面沿轨迹扫略而成,在选取轨迹时系统会自动指定轨迹上的某一点作为截面扫略的开始。若要将扫描起点改变到其他点,单击指示轨迹起点的箭头即可。

3.5.2 扫描特征建立过程

(1)激活扫描命令。在零件设计模式下,单击

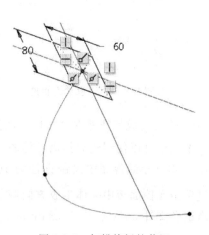

图 3-5-8 扫描特征的截面

功能区【模型】选项卡【形状】组中扫描特征按钮 。

（2）选取扫描轨迹。单击【参考】按钮，弹出滑动面板，在图形区选取扫描轨迹。

（3）绘制扫描截面。单击截面按钮 进入截面草绘界面并绘制截面，单击 完成。

（4）预览并完成扫描特征。

例 3-4 以网络配套文件 ch3\ch3_5_example2.prt 中的曲线作为扫描轨迹（图 3-5-9），绘制图 3-5-10 所示车床溜板中油管模型。

图 3-5-9　草绘基准曲线　　　　　　　　　　图 3-5-10　车床溜板油管模型

分析： 此模型在垂直于轨迹方向上是等截面实体，使用定截面扫描特征建立。

步骤 1：打开原始文件。打开网络配套文件 ch3\ch3_5_example2.prt。

步骤 2：激活命令。单击功能区【模型】选项卡【形状】组中扫描特征按钮 扫描。

步骤 3：选取扫描特征的轨迹。单击【参考】按钮，弹出下滑面板。在图形区单击选取已有曲线作为扫描轨迹。如图 3-5-11 所示，箭头位于右侧端点上，是轨迹的起点。若起点位于其他点上，单击箭头可以改变起点位置。

注意： 扫描特征的起始点一定要位于轨迹的端点上，本例中轨迹由多条线组成，若默认起点没有在端点上，使用改变起始点的方法切换起点。

步骤 4：绘制扫描截面。单击截面按钮 进入截面草绘界面，绘制圆环如图 3-5-12 所示。单击 确定 按钮完成截面。

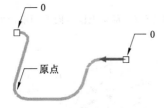

图 3-5-11　选取草绘轨迹　　　　　　　　　图 3-5-12　扫描特征的截面

步骤 5：完成特征并保存文件。此例参见网络配套文件 ch3\f\ch3_5_example2_f.prt。

本例也可以使用建立扫描壳体的方法完成，在扫描面板单击选取壳体按钮 ，输入壳体厚度 2，在草绘界面中绘制直径为 10 的圆后退出截面草绘界面，图形区生成模型预览。通过单击操控面板中壳体生成方向调节按钮 切换壳生成方向为草图的外侧。此例参见网络配套文件 ch3\f\ch3_5_example2_2_f.prt。

3.5.3　合并端选项

若扫描特征与模型中已有实体特征相连接，存在两种连接形式：合并端与自由端。如图

3-5-13 所示,图 3-5-13(a)使用扫描特征建立的杯柄的端点处于自由状态,没有与杯体结合,称端点的这种状态为自由端;图 3-5-13(b)杯柄在端点处与杯体自动结合,端点的这种状态称为合并端。

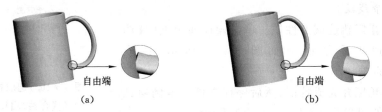

图 3-5-13 扫描特征的合并端与自由端选项
(a) 处于自由端的扫描特征;(b) 处于合并端的扫描特征

由上面的例子可见,与已有特征结合的扫描特征的端点一般应处于合并端状态。

例 3-5 在现有杯体以及扫描轨迹曲线的基础上建立图 3-5-13(b)所示杯柄,完成杯子的制作。

分析:此例中杯柄依附在杯体上,扫描特征的端点处于合并状态,在建立扫描特征时要选择合并端选项。本例的关键是扫描轨迹曲线的两个端点要分别位于杯子壁上,这一点在绘制草绘基准曲线时通过点在线上约束完成。草绘基准曲线的建立在第 4.5.3 节中讲述,读者也可先行学习草绘基准曲线的建立方法,然后再练习本例,便可自行建立扫描轨迹曲线。

步骤 1:打开原始文件。打开网络配套文件 ch3\ch3_5_example3.prt。

步骤 2:激活命令。单击功能区【模型】选项卡【形状】组中扫描特征按钮 🗔 扫描 。

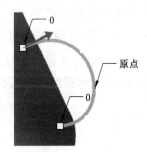

步骤 3:选取扫描特征的轨迹。单击【参考】按钮,弹出滑动面板。在图形区单击选取已有曲线作为扫描轨迹。若起始点位于曲线底部的端点,单击箭头,将起点变动到曲线上部的端点,如图 3-5-14 所示。

图 3-5-14 杯把的扫描轨迹

步骤 4:绘制扫描截面。单击截面按钮 📝 进入截面草绘界面,绘制截面如图 3-5-15 所示。单击草绘工具栏上的 ✔ 确定按钮,完成截面绘制。

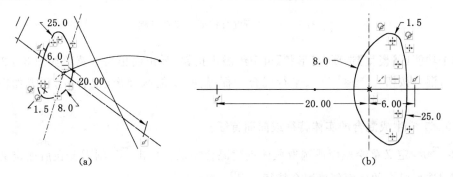

图 3-5-15 杯把的扫描截面
(a) 默认视图下的扫描截面;(b) 草绘视图下的扫描截面

提示：图 3-5-15 中截面绘制过程：先绘制圆心位于水平参考线上半径为 25 和 8 的两圆并标注半径与圆心位置；再对一边两圆交汇处倒圆角并标注半径；最后镜像圆角并修剪多余线段。

步骤 5：指定轨迹端点性质。单击操控面板上的【选项】按钮，弹出下滑面板如图 3-5-16 所示，选取【合并端】复选框。

步骤 6：预览并完成特征，然后保存文件。本例参见网络配套文件 ch3\f\ch3_5_example3_f.prt。

图 3-5-16　选取扫描特征的【合并端】复选框

3.6　平行混合特征

由数个截面在其顶点处用过渡直线或曲线连接而成的特征称为混合特征。按照截面之间的位置关系又可将混合分为平行混合、旋转混合和一般混合，本书仅讲述最简单的平行混合特征。

与早期的 Pro/Engineer 软件相比，Creo 对于混合特征的建立方法做出了很大改进。将平行混合、旋转混合以及一般混合从一个命令分解为三个命令，同时将各类混合的曲面模式、去除材料模式以及壳体模式集成为一个命令。在建模界面上，新版软件更形象直观，更有利于读者理解和学习。

3.6.1　平行混合特征概述

平行混合是相互平行的间隔一定距离的各截面的顶点依次相连而形成的特征，下面以图 3-6-1 所示模型为例，说明混合特征的建立过程。

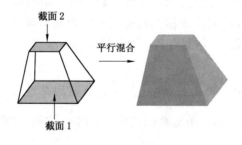

图 3-6-1　平行混合特征的建立过程

单击功能区【模型】选项卡【形状】组中组溢出按钮，弹出溢出命令菜单如图 3-6-2 所示，单击平行混合按钮 ✏ 混合，进入平行混合特征界面，功能区弹出【混合】选项卡如图 3-6-3 所示。

（1）□ ◻ 生成混合的实体特征或曲面特征。

（2）✎ ∿ 定义草绘截面或选取截面创建混合特征。单击 ✎ 则需要在后面定义截面，单击 ∿ 选取已有的截面创建混合特征。

（3）◢ 去除材料模式，使用此模式剪除所创建特征范围内的材料，用于生成孔。

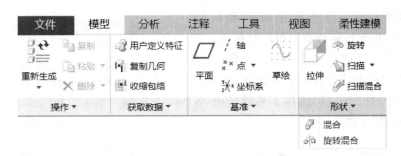

图 3-6-2　功能区中的【混合】命令按钮

图 3-6-3　平行混合特征面板

（4）□ 生成壳体模式，选定此项后还要指定壳体厚度及生成方向。

（5）**截面** 按钮。单击弹出滑动面板如图 3-6-4 所示，图 3-6-4（a）是草绘截面界面，图 3-6-4（b）是选取截面界面。

（a）

（b）

图 3-6-4　【截面】滑动面板

（a）草绘截面滑动面板；（b）选取截面滑动面板

（6）**选项**按钮。单击弹出滑动面板如图 3-6-5 所示,用于指定截面间混合时各顶点间连接形成的是折线或是光滑曲线。如图 3-6-6 所示,图 3-6-6(a)中特征选用了直选项,各顶点间以折线连接,图 3-6-6(b)选用了平滑选项,各顶点间以光滑样条曲线连接。

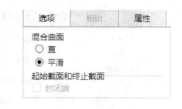

图 3-6-5　【选项】滑动面板

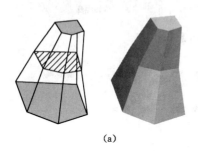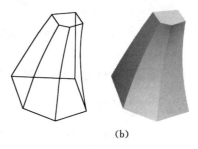

（a）　　　　　　　　　　　　　　　（b）

图 3-6-6　截面间的混合形式

（a）混合截面间顶点以直线连接;（b）混合截面间顶点以样条曲线连接

3.6.2　平行混合特征建立过程

（1）在零件设计模式下,单击功能区【模型】选项卡【形状】组中溢出菜单中的平行混合按钮 ⬦ 混合,打开平行混合特征面板。

（2）单击【截面】按钮,在弹出的面板中选取【草绘截面】或【选定截面】单选框,本书以【草绘截面】为例讲述。

（3）单击【截面】面板中的【定义】按钮,指定草绘平面与参照,绘制第一个截面,单击✔确定退出草绘界面。

（4）单击【截面】按钮,此时的面板如图 3-6-7 所示,指定截面 2 与已定义的截面 1 之间的距离。

（5）单击图 3-6-7 所示面板中的【草绘】按钮,绘制第二个截面。

（6）在【截面】面板中单击【插入】按钮,重复步骤（4）、（5）建立其他截面。

（7）预览并完成混合特征。

图 3-6-7　输入截面间的距离

例 3-6　建立图 3-6-1 所示混合特征。

步骤 1：使用公制模板新建零件文件。

步骤 2：激活命令。单击功能区【模型】选项卡【形状】组中溢出菜单中的平行混合命令按钮 ➶ 混合。

步骤 3：定义第一个截面。单击【截面】按钮，在弹出的面板中选取【草绘截面】单选框，并单击面板中的【定义】按钮，指定 TOP 面作为草绘平面，RIGHT 面为参照，方向向右，进入草绘界面，绘制如图 3-6-8(a) 所示截面，单击 ✔ 确定 完成草绘。

步骤 4：指定间距并绘制第二个截面。单击【截面】按钮，输入截面 2 与已定义的截面 1 之间的距离为 300，并单击【草绘】按钮进入草绘界面绘制第二个截面如图 3-6-8(b) 所示，单击 ✔ 确定 完成草绘。

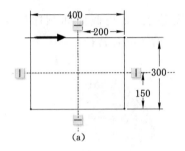
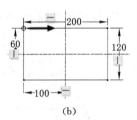

(a)　　　　　　　　　　　　　　　　(b)

图 3-6-8　混合特征的截面

(a) 第一个截面；(b) 第二个截面

步骤 5：预览并完成混合特征。模型参见网络配套文件 ch3\ch3_6_example1.prt。

建立混合特征时，所有的混合截面必须具有相同数量的边。若数量不相同，可通过如下两种方法解决：

(1) 使用草绘工具分割命令将一条边分割成两条或多条。

(2) 采用混合顶点的方法指定一个点作为一条边，混合时此点将与其他截面上的一条边相连。

混合特征的两个截面分别为三角形和四边形，如图 3-6-9 所示。在第二个截面中单击选取三角形截面右侧顶点，右击弹出快捷菜单如图 3-6-10 所示，单击【混合顶点】菜单项，此顶点处添加一个圆圈，表示此点为混合顶点。混合形成的实体如图 3-6-11 所示。此例参见网络配套文件 ch3\ch3_6_example2.prt。

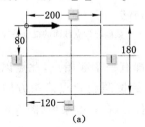
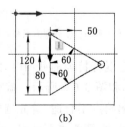

(a)　　　　　　　　　　　　　　　　(b)

图 3-6-9　混合特征的两个截面

(a) 第一个截面；(b) 第二个截面

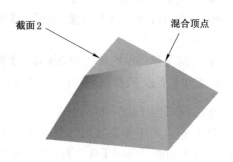

图 3-6-10　混合顶点右键菜单　　　　　图 3-6-11　采用混合顶点的平行混合特征

但对于圆、椭圆等图形来说，截面间混合时不需要顶点，而是截面间顺序连接。如图 3-6-12 所示两个椭圆，两截面顺序连接形成如图 3-6-13 所示混合特征。

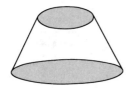

图 3-6-12　要混合的两个截面　　　　　图 3-6-13　截面为椭圆的混合特征

混合特征中也不是要求所有截面都有相同的顶点数，当某截面只有一个点时，称其为点截面。点截面可以与有任意数量顶点的截面相混合，但要求点截面只能是第一个截面或最后一个截面。如图 3-6-14 所示的两个尖顶模型即包含点截面的混合特征。此例参见网络配套文件 ch3\ch3_6_example3.prt 和 ch3\ch3_6_example4.prt。

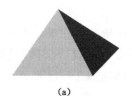

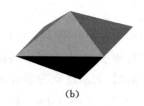

(a)　　　　　　　　　　　　　　(b)

图 3-6-14　包含点截面的混合特征

(a)最后一个截面为点截面的混合特征；(b)第一个和最后一个截面均为点截面的混合特征

在建立混合特征的截面时，除圆、椭圆外，每个截面都有一个起始点，此点以箭头表示，如图 3-6-8 和图 3-6-9 所示。截面间连接时从起始点开始按照起始点箭头方向依次连接。若截面间起始点不合适，首先选中要作为起始点的点并右击，在右键菜单（图 3-6-10）中选择【起点】菜单项，箭头移至此点，表示此点成为新的起始点。

3.7　筋特征

3.7.1　筋特征概述

筋特征是连接在两个或多个实体间的增料特征,通常用来加固零件。Creo 中的筋分为轨迹筋和轮廓筋两类,本书仅讲述轮廓筋,若无特别说明,后面提到的筋均为轮廓筋。按邻接表面的不同,生成的轮廓筋分为直筋和旋转筋。直筋为连接到直的表面上的增料特征,如图 3-7-1 所示;旋转筋是连接到旋转面上的增料特征,如图 3-7-2 所示。

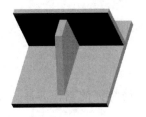

图 3-7-1　直筋

图 3-7-2　旋转筋

提示:设计过程中设计者不需要指定筋的种类是直筋还是旋转筋,系统会根据其连接的实体是直面还是曲面自动设置筋的类型。

因为筋是依附于其他实体特征的,只有在模型中存在其他实体时才能够激活筋特征命令。单击功能区【模型】选项卡【工程】组中的【筋】按钮右侧三角形,弹出下拉列表如

图 3-7-3　筋特征命令下拉列表

图 3-7-3 所示,单击选取轮廓筋特征按钮 草绘,功能区中显示筋特征操控面板如图 3-7-4 所示。

图 3-7-4　筋特征操控面板

(1)【参考】按钮。单击操控面板中的【参考】,弹出滑动面板如图 3-7-5 所示,单击其【定义】按钮定义筋特征草图。

图 3-7-5　筋特征的【参考】滑动面板

（2）设定筋的厚度。

（3）控制筋特征生成材料的侧。连续单击该按钮，筋特征将在草绘平面的一侧、另一侧以及草绘平面中间来回切换。

3.7.2 筋特征建立过程

（1）激活命令。单击功能区【模型】选项卡【工程】组中的轮廓筋特征按钮 筋，激活其操控面板。

（2）建立筋特征的截面草图。在操控面板中单击【参考】，弹出滑动面板，单击其【定义】按钮定义筋特征草图，单击 确定 退出草图。

（3）指定筋特征的厚度及筋特征生成材料的侧。在操控面板的输入框中输入筋特征的厚度，并反复单击 图标控制筋特征生成材料的侧。

（4）预览并完成筋特征。

例 3-7 以图 3-7-1 所示直筋的制作过程为例来说明筋特征的制作方法。原始模型参见网络配套文件 ch3\ch3_7_example1.prt。

步骤 1：打开文件。打开网络配套文件 ch3\ch3_7_example1.prt。

步骤 2：建立筋特征的截面草图。

（1）激活命令。单击功能区【模型】选项卡【工程】组中的轮廓筋特征按钮 筋，打开筋特征操控面板。

（2）建立筋特征的截面草图。在操控面板中单击【参考】，弹出滑动面板如图 3-7-5 所示，单击【定义】按钮，选取 RIGHT 面作为草绘平面，TOP 面作为参照，方向向上，定义筋特征草图如图 3-7-6 所示，单击 确定 退出草图。注意绘图过程中要使线段的端点位于实体边界上。

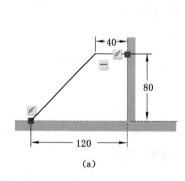

（a）

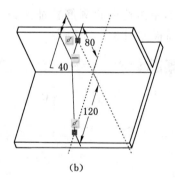

（b）

图 3-7-6 筋特征的截面

注意：从前面的实体拉伸特征、旋转特征、扫描特征、混合特征来看，其截面草图都应该是封闭的。同样，筋特征也不例外，也需要一个封闭空间。

但筋特征同时又是依附于其他实体特征的，筋特征草图的草绘平面与其他实体特征的交线也将成为筋特征草图的一部分，此交线和绘制的图元共同构成了

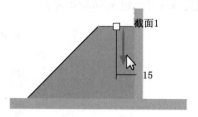

图 3-7-7 筋特征生成的方向

封闭的筋特征草图。所以在绘制图元时,一定要将图元的端点约束在实体上。

退出草图后生成筋特征预览时,要确保筋特征位于草图内侧,即图 3-7-7 所示箭头朝向要生成筋特征的一侧;若方向不对,单击箭头可改变特征生成方向,也可单击图 3-7-5 所示滑动面板中的【反向】按钮。

步骤 3:指定筋特征厚度与生成材料的侧。

(1) 指定筋特征厚度。在操控面板的输入框中输入筋特征的厚度值 15。

(2) 指定筋特征生成材料的侧。反复单击 图标控制筋特征生成材料的侧,直到筋特征位于草绘平面的中央为止。

步骤 4:完成筋特征并存盘。参见网络配套文件 ch3\f\ch3_7_example1_f.prt。

使用同样的方法,可以建立图 3-7-2 所示的旋转筋。此模型的原始模型参见网络配套文件 ch3\ch3_7_example2.prt,完成筋特征后的模型参见 ch3\f\ch3_7_example2_f.prt。

注意:建立旋转筋时,筋特征的草绘平面一定要通过旋转筋所依附的旋转面的轴线,否则筋特征将不能生成。

3.8　综合实例

草绘特征包括拉伸特征、旋转特征、扫描特征、混合特征以及筋特征,其共同特点为模型是由草图经过一定操作而生成的。草绘特征是 Creo Parametric 实体建模中最常用的特征,通常用于生成模型的基体。下面以几个实例的制作过程为例讲解草绘特征的应用。

提示:本节所有实例均提供了详细尺寸,建议读者在学习过程中先参照图形和对每个例题的分析尝试自己完成模型,然后再参阅书中讲述的步骤对照学习。这样可快速提高读者分析问题的能力。

例 3-8　建立如图 3-8-1 所示车床摇把手柄模型。

分析:此模型中间部分为扫描特征,两端可以使用拉伸或旋转的方法生成,下端的槽和横向孔使用去除材料的方式生成。

注意:本例中需用到草绘基准曲线特征,建议读者首先学习 4.5.2 节,然后再练习此例。

模型建立过程:① 建立扫描特征生成模型基础;② 使用去除材料拉伸特征建立模型上端 $\phi14$ 部分;③ 使用去除材料旋转特征建立下端部分;④ 建立去除材料拉伸特征生成横向孔。

步骤 1:建立新文件。

(1) 单击【文件】→【新建】菜单项或顶部快速访问工具栏中新建按钮 ,输入文件名 ch3_8_example1,取消默认模版,单击【确定】按钮。

(2) 在【新文件选项】对话框中,选择公制模板 mmns_part_solid,并单击【确定】按钮,进入零件设计工作界面。

步骤 2:绘制草绘基准曲线。

(1) 激活草绘基准曲线命令。单击功能区【模型】选项卡【基准】组中的草绘基准曲线按钮 ,弹出【草绘】对话框。

(2) 指定草绘平面与参照。单击选取 FRONT 面作为草绘平面,RIGHT 面作为参照平

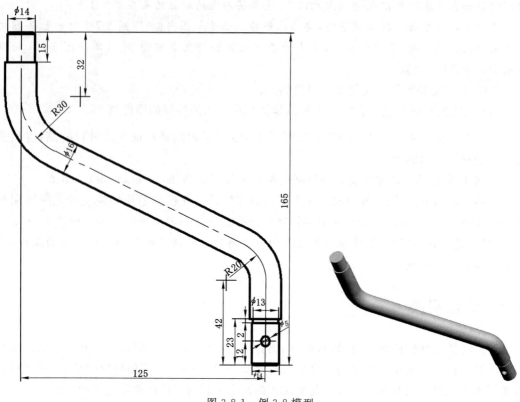

图 3-8-1　例 3-8 模型

面,方向向右。

　　(3)绘制草图。建立草图如图 3-8-2 所示。单击 ✓确定退出草绘。

　　步骤 3:建立扫描特征。

　　(1)激活命令。单击功能区【模型】选项卡【形状】组中扫描特征按钮 🔗扫描 。

　　(2)选取扫描特征的轨迹。单击【参考】按钮,弹出下滑面板。在图形区单击选取步骤 2
中建立的草绘基准曲线作为扫描轨迹,如图 3-8-3 所示,确保起始点位于下部端点。

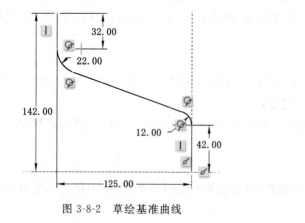

图 3-8-2　草绘基准曲线　　　　　　　图 3-8-3　选取草绘轨迹

（3）绘制扫描截面。单击截面按钮 ⬚ 进入截面草绘界面，绘制半径为 8 的圆，如图 3-8-4 所示。单击草绘工具栏上的 确定 按钮，完成截面绘制。

（4）完成扫描特征。单击操控面板上的 ✔ 按钮，完成扫描特征，如图 3-8-5 所示。

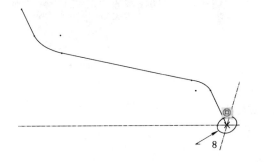

图 3-8-4　绘制扫描截面

图 3-8-5　完成的扫描特征

步骤 4：使用去除材料的拉伸特征完成模型顶部 φ14 部分。

（1）激活拉伸命令。单击功能区【模型】选项卡【形状】组中的拉伸特征按钮 拉伸，激活拉伸特征操控面板，单击 ⬚ 建立去除材料特征。

（2）定义截面。单击操控面板上的【放置】，在弹出的滑动面板中单击【定义】按钮，在弹出的【草绘】对话框中选择扫描特征上部端面所在的平面作为草绘平面，以外圆作为参照，建立直径为 14 的同心圆，如图 3-8-6 所示。单击 确定 退出草绘界面。

（3）指定去除材料的方向和深度。指定去除草绘外侧材料，深度模式为通孔 ⬚，深度为 15，如图 3-8-7 所示。

图 3-8-6　特征草图

图 3-8-7　拉伸特征

（4）完成特征。单击操控面板上的 ✔ 按钮，完成特征。

步骤 5：使用去除材料旋转特征建立下端的槽和 φ14 部分。

（1）激活旋转特征命令。单击功能区【模型】选项卡【形状】组中的旋转特征按钮 旋转，激活操控面板，单击 ⬚ 建立去除材料特征。

（2）定义截面。单击操控面板上的【放置】，在弹出的滑动面板中单击【定义】按钮，在弹出的【草绘】对话框中选择 FRONT 面为草绘平面，绘制如图 3-8-8（a）所示草绘截面。

（3）选取圆柱中心线作为旋转中心，生成去除材料特征预览如图 3-8-8（b）所示。

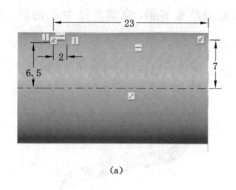

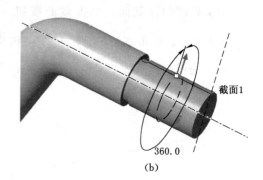

图 3-8-8　旋转特征

(a) 特征草图；(b) 特征预览

步骤 6：使用去除材料拉伸特征建立下端小孔。

（1）激活拉伸命令。单击功能区【模型】选项卡【形状】组中的拉伸特征按钮 拉伸，激活拉伸特征操控面板，单击 建立去除材料特征。

（2）定义截面。单击操控面板上的【放置】，在弹出的滑动面板中单击【定义】按钮，在弹出的【草绘】对话框中选择 FRONT 面为草绘平面，绘制如图 3-8-9 所示的直径为 12 的圆作为草绘截面。

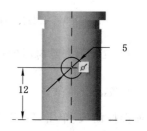

图 3-8-9　去除材料拉伸特征的草图

（3）指定生成去除材料的方向和深度。单击【选项】按钮，指定两侧的深度均为穿透 穿至。

（4）完成特征。单击操控面板中的 ，完成拉伸特征的创建。

零件建立完成，此例可参见网络配套文件 ch3\ch3_8_example1.prt。

例 3-9　建立如图 3-8-10 所示支架模型。

分析：本模型为典型的支架类零件（简化了部分孔、倒角和拔模），这类零件一般是通过拉伸、旋转等方法生成基体，然后使用孔、筋、拔模等建立其他特征。在制作过程中可以先建立下部基体模型，然后使用扫描的方法建立中间支撑部分，再建立上部圆柱并切除圆柱孔内多余部分，最后建立筋特征。

模型建立过程：① 拉伸特征，建立底座；② 扫描特征，建立中间支撑；③ 拉伸特征，建立上部圆柱；④ 去除材料拉伸特征，切除圆柱孔内多余部分；⑤ 建立筋特征。

步骤 1：建立新文件。

（1）单击【文件】→【新建】菜单项或顶部快速访问工具栏中新建按钮 ，输入文件名 ch3_8_example2，取消默认模版，单击【确定】按钮。

（2）在【新文件选项】对话框中，选择公制模板 mmns_part_solid，并单击【确定】按钮，进入零件设计工作界面。

步骤 2：使用拉伸特征建立底座。

（1）激活命令。单击功能区【模型】选项卡【形状】组中的拉伸特征按钮 拉伸，激活拉伸

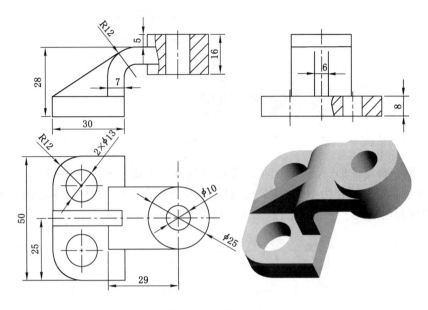

图 3-8-10　例 3-9 模型

特征。

（2）绘制截面草图。选择 TOP 面作为草绘平面,RIGHT 面作为参照,方向向右,绘制草图如图 3-8-11 所示。

（3）定义深度。指定拉伸厚度模式为盲孔 ，深度为 8。生成的模型如图 3-8-12 所示。

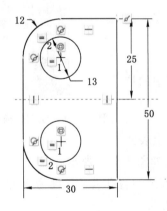

图 3-8-11　拉伸特征草图

图 3-8-12　拉伸特征

步骤 3：建立扫描实体,生成中间支撑。

（1）建立草绘基准曲线,为扫描特征准备扫描轨迹。单击功能区【模型】选项卡【基准】组中的草绘基准曲线按钮 草绘 ,弹出【草绘】对话框。单击选取 FRONT 面作为草绘平面,RIGHT 面作为参照平面,方向向右。绘制草图如图 3-8-13 所示。

（2）激活扫描命令。单击功能区【模型】选项卡【形状】组中扫描特征按钮 扫描 。

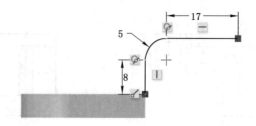

图 3-8-13   草绘基准曲线

（3）选取扫描特征的轨迹。单击【参考】按钮，弹出下滑面板。在图形区单击选取（1）中建立的草绘基准曲线作为扫描轨迹。若起始点位于上部（图 3-8-14），单击箭头改变起始点位置，确保起始点位于下部端点，如图 3-8-15 所示。

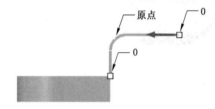

图 3-8-14   选取草绘轨迹

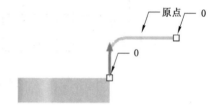

图 3-8-15   更改扫描起始点

（4）绘制扫描截面。单击截面按钮 ✎ 进入截面草绘界面，绘制截面如图 3-8-16 所示。单击草绘工具栏上的 确定 按钮，完成截面绘制。

（5）完成扫描特征。单击操控面板上的 ✔ 按钮，完成扫描特征，如图 3-8-17 所示。

步骤 4：建立上部圆柱特征。

（1）激活命令。单击功能区【模型】选项卡【形状】组中的拉伸特征按钮 拉伸，激活拉伸特征。

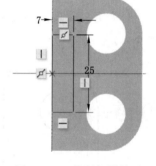

图 3-8-16   绘制扫描截面

（2）绘制截面草图。选择如图 3-8-17 所示扫描特征上表面作为草绘平面，RIGHT 面作为参照，方向向右，绘制草图如图 3-8-18 所示。

（3）定义深度。确保第一侧拉伸方向向上，其厚度模式为盲孔 ⊥，深度为 5，第二侧厚度模式为盲孔 ⊥，深度为 11。生成的模型如图 3-8-19 所示。

图 3-8-17   拉伸特征的草绘平面

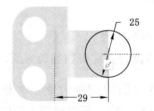

图 3-8-18   拉伸特征的草图

图 3-8-19   拉伸特征

步骤 5：去除材料拉伸特征，切除圆柱孔内多余部分。

（1）激活命令。单击功能区【模型】选项卡【形状】组中的拉伸特征按钮 拉伸，激活拉伸特征，选择去除材料模式 。

（2）绘制截面草图。选择步骤 4 中的拉伸特征上表面，如图 3-8-20 所示，作为草绘平面；选取 RIGHT 面作为参照平面，方向向右，绘制草图如图 3-8-21 所示。

（3）定义深度。确保拉伸方向朝向实体一侧，深度模式为穿透 ，如图 3-8-22 所示。

图 3-8-20　拉伸特征草绘平面　　　图 3-8-21　拉伸特征的草图　　　图 3-8-22　拉伸特征

步骤 6：建立筋特征。

（1）激活命令。单击功能区【模型】选项卡【工程】组中的轮廓筋特征按钮 筋 。

（2）绘制截面草图。选择 FRONT 面作为草绘平面，RIGHT 面作为参照，方向向右，绘制草图如图 3-8-23 所示。注意线段左下端点要约束在实体顶点上，右上端点位于圆弧上并与圆弧相切。

（3）定义筋的厚度。确保筋生成在草图的两侧，厚度为 6。生成模型如图 3-8-24 所示。

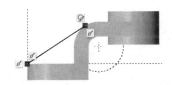

图 3-8-23　筋特征草图　　　　　　　　　图 3-8-24　筋特征

零件建立完成，参见网络配套文件 ch3\ch3_8_example2.prt。

习　　题

1. 使用拉伸特征命令建立题图 1 所示床鞍前压板模型。
2. 建立题图 2 所示零件模型。
3. 建立床鞍套零件模型，如题图 3 所示。
4. 建立题图 4 所示的零件模型。
5. 建立题图 5 所示零件模型。

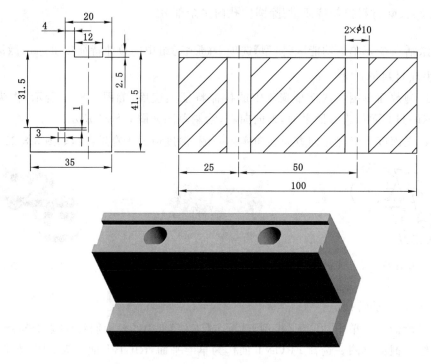

题图 1　习题 1 图

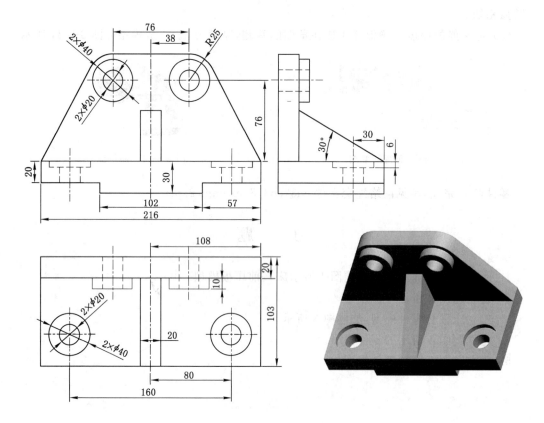

题图 2　习题 2 图

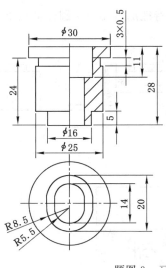

题图 3　习题 3 图

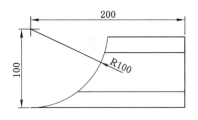
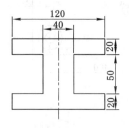

题图 4　习题 4 图

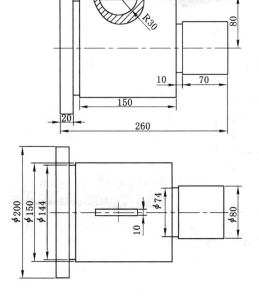
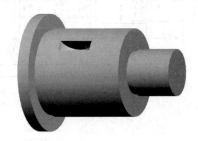

题图 5　习题 5 图

6. 建立题图 6 所示的零件模型（图中筋特征的右端位于圆弧端点上）。

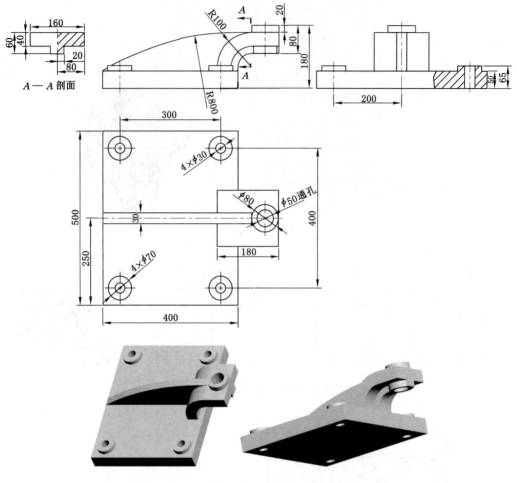

题图 6　习题 6 图

7. 建立题图 7 所示的车床床尾偏心轴模型。

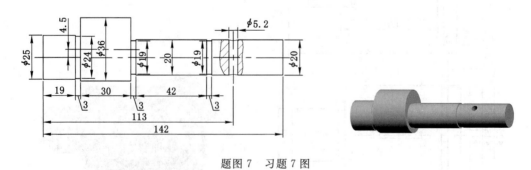

题图 7　习题 7 图

第 4 章 基准特征的建立

基准特征用于辅助建模,根据形式的不同可将其分为基准平面、基准轴、基准点、基准曲线、草绘基准、基准坐标系等几种。本章在概述基准特征含义与应用的基础上,详细介绍各种基准特征的建立方法。

4.1 基准特征概述

如图 4-1-1 所示,为了建立模型中斜向 45°角方向上的筋特征,需要寻找一个草绘平面以绘制筋特征草图,但模型中此位置并不存在这样的平面。此时需要建立一个辅助平面,如图中 DTM1 面所示,此辅助平面 DTM1 称为基准平面。

上例中,为建立辅助平面 DTM1,还需要过 FRONT 和 RIGHT 面的交线作一条辅助轴线,如图 4-1-1 中的 A_11 轴,过此轴并与 RIGHT 面成 45°即可生成 DTM1 面,此辅助轴线 A_11 称为基准轴。

又如,图 4-1-2 所示杯子手柄使用扫描特征完成。在建立扫描特征之前,需首先建立一条曲线作为扫描轨迹。草绘基准曲线特征也是一种辅助特征,可用于此处作为扫描轨迹。

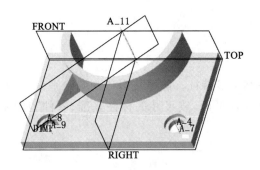

图 4-1-1　使用基准平面的模型　　　　图 4-1-2　使用草绘基准曲线建立的扫描特征

上面提到的基准平面、基准轴、草绘基准曲线以及后面将要讲到的基准点、基准曲线、基准坐标系等,在模型中都以特征的形式存在。它们在模型建立过程中只起到辅助作用而不直接构成零件的实体要素,将这些特征统称为基准特征。

基准特征又称为辅助特征,没有体积、质量等物理属性,其显示与否也不影响模型结构。默认状态下各类基准特征均显示,有时为了图形窗口的整洁可使其不显示。功能区【视图】选项卡的【显示】组如图 4-1-3 所示,可控制各基准特征及其标记的显示与否。其中,基准平面等的显示开关用于控制是否显示基准平面等的轮廓,基准平面等的标记显示开关用于控制是否显示代表基准平面等的文字标记,注释显示开关用于显示/不显示螺纹等特征的注释,如图 4-1-4 所示。

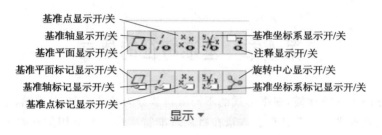

图 4-1-3　控制基准特征显示的工具栏

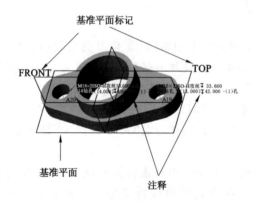

图 4-1-4　基准特征及其标记

4.2　基准平面特征

基准平面是零件建模过程中使用最多的一类基准特征。除了可以作为草绘平面外,基准平面还可以作为放置特征(第 5 章讲述)的放置平面,或尺寸的标注基准、零件装配基准等。

4.2.1　基准平面建立的方法与步骤

单击功能区【模型】选项卡【基准】组中的基准平面按钮 ▱，激活基准平面命令。以图 4-2-1所示六面体上建立斜向 45°圆柱体为例,需要寻找一个斜向的草绘平面,如图中的 DTM1 所示,经过六面体的一条边并与 FRONT 面成 45°可建立此平面。辅助平面的建立对话框如图 4-2-2 所示,本例所用文件参见网络配套文件 ch4\ch4_2_example1.prt。

【基准平面】对话框包含【放置】、【显示】、【属性】三个属性页,分别控制基准平面的放置方式、法向与显示大小、基准平面的名称等内容。

4.2.1.1　【放置】属性页

用于控制基准平面的放置方式,在此属性页中可以收集模型中已经存在的面、边、轴、点

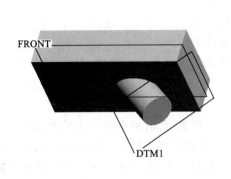

图 4-2-1　使用基准平面建立斜圆柱体　　　　图 4-2-2　【基准平面】对话框

或顶点、坐标等图形元素作为要生成基准平面的参考；并对每个参考指定一种约束方式，有些约束还需指定参数。

　　例如，若选定一个面作为新建基准平面的参考，这个选定的面可以平行或偏移的方式约束新建平面，如图 4-2-3 所示；也可以法向的方式约束新建基准平面，如图 4-2-4 所示；还可以穿过的方式约束基准平面，如图 4-2-5 所示。对于部分约束，还需要指定约束参数，如图 4-2-3 所示，若选取偏移（即平行于参照且与其间隔一定距离）的方式约束基准平面，需要指定间隔距离。

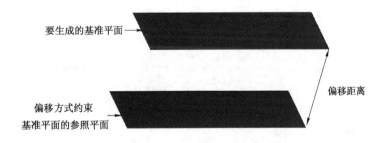

图 4-2-3　偏移于参照平面建立基准平面

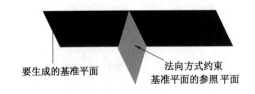

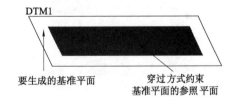

图 4-2-4　法向与参照平面建立基准平面　　　图 4-2-5　穿过参照平面建立基准平面

　　在图 4-2-1 中，定位基准平面的参照是一条边和 FRONT 面，其约束法方式为：通过边、偏移于 FRONT 面 45°。创建基准平面的常用约束如下：

　　（1）穿过。要创建的基准平面穿过一个参照平面、一条参照轴线或模型上的一条边。

　　（2）偏移。分平行偏移和角度偏移两种。平行偏移是指要创建的基准平面与参照平面平行且间隔一定的距离;角度偏移是指新建基准平面与参照平面成一定夹角。

（3）平行。要创建的基准平面与参照平面平行。

（4）法向。要创建的基准平面与参照平面垂直。

（5）相切。要创建的基准平面相切于选定曲面。

注意:要想完全约束一个基准平面,不同约束方式的约束内容不同,例如,根据几何学的知识,使用平行偏移约束可以完全确定一个基准平面,而使用平行方式则不能完全确定基准平面的位置,还需要添加其他约束方式。

【参考】收集器为淡黄绿色表示收集器处于活动状态,此时单击模型中的面、轴、线、点等图形元素就会被添加到此收集器中,用作此基准平面的放置参照;然后单击参照后的约束方式,在弹出的下拉列表中选择需要的约束方式;若有约束参数,在对话框下部的【偏移】中输入平移的距离或旋转的角度。如图 4-2-6 所示,选取 FRONT 面作为参照,可以选择其对将要建立的基准平面的约束方式为偏移、穿过、平行、法向或中间平面,若选择偏移约束,还需指定偏移距离。

注意:收集器的相关介绍参见 3.3.1 节。本节中用到的是一种多项目收集器,在将多个项目添加到此收集器中时,必须按住 Ctrl 键,然后逐个单击各个项目,否则后面选择的项目只是替换了前面选择的项目,而没有将其添加到收集器中。

4.2.1.2 【显示】属性页

从理论上讲基准平面是一个无限大的面,但在模型中表示的时候一般使用一个有限大的矩形框表示,其大小一般情况下是默认的。在此【显示】属性页中可以使用调整轮廓的方法改变其显示大小,如图 4-2-7 所示。默认状态下调整轮廓复选框是没有被选中的,此时显示的基准平面为默认大小,单击将其选中后可以手动输入平面轮廓的宽度和高度。

图 4-2-6 【基准平面】对话框的【放置】属性页　　图 4-2-7 【基准平面】对话框的【显示】属性页

在前面第 3 章讲述平面的方向的时候提到过:基准平面也是有方向的,可以在其建立的时候指定。当生成基准平面的预览时,屏幕上就指定了其方向,如图 4-2-8（a）中基准平面上的箭头指向就是其正方向。在【显示】属性页中单击【反向】按钮可翻转基准平面的方向,如图 4-2-8（b）所示。

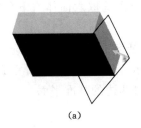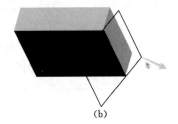

(a)　　　　　　　　　　　　　　　(b)

图 4-2-8　调整基准平面的方向

(a) 基准平面的初始方向；(b) 将基准平面反向

4.2.1.3　【属性】属性页

默认情况下，使用 DTM 序号的方法命名基准平面的名称，一般情况下不需要更改其默认名称，但有时为了工作方便可以更改此默认名称。单击【基准平面】对话框上的【属性】属性页，在其名称后的输入框中可以输入新的基准平面的名称，如图 4-2-9 所示。

注意：在基准平面建立完成以后，也可以使用特征重命名的方法在模型树中修改其名称，详见 6.5.1 节。

综上所述，建立基准平面的步骤如下。

(1) 单击功能区【模型】选项卡【基准】组中的基准平面按钮 ▱ 平面，激活基准平面命令，弹出基准平面对话框。

图 4-2-9　更改基准平面名称

(2) 选择基准平面的参照。选择面、线或点作为基准平面的参照。

(3) 指定参照的约束类型并指定约束参数。指定步骤(2)中指定参照的约束方式，如穿过、偏移、平行、法向、相切、中间平面等，当选用偏移约束时需进一步指定约束参数。

(4) 重复(2)、(3)，直到基准平面被完全约束。

(5) 指定基准平面的方向，若有必要更改基准特征的名称，单击基准平面建立对话框中的【确定】按钮退出。

4.2.2　基准平面约束方法与实例

基准平面的位置由其参照及参照的约束方式确定，根据选用参照及参照约束方式的不同，可以生成不同方式的基准平面，下面举例说明创建基准平面时可以选用的参照组合。

4.2.2.1　穿过两共面不共线的边（或轴）

可以穿过两条共面而不共线的边或轴建立一个基准平面，如图 4-2-10 所示，其建立步骤如下，本例模型参见网络配套文件 ch4\ch4_2_example2.prt。

(1) 单击功能区【模型】选项卡【基准】组中的基准平面按钮 ▱ 平面，激活基准平面命令，弹出基准平面对话框。

(2) 选择基准平面的参照。选取六面体左上角的边，并指定其约束方式为穿过。

（3）选择基准平面的第二个参照。按住 Ctrl 键单击选取六面体右下角的边，也指定其约束方式为穿过。

（4）指定基准平面的方向为向上，更改此基准特征名称为过两边（可选项）。

基准平面被完全约束，其对话框如图 4-2-11 所示，单击【确定】按钮完成。本例参见网络配套文件 ch4\f\ch4_2_example2_f.prt 中名称为过两边的基准平面。

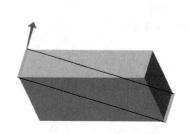

图 4-2-10　穿过两条边建立基准平面　　　　　图 4-2-11　【基准平面】对话框

提示：系统提供多种过滤器来辅助选取项目，这些过滤器位于状态栏上的【过滤器】框中。每个过滤器均会缩小可选项目类型的范围，利用这一点可轻松定位所需项目。所有的过滤器都是与环境相关的，因此只有那些符合几何环境或满足特征工具需求的过滤器才可用。

此外，在没有任何操作的默认状态下，系统使用"几何"过滤器，可选择边、面、基准、曲线等集合要素。

建立基准特征过程中，单击【过滤器】下拉列表框，显示过滤器项目如图 4-2-12 所示。在上面的例子中需要选定模型的两条边，单击选择边过滤器，在模型上选择时，就只能选择边了，其他项目被过滤掉，提高了选择的准确性和效率。

图 4-2-12　过滤器

4.2.2.2　穿过 3 个基准点

穿过不在一条直线上的 3 个点也可以确定一个基准平面，如图 4-2-13 所示，其建立步骤如下。本例模型参见网络配套文件 ch4\ch4_2_example2.prt。

（1）单击功能区【模型】选项卡【基准】组中的基准平面按钮 ▱ 平面，激活基准平面命令，弹出基准平面对话框。

（2）选择基准平面的参照。选取六面体右上角的顶点，其约束方式为穿过。

（3）继续选择基准平面的第二、三个参照。按住 Ctrl 键选取六面体左下角、右下角顶点，其约束方式也为穿过。

（4）指定基准平面的方向为向上，更改此基准特征名称为过三点（可选项）。

此时基准平面已被完全约束，对话框如图 4-2-14 所示，单击【确定】按钮完成。本例参见网络配套文件 ch4\f\ch4_2_example2_f.prt 中名称为过三点的基准平面。

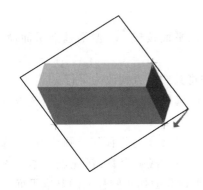

图 4-2-13　穿过三个点建立基准平面　　　　　图 4-2-14　【基准平面】对话框

4.2.2.3　穿过轴(或边)＋角度偏移于平面

根据几何学的原则,通过一条边并与一个面成特定角度唯一确定一个基准平面,使用通过轴(或边)＋角度偏移于平面的方法可创建一个基准平面,前面 4.1 中讲述的例子就是这种情况,其生成的基准平面如图 4-2-15 所示,其建立步骤如下。本例模型参见网络配套文件 ch4\ch4_2_example2.prt。

(1) 单击功能区【模型】选项卡【基准】组中的基准平面按钮 平面 ,激活基准平面命令,弹出基准平面对话框。

(2) 选择基准平面的参照。选取六面体右前边,其约束方式选择为穿过。

(3) 选择基准平面的第二参照。按住 Ctrl 键选取六面体前侧面,如图 4-2-15 中的网格面,其约束方式选定为偏移,并指定偏移角度为 45°。

(4) 指定基准平面的方向为向前,更改此基准特征名称为过边并偏移面(可选项)。

此时基准平面已被完全约束,对话框如图 4-2-16 所示,单击【确定】按钮完成。本例参见网络配套文件 ch4\f\ch4_2_example2_f.prt 中名称为过边并偏移面的基准平面。

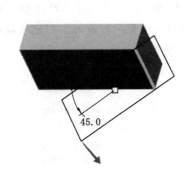

图 4-2-15　穿过边且角度偏移于平面建立基准平面　　　图 4-2-16　【基准平面】对话框

4.2.2.4　切于圆柱面＋平行于平面

切于圆柱面并与另一平面平行也可唯一确定一个面,使用切于面＋平行于平面的方法也能创建一个基准平面如图 4-2-17 所示,其建立步骤如下,本例模型参见网络配套文件 ch4

\ch4_2_example3.prt。

(1) 单击功能区【模型】选项卡【基准】组中的基准平面按钮 ▱ 平面,激活基准平面命令,弹出基准平面对话框。

(2) 选择基准平面的参照。选取 RIGHT 面,并将其约束方式改为平行。

(3) 选择基准平面的第二参照。按住 Ctrl 键单击选取圆柱的右边圆柱面,选取约束方式为相切。

(4) 指定基准平面的方向向右,更改此基准特征名称为平行于面切于圆柱面(可选)。

基准平面被完全约束,其对话框如图 4-2-18 所示,单击【确定】按钮完成。本例参见网络配套文件 ch4\f\ch4_2_example3_f.prt 中名称为平行与面切于圆柱面的基准平面。

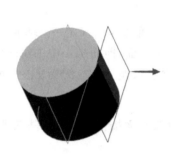

图 4-2-17　切于面且平行于平面建立基准平面　　　　图 4-2-18　【基准平面】对话框

提示:选取参照时若要选取的项目位于模型内部或重叠于其他图形元素之后,此项目将不易被选取。例如,上例中的 RIGHT 面因位于实体上,不便于选取。此时可使用从列表中拾取的方法选择,过程如下。

(1) 在模型上要选择项目的位置上右击(长按),弹出右键菜单如图 4-2-19 所示。

(2) 单击从列表中拾取图标 ▣,弹出对话框如图 4-2-20 所示,此对话框的列表中显示了在此鼠标单击点可能选择的项目,鼠标置于其上时,模型中对应的图形元素高亮显示。

(3) 找到要选择的项目后单击【确定】按钮,此项目被选中,选择过程完成。

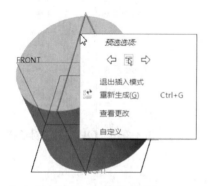

图 4-2-19　右键菜单　　　　　　　　图 4-2-20　【从列表中拾取】对话框

应用从列表中拾取的方法,可轻松选取位于模型内部或其他图元上之后的图元,也可区分重叠或相距很近的图元。

4.2.2.5　与平面偏移一定距离

距一个面偏移一定距离能唯一确定一个平面,这也是约束一个基准平面比较简单的方法。如图 4-2-21 所示,使用与平面偏移一定距离可以创建基准平面,其建立步骤如下。本例模型参见网络配套文件 ch4\ch4_2_example2.prt。

(1) 单击功能区【模型】选项卡【基准】组中的基准平面按钮□ 平面,激活基准平面命令,弹出基准平面对话框。

(2) 选择基准平面的参照。选择模型上表面,将其约束方式改为偏移,并在【平移】输入框中输入偏移距离 20。

(3) 指定基准平面的方向向上,更改此基准特征名称为偏移于面(可选项)。

基准平面完全约束,其对话框如图 4-2-22 所示,单击【确定】按钮完成。本例参见网络配套文件 ch4\f\ch4_2_example2_f.prt 中名称为偏移于面的基准平面。

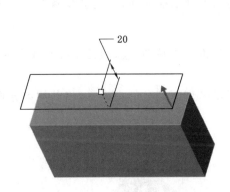

图 4-2-21　偏移约束建立基准平面　　　　　　图 4-2-22　基准平面对话框

4.2.2.6　中间平面

在两个平行的参考平面中间位置创建基准平面,这是 Creo 4.0 新增的一项功能。如图 4-2-23 所示,使用中间平面约束创建基准平面,其建立步骤如下。本例模型参见网络配套文件 ch4\ch4_2_example4.prt。

(1) 单击功能区【模型】选项卡【基准】组中的基准平面按钮□ 平面,激活基准平面命令,弹出基准平面对话框。

(2) 选择基准平面的参照。选择图 4-2-23 所示模型下部分的上表面,将其约束方式改为中间平面。

(3) 指定第二个参照。单击选取模型上部分的下表面,系统自动选定约束类型为平行。

基准平面完全约束,其对话框如图 4-2-24 所示,单击【确定】按钮完成。本例参见网络配套文件 ch4\f\ch4_2_example4_f.prt 中的基准平面。

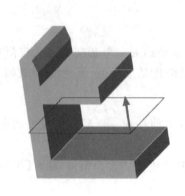

图 4-2-23　中间平面约束建立基准平面

图 4-2-24　基准平面对话框

4.2.2.7　二等分参考面夹角基准平面

使用以上中间平面约束,还可以创建角度中间平面,此平面可以平分由参考平面形成的夹角。如图 4-2-25 所示,使用中间平面约束创建二等分基准平面,其建立步骤如下。本例模型参见网络配套文件 ch4\ch4_2_example5.prt。

(1) 单击功能区【模型】选项卡【基准】组中的基准平面按钮 ,激活基准平面命令,弹出基准平面对话框。

(2) 选择基准平面的参照。选择图 4-2-25 所示模型下部分的上表面,将其约束方式改为中间平面。

图 4-2-25　二等分约束建立基准平面

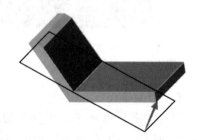

图 4-2-26　二等分约束建立基准平面

(3) 指定第二个参照。单击选取上部分模型的右表面,系统自动选定约束类型为二等分线 1,若生成的基准平面预览如图 4-2-26 所示,单击选取约束类型为二等分线 2,如图 4-2-27 所示。

单击【确定】按钮完成。本例参见网络配套文件 ch4\f\ch4_2_example5_f.prt 中的基准平面。

例 4-1　建立如图 4-2-28 所示阶梯轴。

图 4-2-27　基准平面对话框

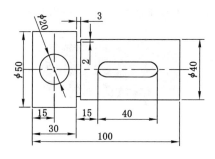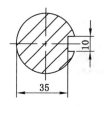

图 4-2-28　例 4-1 模型

分析：此轴的主体实体部分可使用旋转特征一次生成，左侧通孔使用去除材料的拉伸特征生成。本节重点掌握键槽的建立方法：首先建立基准平面，然后使用去除材料的拉伸特征，在基准平面上绘制键槽截面草图，向外拉伸将键槽内的材料去除，完成模型。

模型建立过程：① 使用旋转特征生成轴；② 使用去除材料拉伸特征生成直径为 20 的通孔；③ 使用平行偏移约束建立基准平面；④ 建立去除材料的拉伸特征，在基准平面上绘制键槽截面，向外拉伸去除材料生成键槽。

步骤 1：建立新文件。单击【文件】→【新建】菜单项或顶部快速访问工具栏中的新建按钮 □，在弹出的【新建】对话框中选择 ◉ □ 零件，在【名称】输入框中输入文件名 ch4_2_example6，使用公制模板 mmns_part_solid，单击【确定】按钮，进入设计界面。

步骤 2：使用旋转特征建立轴的主体部分。

（1）激活命令。单击功能区【模型】选项卡【形状】组中的旋转特征按钮 旋转，激活旋转特征。

（2）绘制截面草图。选择 FRONT 面作为草绘平面，RIGHT 面作为参照平面，参照方向向右，绘制草图如图 4-2-29 所示。

（3）完成特征。指定旋转角度为 360°。生成模型如图 4-2-30 所示。

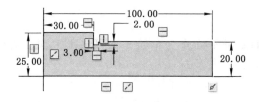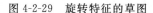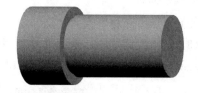

图 4-2-29　旋转特征的草图　　　　　　　　图 4-2-30　旋转特征

步骤 3：使用去除材料的拉伸特征建立横向孔。

（1）激活拉伸命令。单击功能区中【模型】选项卡【形状】组中的拉伸特征按钮，打开拉伸特征操控面板。

（2）选择去除材料模式。

（3）绘制截面草图。选择 FRONT 面作为草绘平面，RIGHT 面作为参照平面，参照方向向右，绘制草图如图 4-2-31 所示。

（4）指定拉伸深度。两侧拉伸，均为穿透模式 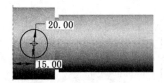。生成的模型如图 4-2-32 所示。

图 4-2-31　拉伸特征的草图

图 4-2-32　去除材料形成孔

步骤 4：建立基准平面。

（1）激活基准平面命令。单击功能区【模型】选项卡【基准】组中的基准平面按钮 平面，激活基准平面命令。

（2）选定参照及其约束方式。选择 FRONT 面作为参照，约束方式为偏移，输入平移距离为 15，生成 DTM1 如图 4-2-33 所示，其【基准平面】对话框如图 4-2-34 所示。

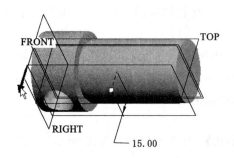

图 4-2-33　使用偏移约束生成基准平面

图 4-2-34　【基准平面】对话框

步骤 5：使用去除材料拉伸特征生成平键槽。

（1）激活拉伸命令。单击功能区【模型】选项卡【形状】组中的拉伸特征按钮 ，打开拉伸特征操控面板。

（2）选择去除材料模式 。

（3）绘制截面草图。选择步骤 4 中建立的基准平面作为草绘平面，RIGHT 面作为参照，参照方向向右，绘制草图如图 4-2-35 所示。

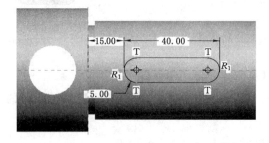

图 4-2-35　拉伸特征的草图

（4）指定拉伸方向与深度。确保拉伸方向向实体外侧,深度为穿透模式 ≡ ≡。生成的模型如图 4-2-28 所示。本例模型参见网络配套文件 ch4\ ch4_2_example6.prt。

例 4-2　建立如图 4-2-36 所示铸造件。

分析:使用旋转为壳体的方式生成半圆球形型腔;使用实体的拉伸特征建立左侧管道,深度模式为到圆球外表面;使用去除材料的拉伸,将管道内部连同与球形型腔连接部分挖空;最后使用拉伸特征建立底部和左侧的凸缘。

模型建立过程:① 旋转半径为 100 的四分之一圆弧生成旋转壳体特征,从而形成半圆形型腔;② 建立基准平面以确定左侧管道的草绘平面;③ 从基准平面拉伸直径为 70 的圆到半圆球的外表面形成实心实体;④ 建立去除材料的拉伸特征,剪除管道和型腔的多余部分;⑤ 拉伸生成底部和左侧的凸缘。

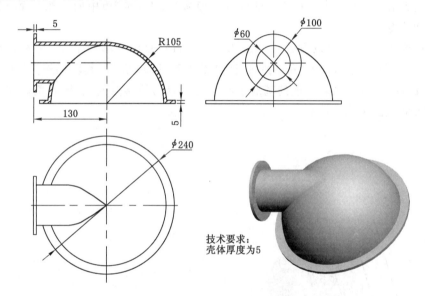

图 4-2-36　例 4-2 图

步骤 1:建立新文件。单击【文件】→【新建】菜单项或顶部快速访问工具栏中的新建按钮 □,在弹出的【新建】对话框中选择 ◉ □ 零件,在【名称】输入框中输入文件名 ch4_2_example7,使用公制模板 mmns_part_solid,单击【确定】按钮,进入设计界面。

步骤 2:使用旋转特征生成半圆球形型腔。

（1）单击功能区【模型】选项卡【形状】组中的旋转特征按钮 ⊕ 旋转,激活旋转特征。

（2）指定模型建立模式为加厚 □,并指定其厚度为 5。

（3）绘制截面草图。选择 FRONT 面作为草绘平面,RIGHT 面作为参照,参照方向向右,绘制草图如图 4-2-37(a)所示。

（4）指定旋转角度。指定旋转角度为 360°。

（5）单击 %,改变生成壳体的方向,确保壳体生成于草图的外侧。生成的半圆球如图 4-2-37(b)所示。

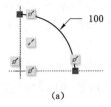
(a)

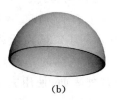
(b)

图 4-2-37　使用旋转特征形成半圆球形型腔

(a) 旋转特征草图；(b) 旋转生成的半圆球

步骤 3：建立辅助平面。

(1) 激活基准平面命令。单击功能区【模型】选项卡【基准】组中的基准平面按钮 ⬜平面，激活基准平面命令。

(2) 选定参照及其约束方式。单击选择 RIGHT 面作为参照平面，其约束方式选择偏移，输入平移距离为 130，生成基准平面如图 4-2-38(a) 所示，其【基准平面】对话框如图 4-2-38(b) 所示。注意：若生成的基准平面不在想要的偏移方向上，输入负数如－130，可生成相反方向上的平面。

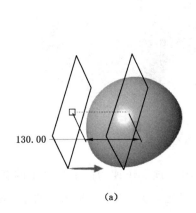
(a)

(b)

图 4-2-38　建立基准平面

(a) 基准平面预览；(b)【基准平面】对话框

步骤 4：使用拉伸特征生成实心的左侧管道。

(1) 激活拉伸命令。单击功能区中【模型】选项卡【形状】组中的拉伸特征按钮 ⬦，打开拉伸特征操控面板。

(2) 绘制截面草图。选择步骤 3 中建立的基准平面作为草绘平面，TOP 面作为参照平面，方向向上，绘制草图如图 4-2-39 所示。

(3) 指定拉伸方向及深度。确保拉伸方向为指向半球模型，拉伸深度为到选定的 ⬛，其深度参照半球的外表面，如图 4-2-40 所示。

图 4-2-39 拉伸特征草图

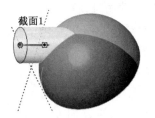

图 4-2-40 拉伸特征预览

（4）完成拉伸。生成延伸到半球表面的实心圆柱,其模型如图 4-2-41 所示。

步骤 5:使用去除材料拉伸特征生成管道内孔。

（1）激活拉伸命令。单击功能区中【模型】选项卡【形状】组中的拉伸特征按钮 ，打开拉伸特征操控面板。

（2）选择去除材料模式 。

（3）绘制截面草图。选择步骤 3 中建立的基准平面作为草绘平面,TOP 面作为参照平面,参照方向向上,绘制草图如图 4-2-42 所示。

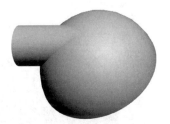

图 4-2-41 生成的拉伸特征

图 4-2-42 建立管道内控的拉伸特征草图

（4）指定去除材料方向及深度。确保去除材料的方向指向圆内侧,深度模式为到选定的 ，选定深度参照为 FRONT 面,如图 4-2-43(a)所示。

（5）完成去除材料拉伸:建立的模型如图 4-2-43(b)所示。

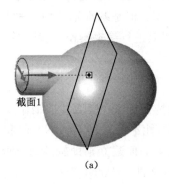

(a)

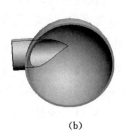

(b)

图 4-2-43 生成的管道内孔

(a) 拉伸深度预览;(b) 完成拉伸

步骤 6：使用拉伸特征建立左侧凸缘。

（1）激活拉伸命令。单击功能区中【模型】选项卡【形状】组中的拉伸特征按钮⬚，打开拉伸特征操控面板。

（2）绘制截面草图。选择步骤 3 中建立的基准平面作为草绘平面，TOP 面作为参照平面，方向向上，绘制草图如图 4-2-44（a）所示。

（3）指定拉伸方向及深度。确保拉伸方向为朝向模型，深度为 5。生成的模型如图 4-2-44（b）所示。

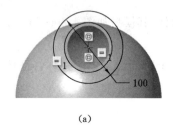
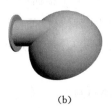

（a）　　　　　　　　　　　　　　（b）

图 4-2-44　使用拉伸特征建立右侧凸缘

（a）拉伸特征草图；（b）生成的拉伸特征

步骤 7：使用拉伸特征建立底部凸缘。

与步骤 6 类似，激活拉伸命令，选用 TOP 面作为草绘平面，RIGHT 面作为参照平面，参照方向向右，绘制草图如图 4-2-45 所示。指定其拉伸方向向上，深度为 5。生成最终模型如图 4-2-36 所示。

本例模型参见网络配套文件 ch4 \ ch4 _ 2 _ example7. prt。

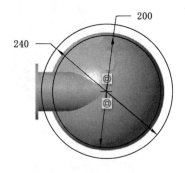

图 4-2-45　底部凸缘拉伸的草图

4.3　基准轴特征

基准轴是零件建模过程中常用的一类基准特征，如图 4-1-1 中建立基准平面 DTM1 时就使用了基准轴 A_11。另外，在建立含有圆的拉伸特征时，系统将自动生成一条中心轴线，此轴心在一些操作中也能起到与基准轴相同的作用。但是基准轴与中心轴是有区别的：中心轴是建立其他特征时生成的非独立图素，不能对其进行编辑操作；而基准轴是单独生成的独立特征，能够被重定义、隐藏、隐含或删除。

4.3.1　基准轴建立的方法和步骤

单击功能区【模型】选项卡【基准】组中基准轴按钮 / 轴，激活基准轴命令。图 4-3-1（a）所示模型中，为了建立筋特征，需要建立基准平面，此平面经过 FRONT 面和 RIGHT 面的交线，即图中的轴 A_11。经过 FRONT 面和 RIGHT 面建立辅助轴线，此轴线的建立对话框如图 4-3-1（b）所示，本例所用文件参见网络配套文件 ch4\ch4_3_example1。

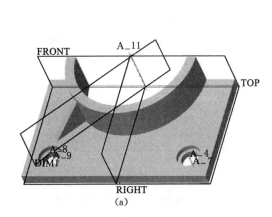

图 4-3-1　基准轴的使用

(a) 基准平面与基准轴；(b)【基准轴】对话框

该对话框也包含【放置】、【显示】、【属性】三个属性页，分别控制基准轴的放置方式、轮廓显示大小、基准轴的名称等内容。

4.3.1.1　【放置】属性页

用于控制基准轴的放置方式，包含参考和偏移参考两个收集器，在参考收集器中存放基准轴的放置参照及其约束类型。基准轴的放置参照可以是面、边（或轴）、点等，其约束方式可以为穿过或法向。

(1) 穿过：要创建的基准轴穿过一个参照平面、一条参照轴线、模型上的一条边或模型中的一个顶点。

(2) 法向：要创建的基准轴与选定的参照平面垂直。

当选定的参照为平面且约束方式为法向时，使用偏移参考为基准轴指定次参照，次参照可以是选定的参照平面上的边，也可以是垂直于此选定的参照平面的面。

4.3.1.2　【显示】属性页

从理论上讲基准轴是无限长的，为了显示方便，默认情况下显示为一条黄褐色的点划线段。在此【显示】属性页中可以使用调整轮廓的方法改变其显示大小。如图 4-3-2 所示，选中【调整轮廓】复选框即可更改基准轴的显示长度。

4.3.1.3　【属性】属性页

默认情况下，使用"A_序号"的形式命名基准轴名称，单击【基准轴】对话框上的【属性】可以更改轴的名称，如图 4-3-3 所示。

建立基准轴的步骤如下：

(1) 单击功能区【模型】选项卡【基准】组中的基准轴按钮 / 轴，激活基准轴命令，弹出基准轴建立对话框。

(2) 选择基准轴的参照和偏移参照。选择面、线或点作为基准平面的参照并指定参照的约束类型，需要时指定偏移参照。

(3) 重复上一步，直到基准轴被完全约束，单击基准轴对话框中的【确定】按钮完成。

图 4-3-2　调整轴长度属性页

图 4-3-3　修改轴名称属性页

4.3.2　基准轴约束方法与实例

基准轴的位置由其参照及参照约束方式确定,根据选用参照对基准轴的约束的不同,有以下几种基准轴创建方法。

4.3.2.1　穿过两个平面

穿过两个平面的交线可以建立一条基准轴,如图 4-3-4 所示。本例参见网络配套文件 ch4\ch4_3_example2.prt。基准轴的建立过程如下。

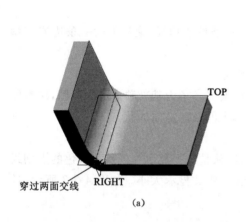

(a)

(b)

图 4-3-4　穿过两平面建立基准轴

(a) 穿过两个平面建立基准轴;(b)【基准轴】对话框

(1) 激活基准轴命令。单击功能区【模型】选项卡【基准】组中的基准轴按钮 ╱ 轴,弹出【基准轴】对话框。

(2) 选取基准轴的参照。选取 TOP 面,将其约束方式改为穿过。按住 Ctrl 键选取 RIGHT 面,也将其约束方式改为穿过。

基准轴被完全约束,其对话框如图 4-3-4(b)所示,单击【确定】按钮完成基准轴,本例轴参见网络配套文件 ch4\f\ch4_3_example2_f.prt 中名称为穿过两面交线的基准轴。

4.3.2.2　穿过两个点

穿过两个点也可以建立一条基准轴,如图 4-3-5 所示。本例参见网络配套文件 ch4\ch4
_3_example2.prt。其建立步骤如下:

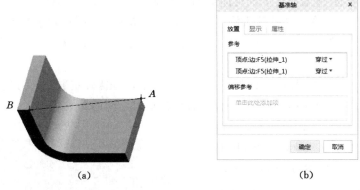

(a)　　　　　　　　　　　　　(b)

图 4-3-5　穿过两点建立基准轴

(a) 过两点建立基准轴;(b)【基准轴】对话框

(1) 单击功能区【模型】选项卡【基准】组中的基准轴按钮 轴,激活基准轴命令,弹出
基准轴建立对话框。

(2) 选择基准轴的参照。将鼠标放在 4-3-5(a)所示 A 点附近时,此点高亮显示,单击选
中此点。按住 Ctrl 键以上面同样的方法选中 B 点。对于参照点来说,其约束方式只有
穿过。

此时基准轴被完全约束,其对话框如图 4-3-5(b)所示,单击【确定】按钮完成基准轴,本
例参见网络配套文件 ch4\f\ch4_3_example2_f.prt 中名称为过两点的基准轴。

4.3.2.3　垂直于平面

垂直于平面并指定到其他两个图元的参照也可以建立基准轴,如图 4-3-6 所示。本例
参见网络配套文件 ch4\ch4_3_example2.prt。其建立步骤如下。

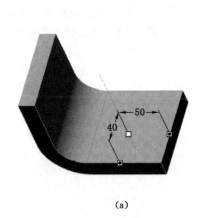

(a)　　　　　　　　　　　　　(b)

图 4-3-6　垂直于平面建立基准轴

(a) 垂直于面的基准轴;(b)【基准轴】对话框

（1）单击功能区【模型】选项卡【基准】组中的基准轴按钮 / 轴，激活基准轴命令，弹出基准轴建立对话框。

（2）选择基准轴的参照。选择模型上表面，即图 4-3-6（a）所示轴线所在的平面，将其约束方式改为法向，可预览垂直于选定曲面的基准轴。

（3）选择偏移参照。单击激活偏移参考收集器，按住 Ctrl 键分别选择与参照平面垂直的两个平面，作为轴线在参照平面上的定位基准，如图 4-3-6（a）所示，并在收集器的输入框中输入定位尺寸，如图 4-3-6（b）所示。

基准轴被完全约束，其对话框如图 4-3-6（b）所示，单击【确定】按钮完成。本例参见网络配套文件 ch4\f\ch4_3_example2_f.prt 中名称为垂直于面的基准轴。

注意：当选取了参照平面后，在模型上出现将要建立的基准轴的预览，同时平面上出现一个白色空心方框和两个绿色实心菱形框，如图 4-3-7 所示。白框为位置控制滑块，绿框为参照控制滑块。

在确定基准轴位置的时候，除了用上面步骤（3）中直接选定偏移参照并输入定位尺寸值的方法之外，也可以直接拖动参照控制滑块到两个平面来选取偏移参照；

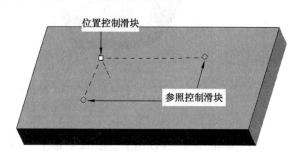

图 4-3-7　建立基准轴时的控制滑块

同理，移动位置控制滑块也可改变偏移参照的尺寸。

选择基准轴偏移参照时，除了上面所述的两个平面外，也可以选择参照平面上的两条不平行的边，或其他可以确定基准轴位置的项目。

4.4　基准点特征

基准点也是模型建立过程中经常使用的一种辅助特征，可用于辅助建立其他基准特征，还可用于辅助定义特征的位置。

如图 4-4-1 所示，在建立基准平面时，要使此平面经过模型的一条边和竖直面上与顶面距离 50 的一个点，可首先根据要求在竖直面上建立一个辅助点 PNT0，用来辅助建立基准平面。

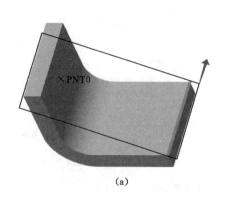

（a）

（b）

图 4-4-1　使用基准点作为参照建立基准平面

单击功能区【模型】选项卡【基准】组中的基准点按钮 ×× 点 ▾ 右侧的三角形符号,弹出菜单如图 4-4-2 所示,可建立三种类型的基准点。本书仅涉及前两种基准点。

图 4-4-2 基准点菜单

(1) ×× 一般基准点。在图元上或偏离图元创建的基准点。

(2) ×ᵪ 偏移坐标系基准点。通过偏移选定的坐标系创建基准点。

提示: Creo 提供了 3 种类型的基准点,除了上面提到的一般基准点和偏移坐标系基准点外,第 2 章参数化草图绘制中建立的草绘几何基准点也可用于三维建模空间。关于草绘基准点特征,参见 4.5.2 节。

图 4-4-2 基准点菜单中提供的第三类基准点域点,是在用户自定义分析(User-Defined Analysis,简称 UDA)中用到的一类特殊基准点,对该类基准点进行定义时,仅需选定它所在的域(如曲线或边、曲面或面组等),域点属于整个域,所以不需要标注,也无法指定其详细尺寸。域点仅可用作 UDA 所需的参考特征,而不能用作常规建模的参考。

4.4.1 一般基准点

单击功能区【模型】选项卡【基准】组中的基准点按钮 ×× 点 ▾,激活基准点命令,其对话框如图 4-4-3(a)所示。一般基准点的位置由【放置】属性页定义。一次激活基准点命令可建立多个点,对话框中基准点列表中的每一条目即一个点。在左侧目录中单击选取点后,右侧的【参考】收集器即显示此点的放置参照。仅指定点的放置参照有时不能完全约束点的位置,如图 4-4-3(b)所示,选取面作为放置参考后,对话框下部出现【偏移参考】收集器,用于添加偏移参照,进一步约束基准点在面上的位置。

(a)

(b)

图 4-4-3 【基准点】对话框在选取参照前后的变化对比

(a)【基准点】对话框;(b) 选取面作为参照的【基准点】对话框

一般基准点的建立步骤如下:

(1) 单击功能区【模型】选项卡【基准】组中的基准点按钮 ×× 点 ▾,激活基准点命令,弹出【基准点】对话框。

(2) 选取基准点的参考和偏移参考。可选取模型上的面(包括平面和曲面)、线或点作为基准点的参照并指定参照的约束类型,在必要时指定偏移参照。

(3) 若基准点没有完全约束,重复上一步,直到基准点被完全约束。

(4) 单击对话框点列表中的类似点,建立另一个基准点。

(5) 所有基准点建立完成后单击【确定】按钮结束命令。

在基准特征建立过程中,选定参照并指定约束方式是其重点内容,一般基准点建立时选定的参照可以为边、曲线、面、顶点、现有的基准点等,其约束方式一般为在其上或偏移。例如,可以使用以下参照建立基准点:

(1) 选定曲线或边作为参照,其约束方式为在其上;

(2) 选定曲面为参照,其约束方式为在其上;

(3) 选定曲面为参照,其约束方式为偏移;

(4) 选定顶点,其约束方式为在其上;

(5) 选定顶点,其约束方式为偏移。

下面以实例讲解在选定的线或边上建立基准点、在选定的面上建立基准点和偏移于选定的面建立基准点三种方式建立基准点的具体过程。

4.4.1.1　在选定的曲线或边上建立基准点

使基准点位于选定的边或曲线的特定位置上,可以完全约束基准点。如图 4-4-4 所示,实体的边是一条样条曲线,使用三个基准点将此样条曲线四等分,三个等分点分别为一等分点、二等分点、三等分点,其建立过程如下所述。本例所用模型参见网络配套文件 ch4\ch4_4_example1.prt。

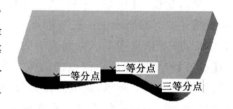

图 4-4-4　建立基准点的模型

(1) 单击功能区【模型】选项卡【基准】组中的基准点按钮 ✕✕ 点 ▼,激活基准点命令,弹出【基准点】对话框。

(2) 选择第一个基准点的参考和偏移参考。单击选择模型的样条曲线边,其参照方式只能为在其上;接受默认的使用曲线末端作为偏移参考;在偏移后的输入框中输入 0.25,表示此基准点在曲线上的位置为从曲线端点开始 0.25 倍的整个曲线长度处。基准点和其对话框参见图 4-4-5。

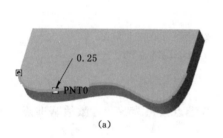

(a)

(b)

图 4-4-5　以曲线作为参照建立基准点

（3）右键单击基准点列表中的点名称，更改其名称为一等分点。

（4）重复（2）（3）步，在样条曲线的 0.5、0.75 倍处建立二等分点和三等分点两个基准点。完成的模型见图 4-4-4，其基准点建立对话框见图 4-4-6。本例模型参见网络配套文件 ch4\f\ch4_4_example1_f.prt 中名称为曲线上四分点的基准点特征。

基准点在线上的偏移参考除了可以指定在线上的比例位置外，还可以直接输入基准点到偏移参考点的距离。如图 4-4-7 所示，单击偏移方式下拉列表，选择实际值，在输入框中直接输入基准点距偏移参考的距离，也可以确定基准点的位置。

图 4-4-6　【基准点】对话框

图 4-4-7　使用比率或实数确定基准点位置

除了可以使用所选取线或曲线的端点作为偏移参考外，还可选用其他项目，如图 4-4-8 所示。在图 4-4-8（a）所示对话框中选取【偏移参考】为参考，并选取模型的左端面，然后单击修改左端面到点的距离，如图 4-4-8（b）中的 PNT0 点所示，或直接在对话框中【偏移】输入框中输入距离 50。

(a)

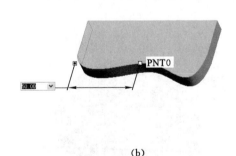

(b)

图 4-4-8　使用端面作为参照建立基准点

(a)【基准点】对话框；(b) 选取端面作为参照并输入偏移距离

4.4.1.2　在选定的曲面上建立基准点

以在其上约束方式建立基准点时需要指定偏移参考。如图 4-4-9 所示，在实体上表面建立基准点，要指定此点在面上的位置，可以使用面的两条边（或与参考面垂直的两个面）为偏移参考。本例模型参见网络配套文件 ch4\ch4_4_example1.prt。

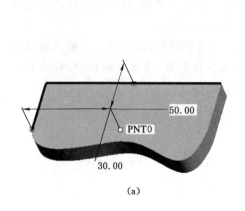

(a)   (b)

图 4-4-9　使用在其上约束方式建立基准点

(a) 在面上的基准点；(b)【基准点】对话框

（1）单击功能区【模型】选项卡【基准】组中的基准点按钮 ˣˣ 点 ▾，激活基准点命令，弹出【基准点】对话框。

（2）选择基准点的参考和偏移参考。单击选取模型上表面作为基准点建立参考，并将其参照方式改为在其上；单击激活【偏移参考】收集器，按住 Ctrl 键单击如图 4-4-9(a)所示模型上表面两条加粗的边将其添加到【偏移参考】收集器中，并修改偏移尺寸，基准点在面上的约束完成，此时的基准点对话框如图 4-4-9(b)所示。本例中建立的基准点参见网络配套文件 ch4\f\ch4_4_example1_f.prt 中名称为在面上的基准点。

注意：建立一般基准点时，其参照可以是平面也可以是曲面。如图 4-4-10 所示，点 PNT0 位于球面上，即其参照为曲面，偏移参照为 FRONT 面和 RIGHT 面，偏移距离分别为 25、40。本例模型参见网络配套文件 ch4\f\ch4_4_example2_f.prt。

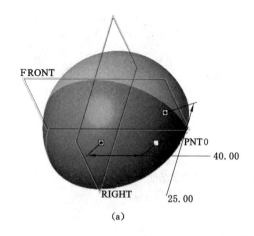

(a)   (b)

图 4-4-10　位于曲面上的基准点

4.4.1.3　偏移于选定的面建立基准点

建立基准点时,若选定参照为面,其约束方式可以是上面讲述的在其上,也可以是偏移方式。

偏移是指要建立的基准点与此参照面相隔一定的距离,如图 4-4-11(a)所示基准点 PNT0。其选定的参照为模型上表面,选用的参照方式为偏移,偏移距离为 30;偏移参照为模型上表面的两条边,其距离分别为 80 和 40。PNT0 点位置含义为:在距离模型上表面 30 处建立基准点,此点距离模型上表面两条边的水平距离为 80 和 40。

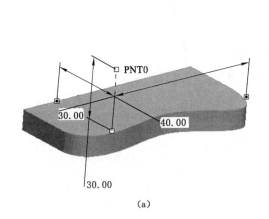
(a)

(b)

图 4-4-11　偏移于选定面建立基准点
(a)偏移于选定面建立基准点;(b)【基准点】对话框

此基准点对话框如图 4-4-11(b)所示,参见网络配套文件 ch4\f\ch4_4_example1_f. prt 中名称为偏移于面的基准点。

4.4.2　偏移坐标系基准点

使用偏移坐标系的方法也可以生成新的基准点。若要生成基准点的位置与系统中已有坐标系之间有明确的相对位置关系,使用此方法直接输入新建基准点距选定坐标系的相对坐标可以轻松建立基准点。如图 4-4-12 所示,两个基准点相对于系统坐标系的坐标分别为 (20,20,20)和(40,20,20),其建立过程如下。

(1) 单击如图 4-4-2 所示功能区【模型】选项卡【基准】组中的偏移坐标系基准点按钮 ⁎⚹,激活偏移坐标系基准点命令,弹出对话框如图 4-4-13(a)所示。

(2) 选定并使用系统坐标系作为新建基准点的参照。单击模型默认坐标系 PRT_CSYS_DEF,将其加入【参考】收集器中。

(3) 接受默认的偏移坐标类型为笛卡儿坐标。

(4) 单击下面的点列表,系统会自动添加一个相对于选定坐标系坐标为(0,0,0)的点,分别点击更改其 X 轴、Y 轴、Z 轴方向的相对距离为 20、20、20。

(5) 使用与(4)同样的方法添加与系统坐标系相对坐标为(40,20,20)的点。基准点放置完成,此时对话框如图 4-4-13(b)所示。

(6) 单击【确定】按钮,完成偏移坐标系基准点。参见网络配套文件 ch4\ f\ ch4_4_

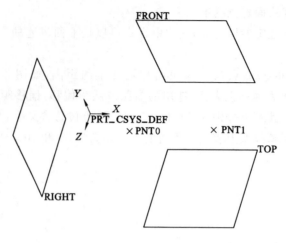

图 4-4-12　偏移坐标系基准点

(a)　　　　　　　　　　　　　　　　　　　　(b)

图 4-4-13　【偏移坐标系基准点】对话框
(a) 初始【偏移坐标系基准点】对话框；(b) 完成的【偏移坐标系基准点】对话框

example3_f.prt 中名称为偏移坐标系的基准点。

4.5　其他基准特征

本节介绍基准曲线特征、草绘基准曲线特征以及基准坐标系特征。

4.5.1　基准曲线特征

基准曲线可以是平面曲线，也可以是空间曲线，用于辅助建立实体或运动模型。单击功能区【模型】选项卡【基准】组中的组溢出按钮，弹出下拉菜单，在其上单击【曲线】弹出子菜单如图 4-5-1 所示。建立基准曲线的方法有如下三种。

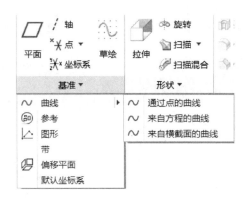

图 4-5-1 基准曲线子菜单

（1）通过点。通过数个选定的点建立样条曲线或圆弧。

（2）来自横截面。使用横截面的边界（即平面横截面与零件轮廓的交线）创建基准曲线。

（3）来自方程。使用方程式来控制基准曲线上点坐标变化从而生成基准曲线。

本节仅讲述通过点和来自方程建立曲线。

在图 4-5-1 所示菜单中单击【通过点的曲线】菜单项，激活通过点基准曲线，其操控面板如图 4-5-2 所示。单击【放置】，弹出滑动面板如图 4-5-3 所示。依次单击各基准点或模型顶点，即建立过各个顶点的线。在选取点作为参照的同时，还可以选择当前点连接到前一个点的方式为样条或直线。若选择样条，当前点到前一点将连接为样条曲线，否则将以直线相连，若干个点依次连接将形成一条折线。也可在图 4-5-2 中选择样条图标 ∿ 建立样条曲线，选择直线图标 ⋀ 建立折线。

图 4-5-2 通过点基准曲线操控面板

当创建的基准曲线的所有段均为样条曲线时，可选取【在曲面上放置曲线】复选框，如图 4-5-4 所示。选取曲面后，生成的曲线将位于此选定的曲面。如图 4-5-5 所示，选取圆柱面作为放置曲线的参照，依次选取 PNT0、PNT3 和 PNT1，将生成位于圆柱面上的样条曲线如图 4-5-6 所示。本例所用原始模型参见网络配套文件 ch4\ch4_5_example1.prt，建立曲线后的文件参见网络配套文件 ch4\f\ch4_5_example1_f.prt。

注意：使用通过点的方法，在建立位于曲面上的基准曲线时，要注意两个问题：（1）建立曲线时选取的点必须位于参照曲面上。（2）位于曲面上的曲线不能有直线段。

使用来自方程方式建立基准曲线，是通过一个从 0 开始变化的自变量 t，在方程式中表达曲线上各点坐标的值，控制曲线上点的位置从而建立曲线。例如，在直角坐标系中建立一个方程：

图 4-5-3　通过点基准曲线的【放置】面板　　　　　图 4-5-4　通过点基准曲线操控面板

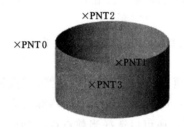 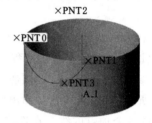

图 4-5-5　已生成基准点的模型　　　　　图 4-5-6　位于曲面上的基准曲线特征

$$\begin{cases} x = 4 \times \cos(t \times 360) \\ y = 4 \times \sin(t \times 360) \\ z = 0 \end{cases}$$

上面的方程表示:随着自变量 t 的变化,点的坐标不断变化,从而形成一条曲线。例如,将 t 从 0 到 1 带入上述方程,得到每个点的坐标 (x, y, z),分析后可以发现这些点都位于 XOY 面上,并且都在以原点为圆心、半径为 4 的圆上。由此,上面的方程式表达了一个直角坐标系下的圆。上述方程采用了直角坐标系,又称为笛卡儿坐标系。在直角坐标系中,点 A (x, y, z) 的示意图如图 4-5-7(a)所示。

另外,还可以采用圆柱坐标系来定义图形,点 $A(r, \theta, z)$ 在圆柱坐标系中的示意图如图 4-5-7(b)所示,此时表示坐标值的三个参数变为 r、theta 和 z。

(1) 半径 r。控制极轴的长度;

(2) 角度 theta。控制极轴的角度;

(3) Z 方向坐标 z。控制 Z 方向的尺寸。

若采用圆柱坐标系表示上面以圆心为原点、半径为 4 的圆的方程为:

$$\begin{cases} r = 4 \\ \text{theta} = t \times 360 \\ z = 0 \end{cases}$$

球面坐标系也是表达空间位置的一种方法,点 $A(r, \varphi, \theta)$ 在球面坐标系中的示意图如

图 4-5-7(c)所示。本书仅讨论笛卡儿坐标系和圆柱坐标系方程：

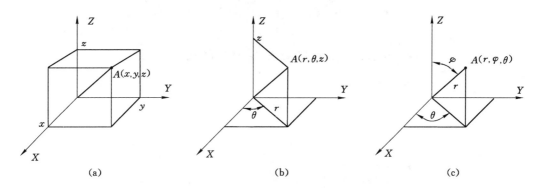

(a)　　　　　　　　　(b)　　　　　　　　　(c)

图 4-5-7　坐标系类型

(a)笛卡儿坐标系；(b)圆柱坐标系；(c)球面坐标系

使用来自方程的曲线建立基准曲线基本过程如下。

(1)激活命令。在图 4-5-1 所示菜单中单击【来自方程的曲线】菜单项，激活来自方程基准曲线，其操控面板如图 4-5-8 所示。

图 4-5-8　来自方程的曲线操控面板

(2)指定坐标系类型以及选定坐标系。在操控面板上单击 图标后的笛卡儿，弹出下拉列表如图 4-5-9 所示，选取坐标系类型。单击【参考】，弹出滑动面板如图 4-5-10 所示，选取坐标系。

图 4-5-9　坐标系类型下拉列表

图 4-5-10　选取坐标系

(3)指定自变量 t 的范围，并输入方程式。在操控面板 自 0 ～ 至 1 中的输入框中，输入 t 的取值范围，单击 方程... 按钮，打开【方程】对话框如图 4-5-11 所示，输入方程后单击【确定】返回设计界面。单击操控面板中的 按钮完成曲线。

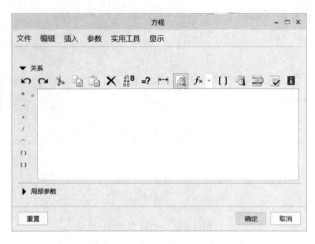

图 4-5-11 "方程"对话框

注意：从 Creo 2.0 开始，方程曲线的建立过程中，自变量 t 的值可以自定义。如上面正弦曲线中，可以直接将 t 的变化区域设置为 0 到 360，此时的方程即变为：

$$\begin{cases} x = t \\ y = 100 \times \sin(t) \\ z = 0 \end{cases}$$

不过为了便于分别控制 x、y、z 各坐标值的变化，本书实例仍采用 t 从 0 到 1 变化的方法建立方程式。

下面结合图 4-5-12 所示 FRONT 面中正弦曲线的制作来讲解基准曲线的建立方法。由图形形状来看，此图可以用方程 $y = A \times \sin(x)$ 来表示，其中 x 也为因变量，需要用函数来表示。因为系统内只有自变量 t，当 t 取 0 到 1 时，用 $x = 360 \times t$ 来表示 x 从 0° 到 360° 的变化。将此 x 带入 y 的方程中，得到 $y = A\sin(360 \times t)$，而 z 的值始终为零。取 $A = 100$，正弦曲线表示为：

$$\begin{cases} x = 360 \times t \\ y = 100 \times \sin(t \times 360) \\ z = 0 \end{cases}$$

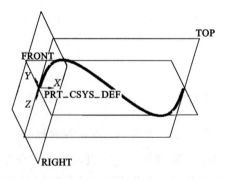

图 4-5-12 正弦曲线

根据上面的分析,正弦曲线的建立过程如下:

(1) 激活命令。在图 4-5-1 所示菜单中单击【来自方程的曲线】菜单项,激活来自方程基准曲线命令。

(2) 指定坐标系类型以及选定坐标系。在操控面板上的坐标类型下拉列表中选取笛卡儿(即直角坐标系),单击【参考】,单击选取系统默认坐标系 PRT_CSYS_DEF。

(3) 指定自变量 t 的范围,并输入方程式。接受默认的 t 的变化范围为 0 到 1,输入方程如图 4-5-13 所示。注意:输入方程时乘号使用 * 替代,等号、小括号等一律使用英文半角。

图 4-5-13　正弦曲线方程

单击【确定】返回设计界面,单击操控面板中的 ✔ 按钮完成曲线绘制,如图 4-5-12 所示。本例生成的文件参见网络配套文件 ch4\ch4_5_example2.prt。读者可自行练习圆、余弦曲线等基准曲线的建立方法。

方程中大量使用了函数,常用于数学计算的函数有:正弦函数 sin( )、余弦函数 cos( )、正切函数 tan( )、平方根函数 sqrt( )、以 10 为底的对数函数 lg( )、自然对数函数 ln( )、e 的幂函数 exp( )、绝对值函数 abs( )。

方程中还使用数学函数生成复杂多变的曲线,常用函数的表达式以及图形如表 4-5-1 所示。

表 4-5-1　　　　　　　　　　　　　常用函数表达式及其图形

函数名(坐标系类型)	表达式	图形
正弦函数 (笛卡儿坐标系)	$x = 360 \times t$ $y = \sin(360 \times t)$ $z = 0$	
余弦函数 (笛卡儿坐标系)	$x = 360 \times t$ $y = \cos(360 \times t)$ $z = 0$	
正切函数 (笛卡儿坐标系)	$x = t \times 178 - 89$ $y = \tan(x)$	

函数名(坐标系类型)	表达式	图形
渐开线函数 (笛卡儿坐标系)	angle＝360×t s＝pi×t $x=s\times\cos(\text{angle})+s\times\sin(\text{angle})$ $y=s\times\sin(\text{angle})-s\times\cos(\text{angle})$ $z=0$	
星形线函数 (笛卡儿坐标系)	$x=[\cos(t\times360)]3$ $y=[\sin(t\times360)]3$ $z=0$	
梅花曲线函数 (圆柱坐标系)	theta＝t×360 $r=140+50\times\cos(5\times\text{theta})$ $z=\cos(5\times\text{theta})$	

注:为了方便表达图形,表中的部分函数为不完全函数。

例 4-3 建立如图 4-5-14 所示灯罩模型。

(a)   (b)

图 4-5-14 例 4-3 模型

分析:模型主体部分可使用平行混合特征建立,其中一个截面为圆,另一个截面为梅花形。实体模型倒角后抽壳即完成灯罩模型。建立混合特征前,首先建立梅花形曲线,在混合特征建立过程中使用投影的方法建立梅花形截面。

模型建立过程:① 使用从方程方式建立梅花形曲线;② 建立混合特征,其截面为圆和梅花曲线;③ 对模型上端倒角;④ 抽壳,完成模型。

步骤 1:建立新文件。单击【文件】→【新建】菜单项或顶部快速访问工具栏中的新建按钮□,在弹出的【新建】对话框中选择 ◉ □ 零件,在【名称】输入框中输入文件名 ch4_5_example3,使用公制模板 mmns_part_solid,单击【确定】按钮,进入设计界面。

步骤 2:使用从来自方程基准曲线建立梅花形曲线。

(1) 激活命令。单击功能区【模型】选项卡【基准】组中的组溢出按钮,在弹出的菜单中单击选取【曲线】→【来自方程的曲线】菜单项,激活来自方程的基准曲线。

(2) 选取系统默认坐标系 PRT_CSYS_DEF 作为坐标系,指定坐标系类型为柱坐标,单

击 方程... 按钮,打开【方程】对话框并建立方程如图 4-5-15 所示。单击【确定】返回设计界面。

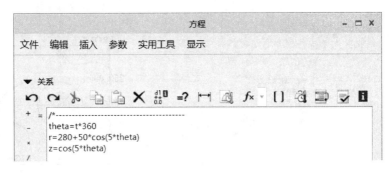

图 4-5-15 输入方程

（3）单击操控面板中的 ✔ 按钮完成曲线,如图 4-5-16 所示。

步骤 3:建立混合特征。

（1）激活命令。单击功能区【模型】选项卡【形状】组中的组溢出按钮,在弹出的菜单中选取平行混合按钮 混合,进入平行混合特征界面。

（2）确定草绘平面。在操控面板中单击【截面】,在弹出的滑动面板中选取【草绘截面】单选框,单击【截面】面板中的【定义】按钮,指定 FRONT 面作为截面的草绘平面,RIGHT面作为参照平面,方向向右,进入草绘界面,单击 定向草绘平面使其与屏幕平行。

（3）建立第一个截面。单击【草绘】组中的投影按钮 投影,选择步骤 2 中建立的基准曲线作为参照,生成梅花形基准曲线在草绘平面上的投影,如图 4-5-17 所示,作为混合特征的第一个截面,单击 确定退出草图。

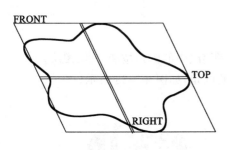

图 4-5-16 梅花形基准曲线

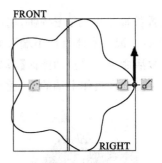

图 4-5-17 混合特征的第一个截面

（4）确定两截面间距离并建立第二个截面。单击混合特征操控面板的【截面】滑动面板中的截面 2,如图 4-5-18 所示,输入截面 2 至截面 1 的距离 400,并单击【草绘】进入第二个截面草绘界面,在坐标原点处建立直径为 250 的圆,如图 4-5-19 所示。单击 退出草绘界面,返回混合特征操控面板。

（5）设置混合属性。在面板中单击【选项】,弹出滑动面板如图 4-5-20 所示,选取【平滑】单选按钮,建立光滑连接的混合特征。

(6)设置截面条件。在面板中单击【相切】,弹出滑动面板,将开始截面和终止截面均设置为垂直,如图 4-5-21 所示,模型在两个截面上均垂直于截面所在的平面,如图 4-5-22 所示。

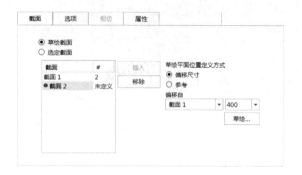

图 4-5-18 【截面】滑动面板

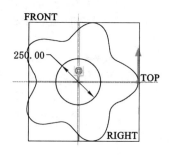

图 4-5-19 混合特征的两个截面

图 4-5-20 设置混合特征属性

图 4-5-21 【相切】滑动面板

单击操控面板中的 ‡ 按钮,完成混合特征。

步骤 4:在混合实体特征小端添加圆角特征。

(1)激活命令。单击功能区【模型】选项卡【工程】组中的圆角按钮 倒圆角 。

(2)单击选择实体上端的边,建立半径为 40 的圆角,如图 4-5-23 所示。

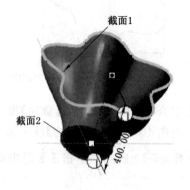

图 4-5-22 混合特征预览

图 4-5-23 建立倒圆角后的混合特征

步骤 5：抽壳。

（1）激活命令。单击功能区【模型】选项卡【工程】组中的抽壳按钮 ▣ 壳，激活壳特征。

（2）单击选择实体的底面（即梅花形表面）作为移除的表面，输入壳体厚度 1。

（3）单击操控面板中的 ✔ 按钮，完成壳特征，如图 4-5-14 所示。

本例模型参见网络配套文件 ch4\ch4_5_example3.prt。

4.5.2　草绘基准曲线特征

草绘基准曲线特征是由草图生成的一类特征，特征中可以包含直线、圆、矩形、样条曲线等各类线以及几何中心线、几何点以及几何坐标系等辅助基准。常用的草绘基准特征主要包括草绘基准曲线和草绘基准点。

使用草绘基准特征可建立位于平面内、形状复杂、使用其他方法不易完成的基准曲线。单击功能区【模型】选项卡【基准】组中的草绘基准特征按钮 草绘，弹出【草绘】对话框，如图 4-5-24 所示。指定草绘平面、参考平面后，进入草绘截面绘制草图。完成后单击草绘工具栏中的 ✔ 确定按钮退出。

图 4-5-25 为使用草绘基准曲线特征在 TOP 面中建立的曲线，是由草图中的一条封闭样条曲线构成的。模型参见网络配套文件 ch4\ch4_5_example4.prt。

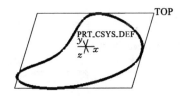

图 4-5-24　【草绘】对话框　　　　　图 4-5-25　草绘基准曲线特征

使用 4.4 节中介绍的方法只能建立位于线上的、点上的、面上的或与坐标系有一定距离的基准点。而对于位置关系复杂的基准点，如图 4-5-26 所示均布于圆周上的 3 个点，可使用草绘基准特征来完成。

单击功能区【模型】选项卡【基准】组中的草绘基准特征按钮 草绘，在弹出的【草绘】对话框中指定草绘平面、参照平面，进入草绘界面绘制图 4-5-27 所示草图。单击草绘工具栏中的 ✔ 确定按钮退出，完成基准点，模型参见网络配套文件 ch4\ch4_5_example5.prt。注意：图中直径 100 的圆为构造圆，3 个位于构造圆和中心线上的点为几何点。

4.5.3　基准坐标系特征

坐标系在零件建模、组件装配、力学分析、加工仿真等模块中都是不可缺少的辅助特征。具体来说，坐标系可以用作定位其他特征的参照、其他建模过程的方向参照、为组装元件提

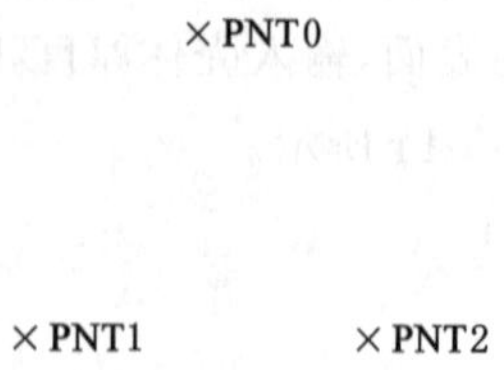

×PNT0

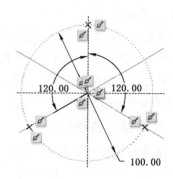

×PNT1   ×PNT2

图 4-5-26　位于圆周上呈 120°均布的 3 个点

图 4-5-27　草绘基准点的草图

供参照、为有限元分析提供放置约束、为刀具轨迹提供制造操作参照等。

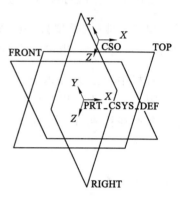

相对于系统默认坐标系 PRT_CSYS_DEF 在 X 方向偏移 200、Y 方向偏移 400，建立坐标系 CS0 如图 4-5-28 所示。基准坐标系的建立方法如下所述。

（1）单击功能区【模型】选项卡【基准】组中的基准坐标系特征按钮 ，坐标系，弹出【坐标系】对话框。

（2）选取参照。单击选取系统坐标系 PRT_CSYS_DEF，选择偏距类型为"笛卡儿"，在下面的 X、Y、Z 轴方向的偏移输入框中输入偏移距离分别为 200、400、0。【坐标系】对话框如图 4-5-29 所示，模型如图 4-5-30 所示。

图 4-5-28　基准坐标系特征

图 4-5-29　【坐标系】对话框

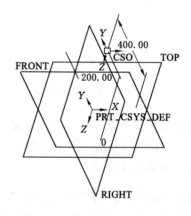

图 4-5-30　通过偏移坐标系建立的基准坐标系

在上面输入偏距值时，也可直接在模型上拖动控制滑块，将坐标系手动定位到所需位置。

（3）单击对话框上的【确定】按钮，使用默认方向和名称创建偏移坐标系。建立的模型文件参见网络配套文件 ch4\ch4_5_example6.prt。

使用上面的方法建立的坐标系,其各轴与其参照坐标系对应的各轴平行,可以使用定向坐标系改变轴的方向。打开【坐标系】对话框中的【方向】属性页,如图 4-5-31所示,可使用参考选取或所选坐标轴的方法确定新建立坐标轴的方向。请读者自行练习。

图 4-5-31　【坐标系】对话框

4.6　综合实例

例 4-4　综合应用拉伸、基准平面、基准轴等特征,建立图 4-6-1 所示的车床床身拉杆叉模型。

建模过程分析:模型包含了两个实体拉伸特征,其中圆柱特征可直接在 TOP 面上草绘并拉伸,另一个拉伸特征(位于圆柱中间的拨叉)需要首先建立基准平面作为草绘平面再拉伸。圆柱上孔的中心经过圆柱中心且与 FRONT 面成 60°,也需要先建立基准平面才能拉伸。

(a)

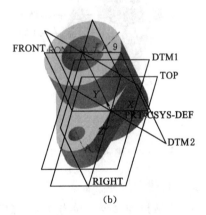

(b)

图 4-6-1　例 4-4 模型

步骤 1:建立新文件。单击【文件】→【新建】菜单项或顶部快速访问工具栏中的新建按钮□,在弹出的【新建】对话框中选择 ◉ □ 零件,在【名称】输入框中输入文件名 ch4_6_example1,使用公制模板 mmns_part_solid,单击【确定】按钮,进入设计界面。

步骤 2:建立拉伸特征。

(1)激活拉伸命令。单击功能区中【模型】选项卡【形状】组中的拉伸特征按钮,打开拉伸特征操控面板。

(2)绘制截面草图。选择 TOP 面作为草绘平面,RIGHT 面作为参照平面,方向向右,绘制草图如图 4-6-2 所示。

(4)指定拉伸方向及深度。向 TOP 面正方向拉伸,深度 50,生成模型如图 4-6-3 所示。

步骤 3:建立基准平面。

(1)激活基准平面命令。单击功能区【模型】选项卡【基准】组中的基准平面按钮,激活基准平面命令。

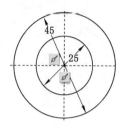

图 4-6-2　拉伸特征的草图

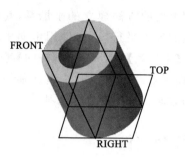

图 4-6-3　拉伸特征

（2）选定参照及其约束方式。选择 TOP 面作为参照,并选用偏移约束方式,偏移距离为 15,生成基准平面如图 4-6-4 所示,此时的【基准平面】对话框如图 4-6-5 所示。

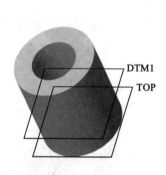

图 4-6-4　建立基准平面 DTM1

图 4-6-5　【基准平面】对话框

步骤 4:建立拉伸特征。

（1）激活拉伸命令。单击功能区【模型】选项卡【形状】组中的拉伸特征按钮 ,打开拉伸特征操控面板。

（2）绘制截面草图。选择步骤 3 中建立的基准平面作为草绘平面,RIGHT 面作为参照平面,方向向右,绘制草图如图 4-6-6 所示。

（3）指定拉伸方向及深度。向 TOP 面正方向拉伸,深度 15,生成模型如图 4-6-7 所示。

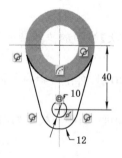

图 4-6-6　拉伸特征的草图

图 4-6-7　拉伸特征

步骤 5:建立基准轴特征。

(1)激活基准轴。单击功能区【模型】选项卡【基准】组中的基准轴按钮 ⟋ 轴,激活基准轴命令。

(2)选定参照及其约束方式。选择 RIGHT 面和 FRONT 面作为参照,均选用穿过约束方法,生成轴 A_7,如图 4-6-8 所示,【基准轴】对话框如图 4-6-9 所示。

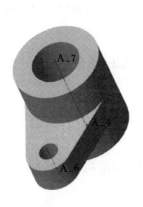

图 4-6-8　模型的基准轴

图 4-6-9　【基准轴】对话框

步骤 6:建立用于生成斜孔的基准平面。

(1)激活基准平面命令。单击功能区【模型】选项卡【基准】组中的基准平面按钮 ▱ 平面,激活基准平面命令。

(2)选定参照及其约束方式。选择基准轴 A_7 作为参照,约束方式为穿过;按住 CTRL 键选取第二个参照为 FRONT 面,约束方式为偏移 30°,生成基准平面如图 4-6-10 所示,【基准平面】对话框如图 4-6-11 所示。

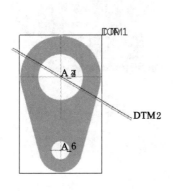

图 4-6-10　模型的基准平面

图 4-6-11　【基准平面】对话框

提示：本步骤中，也可以使用步骤 2 拉伸特征中生成的中心线替代基准轴 A_7 作为基准平面的参照。

步骤 7：使用去除材料的拉伸特征建立斜孔。

（1）激活拉伸命令。单击功能区【模型】选项卡【形状】组中的拉伸特征按钮，打开拉伸特征操控面板。

（2）选择去除材料模式。

（3）选定草绘平面和参照。以步骤 6 中建立的 DTM2 面为草绘平面，以 TOP 面为参照平面，方向向上。

（4）绘制草图。以基准轴 A_7 和基准平面 TOP 面作为参照，绘制草图如图 4-6-12 所示。

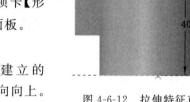

图 4-6-12　拉伸特征草图

（5）确定拉伸方向和深度。在确保拉伸方向正确的情况下，选用拉伸模式为穿透。

完成模型，参见网络配套文件 ch4\ch4_6_example1.prt。

习　　题

1．打开网络配套文件 ch4\ch4_exercise1.prt，在题图 1 所示的零件模型中，创建 3 个基准平面。

① 基准面 1：过点 1 并与边 1 垂直；

② 基准面 2：通过点 1、点 2 和点 3；

③ 基准面 3：过边 1 并与面 1 偏移 60°。

2．打开网络配套文件 ch4\ch4_exercise2.prt，在题图 2 所示零件模型中创建 2 条基准轴：

① 基准轴 1：过点 1 与点 2；

② 基准轴 2：垂直于面 1 且距离边 1 和边 2 分别为 50、100。

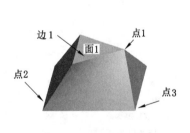

题图 1　习题 1 模型

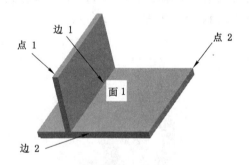

题图 2　习题 2 模型

3．建立题图 3 所示模型。

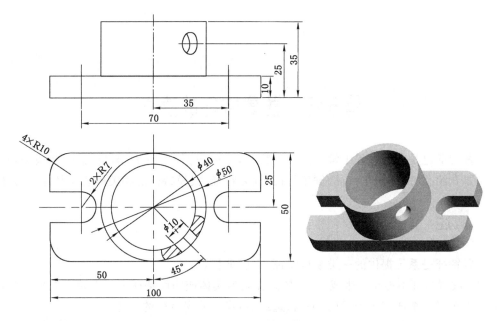

题图 3　习题 3 模型

4. 建立题图 4 所示模型。

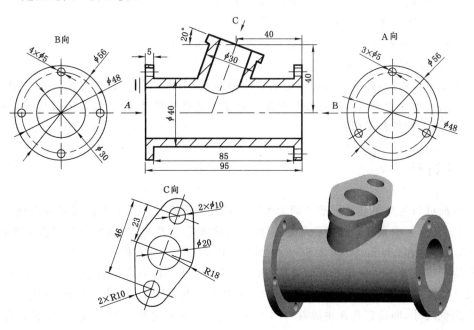

题图 4　习题 4 模型

第 5 章　放置特征的建立

放置特征也是建模过程中常用的一类特征，主要包括孔、圆角、倒角、抽壳和拔模斜度。本章主要介绍孔特征、圆角特征、倒角特征、抽壳特征、拔模特征的相关概念及其建立方法。

5.1　概述

放置特征是系统提供的一类模板特征，有以下特点：

（1）放置特征不能单独生成，必须依附在其他实体或曲面特征上。在建立此类特征时，必须首先选择一个或多个项目（如平面、边或点）作为放置特征的参考。

（2）放置特征有着特定的拓扑结构（即结构形式），用户通过定义系统提供的可变尺寸控制生成特征的大小，得到相似但不同的几何特征。

例如，一般情况下实体上孔特征的生成步骤如下：

（1）选择实体上的一个面，用于放置孔。

（2）定义孔的轴心位置，用于确定孔放置在实体面上的具体位置。

（3）定义孔的深度、直径等参数。

由上面可以看出，孔特征有着特定的结构形式，即生成的必定是去除材料的孔，但孔的位置、深度、大小等要素可以通过参数更改。除了上述孔特征外，放置特征还包括圆角特征、倒角特征、抽壳特征和拔模特征。

5.2　孔特征

孔特征可分为简单孔和标准孔两大类。简单孔根据截面形状的不同又可分为预定义矩形轮廓孔（又称简单直孔）、标准孔轮廓孔和草绘轮廓孔三类，其详细信息参见表 5-2-1。标准孔可定义为 ISO、UNC、UNF、ISO 7/1、NPT 和 NPTF 等标准格式。

孔特征建立时需要确定的基本内容有：孔的类型、孔的放置参照、孔中心线的位置以及孔的尺寸等。创建孔特征的基本步骤为：① 指定孔的主放置参照，可以为面、轴或点；② 确定孔的定位尺寸，即确定孔在主放置参照上的位置，若主放置参照为轴或点时，不需要定位尺寸；③ 确定孔自身的尺寸，如孔的大小、深度、方向等。

5.2.1　简单直孔与标准孔轮廓孔特征的建立

简单直孔又称为预定义矩形轮廓孔，因其剖截面是矩形而得名，是建模过程中使用最多的一类孔特征。单击功能区【模型】选项卡【工程】组中的孔特征按钮 🛢 孔，激活孔特征命令，其操控面板如图 5-2-1 所示。

表 5-2-1　　　　　　　　　　　　　　　　简单孔的类型

简单孔的类型	定　　义	图例
预定义矩形轮廓孔 （简单直孔）	孔的截面形状为矩形，是最简单、常用的一类孔	
标准孔轮廓孔	孔的截面形状为带钻孔顶角的标准孔轮廓，使用麻花钻加工而成	
草绘轮廓孔	孔的截面形状由草图定义	

图 5-2-1　孔特征操控面板

（1）选择生成孔的类型，分别代表简单直孔、标准轮廓孔和草绘孔，代表标准孔。

（2）指定孔直径。

（3）指定孔的深度模式和深度值。

（4）放置。单击弹出滑动面板，用于指定孔的放置参照、方向参照等内容。

（5）形状。单击弹出滑动面板，用于指定孔的各参数。上面指定的直径、深度等参数也可在此滑动面板中指定。

（6）注解。单击弹出滑动面板，用于显示标准孔的注释，此面板仅标准孔特征可用。

（7）属性。单击弹出滑动面板，可以更改孔特征的名称。

不论哪一种孔，都需要指定放置方式和参照。因此，建立孔的过程也就是确定孔的形式、位置和形状的过程。简单直孔的建立过程如下：

（1）单击功能区【模型】选项卡【工程】组中的孔特征按钮　孔，激活孔特征命令。

（2）确定孔的形式。操控面板中默认孔的类型即为简单直孔。

（3）单击【放置】，在弹出的滑动面板中指定孔的主放置参照、放置方式、次参照以及方向参照，如图 5-2-2 所示。

（4）单击【形状】，在弹出的滑动面板中指定孔的深度模式，并指定孔直径、深度值等参数，其面板如图 5-2-3 所示。

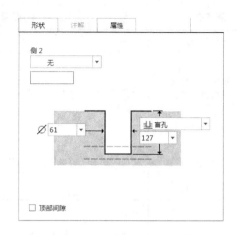

图 5-2-2 【放置】滑动面板 图 5-2-3 【形状】滑动面板

（5）预览特征。单击操控面板中的 👓 图标查看建立的孔，若不符合要求，按 ▶ 退出暂停模式，继续编辑孔特征。

（6）完成特征。单击操控面板中的图标 ✔，完成孔特征。

标准孔轮廓孔的建立过程与简单直孔类似，在确定孔的形式时，在操控面板中单击 ⓤ 图标即可建立标准孔轮廓孔。下面以例题来说明标准孔轮廓孔的建立。

例 5-1 在长宽高分别为 60、50 和 40 的六面体中心点上，建立直径为 20、深度为 25、顶角为 118°的标准轮廓孔，孔的截面如图 5-2-4 所示。

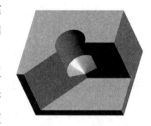

图 5-2-4 例 5-1 模型

（1）建立新文件。单击【文件】→【新建】菜单项或顶部快速访问工具栏中的新建按钮 🗋，在弹出的【新建】对话框中选择 ⦿ 🗋 零件，在【名称】输入框中输入文件名"ch5_2_example1"，使用公制模板 mmns_part_solid，单击【确定】按钮，进入设计界面。

（2）建立拉伸实体特征。单击功能区【模型】选项卡【形状】组中的拉伸特征按钮 激活拉伸特征，选取 TOP 面作为草绘平面，RIGHT 面作为参照，方向向右，建立草图如图 5-2-5 所示。指定拉伸高度为 40，建立六面体。

（3）单击功能区【模型】选项卡【工程】组中的孔特征按钮 孔，激活孔特征命令，弹出孔特征操控面板，单击 ⓤ 图标建立标准孔轮廓孔。

（4）单击选取模型顶面作为主放置参照，模型出现孔特征预览如图 5-2-6 所示。

（5）在图 5-2-6 所示孔特征预览中，拖动菱形的绿色参照控制块，捕捉孔特征参照 RIGHT 面和 FRONT 面。也可单击【放置】打开滑动面板，单击激活【偏移参考】拾取框直接选取 RIGHT 面和 FRONT 面，并将偏移尺寸改为 0，如图 5-2-7 所示。

（6）拖动孔特征预览中的三个白色空心方框可分别控制直径、深度和孔中心的位置。也可单击【形状】打开滑动面板，直接输入孔特征的直径 20、深度 25，顶角 118°，如图 5-2-8 所示。

（7）预览特征。单击操控面板上的 👓 图标查看孔特征，若不符合要求，按 ▶ 退出暂

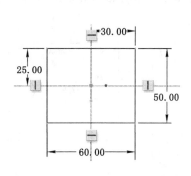

图 5-2-5　拉伸特征草图

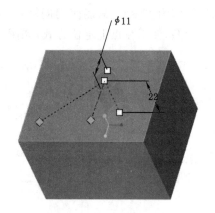

图 5-2-6　孔特征预览

图 5-2-7　【放置】滑动面板

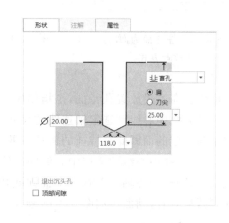

图 5-2-8　【形状】滑动面板

停模式,继续编辑孔特征。

(8) 完成特征。单击操控面板中的 ✔ 图标,完成孔特征,参见网络配套文件 ch5\ch5_2_example1. prt。

下面从孔特征的放置方式、孔特征深度模式以及孔特征的方向三个方面详细说明。

(1) 孔特征的放置方式

在上例建模过程中孔特征使用了主放置参照和偏移参照。

① 主放置参照。特征所在的基本位置,如指定孔的主放置参照为某平面,是指孔生成于此平面上,图 5-2-6 所示模型上表面即孔特征的主放置参照。

② 偏移参照,又称为次参照,是指在确定了主放置参照后,为确定孔在主参照上的位置而选取的参照。上例中选取了与主放置参照垂直的 RIGHT 面和 FRONT 面,并指定了参照与孔中心线间的距离,称为参照尺寸。

孔特征可以使用平面、轴线或基准点作为其主放置参照。根据不同的主参照,孔中心线可以选取不同的放置类型。例如,若选取平面作为主参照,可以选取线性、径向、直径等放置方式,如图 5-2-9 所示。上例中使用偏移参照定位时使用的放置类型即线性放置方式。若选取轴线作为主参照，只能使用同轴作为孔中心线的定位方式，如图 5-2-10 所示。选取点作为主参照，使用在点上定位方式，如图 5-2-11 所示。

图 5-2-9　主参照为面时
　　　　　孔放置方式

图 5-2-10　同轴放置方式

图 5-2-11　在点上放置方式

　　使用径向方式放置孔特征，是指使用一个线性尺寸和一个角度尺寸确定孔中心的位置，线性尺寸为孔中心线到选定轴连线的尺寸，角度尺寸为此连线与选定面之间的夹角，此处选定的轴与选定的面即此孔特征的偏移参照。如图 5-2-12 所示，为了确定孔在模型上表面的位置，使用了孔中心线到圆柱中心线的连线尺寸 120 和此连线与 FRONT 面的夹角 45°作为参照尺寸，圆柱中心轴与 FRONT 面即孔特征次参照，线性尺寸 120 和角度尺寸 45 为参照尺寸，其【放置】滑动面板如图 5-2-13 所示。

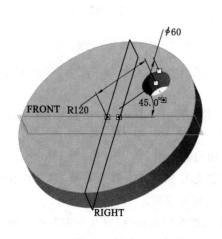

图 5-2-12　孔的径向放置方式

图 5-2-13　径向操控面板

　　使用直径方式放置孔特征，与径向方式基本相同，唯一的变化是线性参照尺寸从径向时的轴到孔中心线的半径改为了直径，如图 5-2-14 所示。同轴方式放置孔特征时，主参照为轴线和一个基准面,此时孔中心线和轴线同轴,平面作为孔的放置平面。

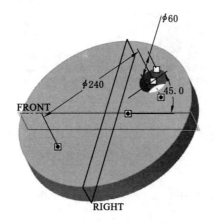

图 5-2-14 孔的直径放置方式

（2）孔特征的深度模式

孔特征的深度模式与拉伸特征的深度模式一样,分为盲孔、对称、穿透、到选定的、到下一个等多种模式。

① 盲孔。孔的深度由尺寸指定。

② 对称。孔的深度由主放置参照向两侧各延伸深度值的一半,生成对称孔。

③ 到选定的。孔的深度由选定的面、线或点决定。

④ 穿透。孔穿过所有模型的实体,形成通孔。

（3）孔特征的方向

从 Creo 4.0 开始,孔特征增加了方向控制要素。若不指定孔特征方向参照,根据选取放置参照的不同,孔特征具有默认方向。指定平面或轴线作为方向参照,可以更改孔的方向。当选取平面作为参照时,孔方向可以垂直于参照,如图 5-2-15 所示,其滑动面板如图 5-2-16 所示。当选取轴线作为参照时,孔方向可垂直或平行于参照,图 5-2-17 中的孔平行于轴线,其滑动面板如图 5-2-18 所示。

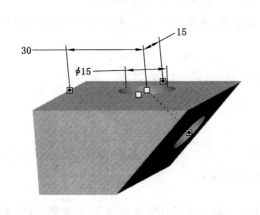

图 5-2-15 孔方向垂直于面

图 5-2-16 孔放置滑动面板

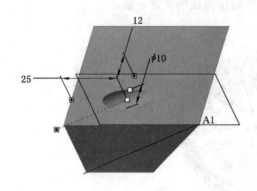

图 5-2-17　孔方向平行于轴线　　　　图 5-2-18　孔放置滑动面板

5.2.2　草绘轮廓孔特征的建立

草绘轮廓孔简称草绘孔,是指使用草绘器中绘制的截面形状建立的孔特征,其生成原理类似于去除材料的旋转特征。除了放置方式外,创建草绘孔与简单直型孔的过程不同。

(1)选择孔特征的类型不同。建立草绘孔特征选择的类型为直型孔中的草绘轮廓。

(2)孔的形状不同。草绘孔特征的形状由其草图决定,包括孔的形状、大小和深度。

但两种孔特征的放置方式基本相同,其主放置参照可为面、轴或点,次参照为定位孔中心线的图元。

例 5-2　结合图 5-2-19 中的孔,说明草绘孔特征的建立过程。

图 5-2-19　例 5-2 图

(1)打开网络配套文件 ch5\ch5_2_example2.prt,显示已有六面体模型。

(2)单击功能区【模型】选项卡【工程】组中的孔特征按钮 孔,激活孔特征命令,弹出操控面板,单击 图标,如图 5-2-20 所示。

图 5-2-20　草绘孔操控面板

(3)单击操控面板上的【放置】,在弹出的滑动面板中指定孔特征的主放置参照、放置方式及次偏移参照。其操作方法与简单直孔相同,结果参见图 5-2-21。

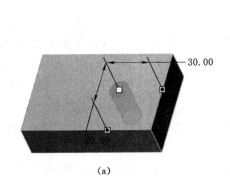

(a)　　　　　　　　　　　　(b)

图 5-2-21　孔的放置参照

（4）单击操控面板中的  按钮进入草绘界面,绘制孔特征的截面,本例中绘制的截面如图 5-2-22 所示。单击 ✔ 完成草图,单击操控面板中的【形状】,在其滑动面板中显示草绘图形的预览,如图 5-2-23 所示。

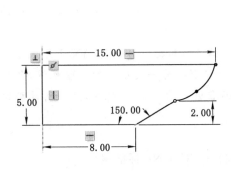

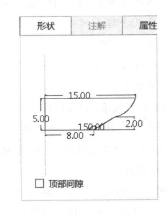

图 5-2-22　草绘孔轮廓　　　　　　　　图 5-2-23　形状滑动面板

提示:也可以单击操控面板中的打开按钮 📂 ,打开一个已经建立好的草绘文件(.sec 文件),网络配套文件 ch5\ch5_2_example2.sec 是已经建立好的一个草绘截面,可以直接将其导入,也会具有与上面在草绘界面中建立草图相同的效果。

（5）预览特征。单击操控面板上的 60 图标查看孔特征,若不符合要求,按 ▶ 退出暂停模式,继续编辑孔特征。

（6）完成特征。单击操控面板中的 ✔ 图标,完成孔特征。模型参见网络配套文件 ch5\f\ch5_2_example2_f.prt。

注意:建立草绘孔特征时可以选取现有的草绘文件或创建新的草绘剖面,要求草绘剖面必须满足以下条件:(1)包含几何图元。(2)无相交图元的封闭环。(3)包含垂直旋转轴

（必须是草绘的中心线，构造中心线和几何中心线均可）。（4）使所有图元位于旋转轴（中心线）的一侧，并且使至少一个图元垂直于旋转轴，此垂直于旋转轴的平面将被定位到主放置参照平面上。

5.2.3 标准孔特征的建立

使用标准孔特征可以创建符合相关工业标准的标准螺纹孔，并且在创建的孔中可带有不同的末端形状，如沉头、埋头等。Creo 4.0 能够提供 ISO、UNC、UNF、ISO 7/1、NPT、NPTF 等六种标准的螺纹。设计者可通过选择孔的类型和指定参数建立复杂标准孔特征。

提示：螺纹按用途分为连接螺纹和传动螺纹，而连接螺纹常见的又有普通螺纹（包括粗牙和细牙两种）、管螺纹和锥管螺纹。Creo 孔特征中提供的螺纹均为连接螺纹，有以下几种：

（1）ISO 标准螺纹：国际标准化组织（International Organization for Standardization，ISO）制定的国际标准螺纹，与我国的普通螺纹标准基本相同，为米制普通螺纹。ISO 螺纹牙型为三角形，牙型角为 60°，是使用范围最广泛的一种螺纹。

（2）UNC（统一标准粗牙螺纹）和 UNF（统一标准细牙螺纹）：统一螺纹是北美地区产品中应用最为广泛的一种一般用途英制普通螺纹，是美国 ANSI B1.1 标准牙型的内、外螺纹，起源于美国、英国和加拿大三国。除了 UNC 和 UNF 标准外，UN、UNEF、UNRS、UNS、UNREF、UNR、UNRF、UNRC 标准的螺纹也为统一螺纹。

（3）ISO 7/1 标准螺纹：国际标准化组织在 ISO 7-1-1982 中制定的国际标准管螺纹，是一种用螺纹密封的锥管螺纹。其牙型角为 55°，牙细而浅，可以避免过分削弱管壁，内外径间无间隙，并做成圆顶，用这种螺纹不加填料或密封质就能防止渗漏。创建的螺纹前面的符号 Rc 表示内螺纹。

（4）NPT 螺纹和 NPTF 螺纹：美国标准的锥管螺纹，其标准分别为 ANSI B1.20.1 和 ANSI B1.20.3。NPT（National Pipe Taper Threads）螺纹为一般用途的锥管螺纹，其牙型角为 60°；NPTF（干密封标准型锥管螺纹）为美国标准 ANSIB1.20.1 螺纹，是一种牙型角为 60°的英制管螺纹。

由上面叙述可以看出，Creo 中提供的螺纹有：

（1）普通螺纹：公制 ISO 标准螺纹和美制（英制）UNC、UNF 标准螺纹。

（2）锥管螺纹：英制 ISO 7/1 标准螺纹和 NPT、NPTF 标准螺纹。

单击功能区【模型】选项卡【工程】组中的孔特征按钮 孔，激活孔特征命令，在弹出的操控面板中单击 图标，面板如图 5-2-24 所示。为孔轴线定位后，选择螺纹孔标准、代号、深度以及沉头、埋头等要素建立标准孔。

图 5-2-24　标准螺纹孔操控面板

（1） 创建锥孔。此选项用于创建锥管螺纹，此参数对应的可选标准有 ISO_7/1、

NPT 或 NPTF,此时的操控面板如图 5-2-25 所示。

图 5-2-25　锥管螺纹孔操控面板

（2）选取螺纹标准。单击弹出下拉列表如图 5-2-26 所示,用于指定螺纹孔的标准。

图 5-2-26　螺纹标准下拉列表
（a）普通螺纹标准列表；（b）锥管螺纹标准列表

（3）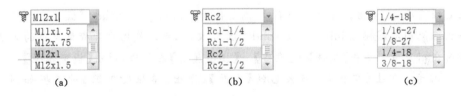指定标准螺纹的代号。其下拉列表见图 5-2-27。图 5-2-27(a)中的 M12×1 表示公称直径为 12 mm、螺距为 1 mm 的标准螺纹,图 5-2-27(b)、图 5-2-27(c)中的 RC2、1/4-18 分别为 ISO_7/1 以及 UNF 螺纹参数。

图 5-2-27　螺纹代号下拉列表
（a）ISO 螺纹代号；（b）ISO 7/1 螺纹代号；（c）NPT、NPTF 螺纹代号

（4）指定钻孔深度。在加工螺纹时,先要加工底孔。此项参数指定底孔深度。单击按钮弹出下拉列表,表中的表示指定肩部深度,表示指定孔的整体深度。

（5）指定沉头和埋头等标准孔特征中的可选项。选取添加埋头孔,选取添加沉孔。

（6）形状。单击面板上的【形状】,弹出滑动面板如图 5-2-28 所示,用于指定螺纹孔参数。如沉头孔的直径与高度、埋头孔的角度与大小、螺纹的形式及长度等。

图 5-2-28　螺纹孔的【形状】滑动面板

(7) 注释。单击面板上的【注释】,弹出滑动面板如图 5-2-29 所示,取消选取复选框【添加注释】可使螺纹孔的注释不显示在模型上。

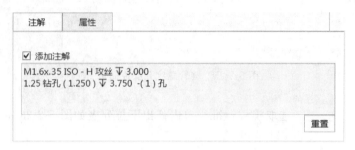

图 5-2-29　螺纹孔的【注解】滑动面板

标准螺纹孔的建立除了选定螺纹孔的参数外,其主放置参照、放置方式、次参照的指定与简单直孔相同,建立的步骤也与简单直孔基本相同。

例 5-3　在一个长宽高分别为 50 mm、30 mm、20 mm 的六面体上表面的四个角上分别建立 M10×0.5 深 12 mm 的螺纹,螺纹孔的钻孔深度为 15 mm。

步骤 1:建立新文件并生成六面体。

(1) 建立新文件。单击【文件】→【新建】菜单项或顶部快速访问工具栏中的新建按钮 ,在【新建】对话框中选择 零件,在【名称】输入框中输入文件名 ch5_2_example3,使用公制模板 mmns_part_solid,单击【确定】按钮,进入零件设计界面。

注意:本例中要建立的是公制(ISO)螺纹,其单位为 mm,上步骤中若使用英制模板建立新文件,其尺寸单位为 in(英寸,1 in=25.4 mm),公制螺纹的毫米单位转换为英寸后会导致螺纹孔直径缩小 25.4 倍。若要统一单位,则要使用 mmns_part_solid 模板。

若已经使用英制模板 inlbs_part_solid 建立了文件,可以使用更改模型单位的方法将文件转变为公制单位。单击【文件】→【准备】→【模型属性】菜单项,弹出【模型属性】对话框如图 5-2-30 所示。单击【单位】一行最后的【更改】,弹出【单位管理器】对话框如图 5-2-31 所示。

图 5-2-30　【模型属性】对话框

可以看到,当前长度的默认设置单位为英寸。选取毫米牛顿秒(mmNs)项目并单击【设置】按钮,如图 5-2-32 所示,弹出【更改模型单位】对话框如图 5-2-33 所示。其中,选取【转换尺寸】单选框将数值换为新单位,数值扩大 25.4 倍,但模型大小不变;【解释尺寸】单选框将原英寸数值 1∶1 变为毫米,尺寸数值不变(相当于模型缩小 25.4 倍),单击【确定】完成转换。

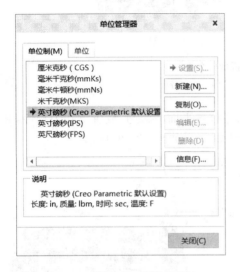

图 5-2-31 【单位管理器】对话框一

图 5-2-32 【单位管理器】对话框二

图 5-2-33 【更改模型单位】对话框

(2) 单击功能区【模型】选项卡【形状】组中的拉伸特征按钮 激活拉伸特征,选用 TOP 面作为草绘平面,RIGHT 面为参照,方向向右,建立草图如图 5-2-34(a)所示,指定模型生成方向为 TOP 面正方向,深度 20,生成拉伸特征如图 5-2-34(b)所示。

步骤 2:添加标准螺纹孔特征。

(1) 单击功能区【模型】选项卡【工程】组中的孔特征按钮 孔,激活孔特征命令。

(2) 选择操控面板中 选项,选取 ISO 标准,并指定螺纹孔的代号为 M5×0.5,单击操控面板上的【形状】按钮,输入螺纹深度为 12,如图 5-2-35 所示。不指定埋头孔和沉头孔。

(3) 输入钻孔深度。在操控面板上选取 ,指定钻孔的整体深度为 15 mm。

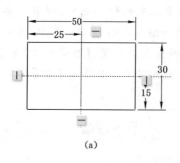

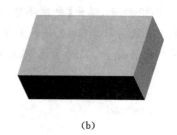

(a)　　　　　　　　　　　(b)

图 5-2-34　拉伸特征的草图

(a) 拉伸特征的草图;(b) 拉伸六面体特征

（4）指定螺纹孔的放置。选择模型上表面为主放置平面,指定其放置方式为线性,并指定其次参照为主放置平面的两条边,输入参照尺寸均为 5,如图 5-2-36 所示。

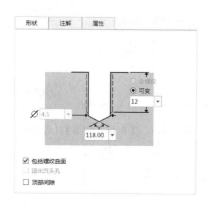

图 5-2-35　输入螺纹深度

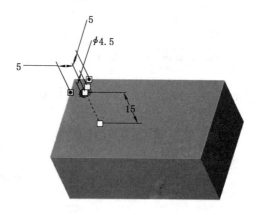

图 5-2-36　螺纹孔预览

（5）预览特征。单击操控面板上的 👓 图标查看孔特征,若不符合要求,按 ▶ 退出暂停模式,继续编辑孔特征。

（6）完成螺纹孔特征的建立。单击操控面板中的 ✔ 图标,完成螺纹孔特征。

（7）使用与(1)至(6)同样的方法建立其他 3 个螺纹孔,模型如图 5-2-37 所示。

图 5-2-37　带螺纹孔的模型

模型参见网络配套文件 ch5\ch5_2_example3.prt。

使用标准螺纹孔特征建立的螺纹孔并没有实际的螺纹切口,而是仅绘制了代表其内径和外径所在圆柱的线,如图 5-2-38 所示,这一类特征属于修饰特征。使用螺旋扫描切口特征,可以生成具有实际牙形的螺纹,如图 5-2-39 所示。关于螺旋扫描特征,参见 Creo 帮助或其他文献书籍。

图 5-2-38 螺纹孔特征　　　　　　　图 5-2-39 带螺纹切口的螺钉

提示:默认情况下,孔的注释附着于模型中,如图 5-2-37 和图 5-2-38 所示,单击取消选取功能区【视图】选项卡【显示】组中的注释显示开关 🔲 可使螺纹孔注释不显示。在孔特征操控面板的【注解】滑动面板中取消选取【添加注解】复选框,也可隐藏注释。

5.3　圆角特征

圆角特征又称为倒圆角特征,图 5-3-1 为零件倒圆角前后的比较。

图 5-3-1　模型倒圆角

5.3.1　圆角特征概述

圆角特征属于放置特征,其主参照即放置参照,Creo 提供了三种可以放置圆角特征的放置参照。

(1)模型的边。如图 5-3-2(a)所示,选定模型的三条边作为放置圆角的参照,生成半径为 5 的圆角如图 5-3-2(b)所示。

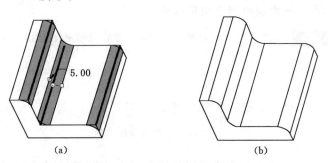

(a)　　　　　　　　　　　　　　(b)

图 5-3-2　选取边作为参照建立圆角

(a) 选取边作为圆角参照;(b) 圆角后的模型

（2）两平面的交线。如图 5-3-3（a）所示，依次选取两个平面，系统在其交线处生成圆角特征，如图 5-3-3（b）所示。

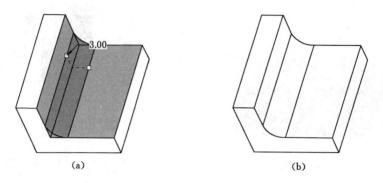

（a）　　　　　　　　　　　　（b）

图 5-3-3　两个相交平面作为圆角参照

（a）选取两个相交平面作为圆角参照；（b）圆角后的模型

（3）切于一个面并且经过一条边。如图 5-3-4（a）所示，首先选取一个面，再选择一条边，系统生成与选定的平面相切、经过选定的边的圆角特征，如图 5-3-4（b）所示。注意：先选取面后选取边的顺序不能改变。

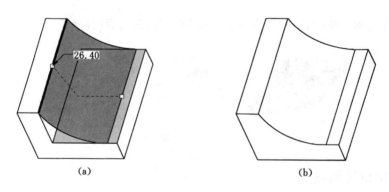

（a）　　　　　　　　　　　　（b）

图 5-3-4　一个面和一条边作为圆角参照

（a）选取一个面和一条边作为圆角参照；（b）圆角后的模型

单击功能区【模型】选项卡【工程】组中的圆角命令按钮 **倒圆角**，弹出圆角操控面板如图 5-3-5 所示，利用该面板可建立圆角特征。

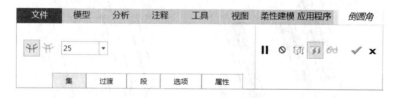

图 5-3-5　圆角操控面板

（4） 设定圆角。在此状态下单击操控面板上的【集】，在弹出的滑动面板中设定圆角的组，以及每组圆角的形状、参照、半径等内容。

（5）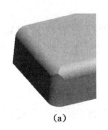 设定圆角过渡。几个倒圆角的相交或终止处可以设定圆角过渡类型，模型中生成圆角后此选项可用。在最初创建倒圆角时，系统使用缺省方式设定过渡。单击切换到此模式后，可以修改圆角过渡的类型。图 5-3-6 为三种不同圆角过渡类型。

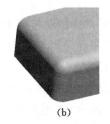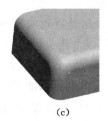

（a）　　　　　　　　　　　（b）　　　　　　　　　　　（c）

图 5-3-6　圆角过渡的三种形式

（a）相交过渡；（b）默认（曲面片）过渡；（c）拐角球过渡

（6）|25| ▼ 在设定圆角状态下设定圆角的半径。若单击 切换到设定圆角过渡状态，输入框变为 |默认|，用于设定圆角过渡类型。

注意：圆角特征为 Creo 软件的复杂特征，系统提供了大量高级功能，如圆角的方式有恒定倒圆角、可变半径圆角、曲线驱动倒圆角、完全倒圆角、圆锥倒圆角、垂直于骨架倒圆角等；也提供了定义多种倒圆角过渡的方式。本书仅讲述倒圆角的基础内容，包括恒定倒圆角、完全倒圆角、可变半径倒圆角、自动倒圆角、拐角过渡等。

圆角特征在重生成时占用大量计算机资源，若模型中包含大量圆角特征，计算机的运行速度将明显变慢。所以一般建模过程中尽量将圆角特征放在最后，以免影响前面模型建模速度。同时，因为圆角特征非常灵活，在其他特征建立过程中，尽量不要使用圆角的相关要素作为参照，否则改动模型时以圆角作为参照的特征很容易生成失败。

5.3.2　恒定倒圆角的建立

恒定圆角为半径不变的圆角特征，是零件建立过程中较简单也是应用最多的一类圆角特征。建立恒定倒圆角的操作步骤如下：

（1）单击功能区【模型】选项卡【工程】组中的圆角按钮 **倒圆角**，弹出圆角操控面板。

（2）单击操控面板中的【集】，在弹出的滑动面板中设置集 1 参数，如图 5-3-7 所示。

① 接受默认的圆形作为圆角的截面形状、默认的滚球作为圆角的创建方法。

② 选定此圆角集的放置参照。根据 5.3.1 节中的叙述，按住 Ctrl 键选取边或面作为圆角特征的放置参照，选取的参照被添加到

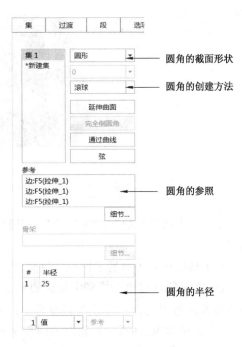

图 5-3-7　圆角的【集】滑动面板

滑动面板的【参考】收集器中。右键单击收集器中的项目,在弹出的快捷菜单中选择【移除】可移除参照。

注意:【参考】收集器为多项目收集器,必须按住 Ctrl 键单击选择,否则系统会建立不同的圆角集。

③ 设定此圆角集圆角的半径。可直接拖动模型上圆角的半径控制滑块来设定半径值,也可直接双击修改模型上显示的圆角半径值,或者在【集】滑动面板的【半径】列表中直接单击修改半径值,均可以改变圆角的半径。

④ 若要建立其他不同半径的圆角集,直接单击要建立圆角的边,观察图 5-3-7,其圆角【集】列表中会自动添加名称为集 2 的集合,使用步骤(2)中同样的方法设定其截面形状、创建方法、圆角参照和圆角半径。

(3)单击操作面板中的 ⚡,设定圆角过渡。只有在模型上选定了过渡后,才能够激活【过渡类型】下拉列表框并从中选择一种过渡类型。

(4)预览特征。单击操控面板上的 👓 图标查看圆角特征,若不符合要求,按 ▶ 退出暂停模式,继续编辑孔特征。

(5)完成倒圆角特征的建立。单击操控面板中的 ✔ 图标,完成倒圆角特征。

提示:关于圆角的创建方法和截面形状,系统提供了丰富的模式,本书只讲述其默认值,其他模式可参阅帮助系统。

例 5-4　以实例介绍恒定倒圆角的建立过程。

(1)建立实体特征。放置特征必须指定所在的实体特征,首先建立如图 5-3-8 所示的拉伸特征,也可以直接打开网络配套文件 ch5\ch5_3_example1.prt,使用其中已有的拉伸特征。

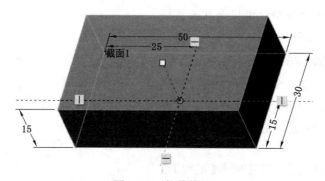

图 5-3-8　拉伸特征

(2)单击功能区【模型】选项卡【工程】组中的圆角特征按钮 🔧 倒圆角 ,弹出圆角操控面板。

(3)选择边作为放置参照生成圆角特征。

① 按住 Ctrl 键单击模型中相交的三条边作为生成倒圆角特征的放置参照,并在操控面板中修改圆角半径为 8,单击操控面板上的 👓 图标查看建立的圆角特征,如图 5-3-9(a)所示;单击操控面板上的【集】,此时的圆角设置如图 5-3-9(b)所示。

② 单击 ▶ 退出暂停模式,在操控面板处单击 ⚡ 设定拐角过渡。首先单击模型中三个

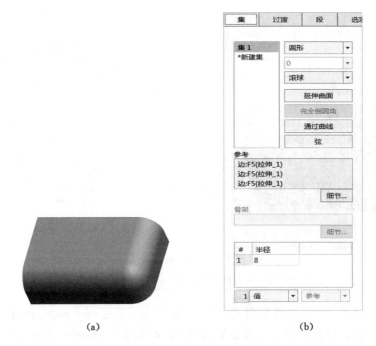

(a)　　　　　　　　　　　　　　　(b)

图 5-3-9　设定模型圆角特征

(a) 圆角后的模型预览；(b) 圆角的【集】滑动面板

圆角的相交处(拐角)，然后选择过渡模式。图 5-3-9(a)所示的为默认过渡模式，在下拉列表中选择相交模式，如图 5-3-10(a)所示，单击 6d 图标查看建立倒圆角特征如图 5-3-10(b)所示。

(a)　　　　　　　　　　　　　　　(b)

图 5-3-10　设定模型圆角过渡

(a) 选取圆角过渡类型；(b) 相交圆角过渡

(4) 删除(3)中建立的倒圆角，重新选择平面的交线作为放置参照生成圆角特征。

① 单击 ▶ 退出暂停模式，单击 ￥ 退回到圆角模式。单击操控面板上的【集】，在弹出的滑动面板的【参考】收集器中任意选中一条边，右键单击选择右键菜单中的【移除全部】将上面选定的参照全部删除。

② 按住 Ctrl 键单击模型的上表面和前侧面，此两面被添加到【集】滑动面板【参考】收集器中，如图 5-3-11(b)所示；此时在两个选定面的交线处生成倒圆角，其预览如图 5-3-11(a)所示。

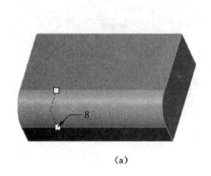

(a)   (b)

图 5-3-11　选取两相交平面作为参照生成圆角

(a) 选取两相交平面作为圆角参照；(b) 圆角的【集】滑动面板

③ 单击【集】滑动面板中的组列表中的"＊新建集"，建立一个新组，按住 Ctrl 键单击模型上表面和右侧面，同样此两表面被收集到"参照"收集器中，在两个选定面的交线处生成了倒圆角。

④ 使用与上步相同的方法建立前侧面与右侧面交线上的倒圆角。

⑤ 此时模型中的倒圆角与步骤(3)中建立的倒圆角效果相同，其预览如图 5-3-9(a) 所示。

⑥ 与(3)同样的方法，在操控面板单击 ⫪ 设定拐角过渡。

(5) 完成倒圆角特征。单击操控面板中的 ✔ 图标，完成倒圆角特征。

5.3.3　高级圆角的建立

圆角特征属于复杂特征，除了 5.3.2 中介绍的恒定圆角外，还可建立完全圆角、可变圆角以及自动倒圆角等。

5.3.3.1　完全倒圆角

完全圆角如图 5-3-12 所示，在两条边之间创建完全倒圆角，圆角替换一对边之间的曲面，同时圆角的大小也被限定在这两条边之间。

完全倒圆角是在两条边或两个面之间创建的半圆形过渡，其建立过程与恒定圆角相似。有两种方式可以创建完全倒圆角。

(1) 在具有公共曲面的两条边之间创建完全倒圆角。

在建立倒圆角时，选择两条具有公共面的边作为圆角的放置参照，如图 5-3-13 所示，在倒圆角操控面板的【集】滑动面板中单击【完全倒圆角】选项，如图 5-3-14 所示，便可生成如图 5-3-12 所示的完全倒圆角。由【集】滑动面板也可以看出，完全倒圆角的截面形

图 5-3-12　完全倒圆角

状、创建方法、圆角半径等参数均已被限定。本例参见网络配套文件 ch5＼ch5＿3＿example2.prt。

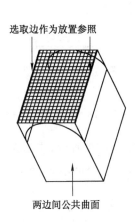

选取边作为放置参照

两边间公共曲面

图 5-3-13　完全倒圆角的放置参照

图 5-3-14　完全倒圆角的【集】操控面板

（2）在两个曲面之间创建完全倒圆角。

选取两个相对的曲面，可以在其间创建完全倒圆角。使用两相对曲面建立完全圆角时，要选取两曲面之间连接的公共曲面作为"驱动曲面"，它决定倒圆角的位置和大小。系统使用一个半圆面来替换此公共曲面形成完全倒圆角特征，其预览如图 5-3-15 所示，此时的【集】滑动面板如图 5-3-16 所示。本例参见网络配套文件 ch5\ch5_3_example3.prt。

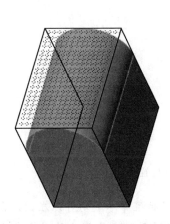

图 5-3-15　完全倒圆角预览

图 5-3-16　完全倒圆角的【集】滑动面板

5.3.3.2　可变倒圆角

可变倒圆角是指具有不同半径值的圆角，如图 5-3-17 所示的马鞍形倒圆角即为可变倒圆角。可变倒圆角是在恒定圆角的基础上添加不同的半径值而形成的。

在倒圆角操控面板中单击【集】弹出滑动面板,在【半径】列表中右键单击,如图 5-3-18 所示,单击【添加半径】添加半径值。此时两半径分别放置在倒圆角所在的边参照的端点,单击修改半径值,系统形成平滑连接的可变倒圆角特征。

图 5-3-17　可变倒圆角

图 5-3-18　添加圆角半径

继续添加半径值,将新添加半径的位置改为 0.5,如图 5-3-19 所示,表示新添加的半径位于选定参照边的中点上。本例参见网络配套文件 ch5\ch5_3_example4.prt。

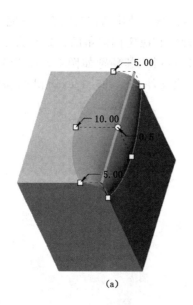

(a)

(b)

图 5-3-19　修改圆角半径的位置

注意:特征建立过程中的半径值、新半径在参照上的位置等参数均可以在倒圆角特征预览上通过拖动控制滑块的方法直接修改。例如,可以在图 5-3-19 左图上拖动白色方框改变半径的值,拖动白色圆圈改变新半径在参照上的位置等。

5.3.3.3　自动倒圆角

圆角特征是实体模型中较复杂的特征之一,有时因为参照的选择顺序不适合会导致圆角特征生成失败。系统提供自动倒圆角命令可迅速生成模型中尽量多的圆角,各圆角的生成顺序由系统自动调节,以确保圆角特征建立成功。

单击功能区【模型】选项卡【工程】组中的圆角按钮 倒圆角 右侧箭头,弹出菜单如图 5-3-20 所示,单击【自动倒圆角】菜单项激活自动倒圆角,此功能可帮助设计者将整个模型或一组选定边中尽量多的边自动倒圆角。默认情况下,系统对整个模型倒圆角。对如图 5-3-21(a)所示模型,建立半径为 4 的自动倒圆角,结果如图 5-3-21(b)所示。模型参见网络配套文件 ch5\ ch5_3_example6. prt。

图 5-3-20　倒圆角菜单

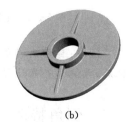

(a) (b)

图 5-3-21　模型添加倒圆角前后对比
(a) 未添加圆角的模型;(b) 所有边添加圆角后的模型

自动倒圆角的操控面板如图 5-3-22 所示。

图 5-3-22　自动倒圆角操控面板

（1）☑ 4 将凸边倒圆角,输入框中的值为倒圆角半径。

（2）☑ 相同 将凹边倒圆角,框中的相同表示圆角半径与凸边相同,也可直接输入数字表示圆角半径值。

（3）范围。单击【范围】按钮弹出滑动面板如图 5-3-23 所示,可以选择要自动倒圆角的范围。其默认范围为实体几何,用于将整个实体的所有边倒圆角,下部的【凸边】、【凹边】复选框指定需要倒圆角边的类型。也可选取【选定的边】单选框,此时需要设计者指定要倒圆角的边。

（4）排除。单击弹出滑动面板如图 5-3-24 所示,选定要排除的边。当需要对实体中大部分边倒角,而只排除少数边时,可在【范围】面板中选定【实体几何】单选框,而将不需要倒角的边选定到【排除的边】收集器中。

（5）选项。单击弹出滑动面板如图 5-3-25 所示。当选定

图 5-3-23　【范围】滑动面板

【创建常规圆角特征组】复选框时,特征创建完成后,自动倒圆角特征将自动转化为普通的圆角组。

图 5-3-24 【排除】滑动面板　　　　　　　　图 5-3-25 【选项】滑动面板

注意：自动倒圆角特征的预览按钮 ⏿ 是不可用的，因为只有当设计者单击 ✔ 完成特征后，系统才开始计算圆角的生成顺序并建立圆角，在这之前无法显示特征结果。

5.4　倒角特征

倒角是对边或拐角进行斜切削而产生的一种特征，根据所选取放置参照的不同，将倒角特征分为边倒角特征和拐角倒角特征，边倒角如图 5-4-1 所示。拐角倒角如图 5-4-2 所示，选取顶点作为放置参照，生成一种位于顶点的斜切削特征。本书仅讲述边倒角特征。

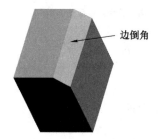

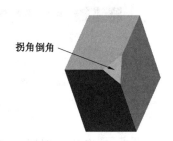

图 5-4-1　边倒角　　　　　　　　　　　图 5-4-2　角倒角

与倒圆角特征相似，边倒角特征也属于放置特征，其主参照即放置参照，Creo 软件提供了三种可以放置边倒角特征的放置参照。

（1）模型的边。如图 5-4-3(a) 所示，选定模型三条边作为放置圆角的参照，生成边长为 5 的倒角如图 5-4-3(b) 所示。

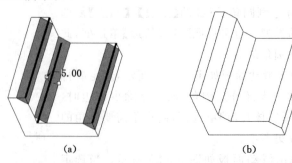

（a）　　　　　　　　　　　　　（b）

图 5-4-3　选取边作为参照建立倒角

（a）选取边作为倒角参照；（b）选取边作为参照建立倒角

（2）两个平面的交线。如图 5-4-4(a)所示，依次选取两个平面，系统在其交线处生成边倒角特征，如图 5-4-4(b)所示。

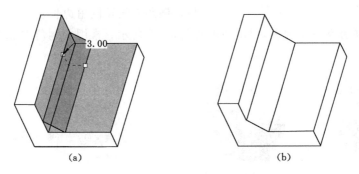

图 5-4-4　选取两相交平面作为参照建立倒角

（a）选取两相交平面作为倒角参照；（b）选取两相交平面作为参照建立倒角

（3）经过一个面和一条边。如图 5-4-5(a)所示，首先选取一个面，再选择一条边，系统生成经过选定边和平面的边倒角特征，如图 5-4-5(b)所示。

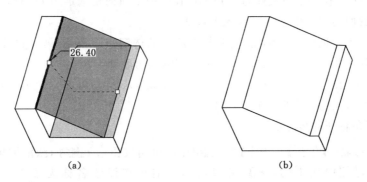

图 5-4-5　选取一个面和一条边作为参照建立倒角

（a）选取一个面和一条边作为倒角参照；（b）选取一个面和一条边作为参照建立倒角

单击功能区【模型】选项卡【工程】组倒角按钮  倒角，弹出边倒角特征操控面板如图 5-4-6 所示，利用该面板建立边倒角特征。

图 5-4-6　倒角操控面板

（1）设定边倒角。在此状态下单击操控面板上的【集】，在弹出的滑动面板中建立边倒角的集合，并可以设定每组边倒角的放置参照、长度等参数。

（2）设定边倒角过渡。几个边倒角的相交处或终止处可以设定边倒角过渡的不同类型，当在模型中生成边倒角后此选项才可用。在最初创建边倒角时，系统创建默认倒角过渡。单击 切换到倒角过渡设置状态后,修改边倒角过渡类型,如图 5-4-7 所示为两种不同过渡类型。

(3)  设定倒角方案及倒角边长。

单击边倒角方案下拉列表,弹出列表如图 5-4-8 所示。常用的倒角方案说明如下:

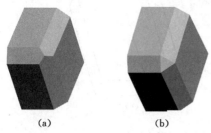

图 5-4-7 倒角的过渡模式

(a) 相交过渡模式(默认模式);(b) 曲面片过渡模式

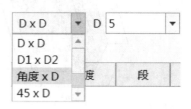

图 5-4-8 倒角方案

(4) D×D。在各曲面上与边相距 D 处创建倒角。在后面的输入框中输入 D 的数值。

(5) D1×D2。在一个曲面距选定边 D1,在另一个曲面距选定边 D2 处创建倒角。选定此方案后,在后面的输入框中分别输入 D1、D2。

(6) 角度×D。创建一个倒角,它距相邻曲面的选定边距离为 D,与该曲面的夹角为指定角度,选定此方案后,在后面的输入框中分别输入角度和 D。

(7) 45×D。创建一个倒角,它与两个曲面都成 45°,且与各曲面上的边的距离为 D,选定此方案后,在后面的输入框中输入 D 即可。

建立边倒角特征的步骤如下:

(1) 单击功能区【模型】选项卡【工程】组中的倒角按钮 倒角,激活倒角命令。

(2) 单击操控面板中的【集】,可以看到当前正在设置名称为集 1 的边倒角集,如图 5-4-9 所示,进行以下设置以建立单个或多个边倒角特征。

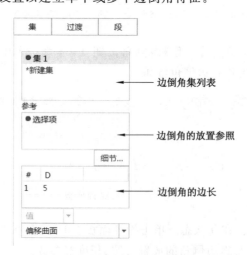

图 5-4-9 倒角的【集】滑动面板

① 选取圆角放置参照。根据前面对于边倒角放置参照的叙述，按住 Ctrl 键选择所需的边或面作为边倒角特征的放置参照，选取的参照被添加到【参考】收集器中。

② 修改 D 列表中的边长值以设定倒角边长，也可以直接拖动模型上的控制滑块设定边长或直接双击模型上显示的半径值。

（3）若要建立其他边长不同的边倒角集，直接单击要建立倒角的边，在【集】滑动面板中的边倒角集列表自动添加名称为集 2 的集合，使用步骤（2）中同样的方法设定其放置参照和边长。

（4）也可以单击操控面板中的 $\boxed{\text{D×D}\quad\blacktriangledown}\;\boxed{\text{D}\;5\qquad\blacktriangledown}$，设置每一个倒角集的方案并设置其边长。

（5）单击操控面板中的 ，设定倒角过渡。在模型上单击选定需要设置的过渡，激活过渡类型下拉列表并从中选择一种过渡类型。

（6）预览建立的特征。单击操控面板上的查看图标 查看建立的边倒角特征，若不符合要求，按 退出暂停模式，继续编辑。

（7）完成特征建立。单击操控面板中的 图标，完成边倒角特征。

例 5-5　以图 5-4-7(b) 中的边倒角为例，讲解边倒角特征的建立过程。

（1）新建模型文件，在此文件中制作一个长、宽、高分别为 30、20、30 的拉伸特征（六面体）如图 5-4-10 所示，也可直接打开网络配套文件 ch5\ch5_4_example1.prt，使用其中已有的特征完成以下步骤。

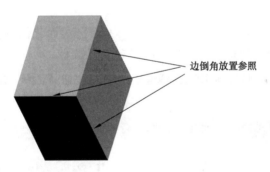

边倒角放置参照

图 5-4-10　例 5-5 模型

（2）单击功能区【模型】选项卡【工程】组中的倒角按钮 倒角 ，激活倒角命令。

（3）选取边倒角特征的放置参照。按住 Ctrl 键选择模型上要建立边倒角的边，如图 5-4-10 所示，单击操控面板上的【集】，可以看到这些边已经被收集到边倒角特征的参照收集器中，如图 5-4-11(a) 所示。

（4）在操控面板中，选择边倒角特征的方案为 D×D，并指定边长为 5，此时单击操控面板上的预览按钮 ，显示如图 5-4-11(b) 所示。

（5）设定过渡。单击 退出暂停模式，单击 并选择模型中三条边的交汇处，单击过渡模式列表选择曲面片。

（6）预览建立的边倒角特征。再次单击操控面板上的 查看建立的边倒角特征；若不符合要求，按 退出暂停模式，继续编辑特征。

(a) (b)

图 5-4-11　选取边作为参照建立倒角
(a) 倒角的【集】滑动面板；(b) 倒角预览

（7）完成特征建立。单击操控面板中的 ✔ ，完成特征，如图 5-4-7(b)所示。本例生成模型参见网络配套文件 ch5\f\ch5_4_example1_f. prt。

5.5　抽壳特征

在建立箱体等空心实体时，常常需要将实体内部挖空，而仅保留特定厚度的壳，Creo 提供的抽壳特征可以完成上述操作。壳特征的建立步骤如下：

（1）单击功能区【模型】选项卡【工程】组中的抽壳按钮 壳 ，弹出壳特征操控面板如图 5-5-1 所示。

图 5-5-1　抽壳特征操控面板

（2）单击【参考】，弹出滑动面板如图 5-5-2 所示，左侧为抽壳时移除面的收集器，右侧为非默认厚度面的收集器，激活后可以从模型中单击添加所需参照面。

（3）在操控面板的【厚度】输入框中指定本抽壳特征的默认厚度。

（4）单击 切换生成壳厚度的方向，默认状态壳的厚度生成在模型内部，切换后生成在模型外部。

（5）预览并完成抽壳特征。

图 5-5-2　【参照】滑动面板

例 5-6 以如图 5-5-3(a)所示杯子为例,说明抽壳特征的建立步骤。注意:图中杯子的边缘厚度为 2,而底的厚度为 5,如图 5-5-3(b)剖面所示。

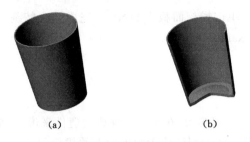

(a)   (b)

图 5-5-3 例 5-6 模型

(a) 杯子模型;(b) 杯子剖切模型

(1) 建立旋转特征作为抽壳的基体。建立如图 5-5-4(a)所示旋转实体特征,其截面如图 5-5-4(b)所示。也可打开网络配套文件 ch5\ch5_5_example1.prt 直接进入(2)。

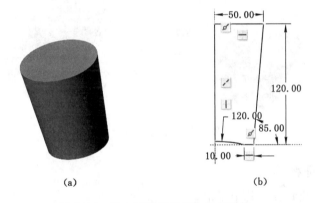

(a)   (b)

图 5-5-4 建立旋转特征作为模型基体

(a) 旋转特征的草图;(b) 旋转特征模型

(2) 单击功能区【模型】选项卡【工程】组中抽壳按钮 ▦ 壳 ,弹出抽壳操控面板。

(3) 选定参照。单击【参照】,激活【移除的曲面】收集器,单击模型上表面将其添加到收集器。单击右侧【非缺省厚度】收集器,按住 Ctrl 键选取模型底部三个面将其添加到此收集器中,并修改厚度为 5,如图 5-5-5 所示。

图 5-5-5 选取移除的面和非缺省厚度面

(4) 在操控面板【厚度】输入框中指定默认厚度 2。

（5）预览建立的抽壳特征。单击 👓 查看建立的抽壳特征，若不符合要求，按 ▶ 退出暂停模式，继续编辑特征。

（6）完成特征的建立。单击操控面板中的 ✔ ，完成抽壳特征。本例生成文件参见网络配套文件 ch5\f\ch5_5_example1_f.prt。

5.6 拔模特征

为了能够在制造过程中顺利脱模，对于注塑件或铸造件来说，在脱模方向上往往需要一个拔模斜角，Creo 提供拔模特征来创建位于脱模面上的拔模斜角。对于由圆柱面或平面形成的面，可以由拔模特征形成一个介于 −90° 和 +90° 之间的拔模角度。如图 5-6-1 所示，在圆柱面上形成了一个 5° 的拔模斜角。

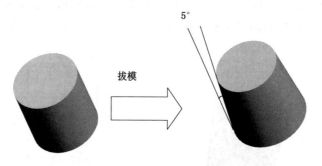

图 5-6-1　拔模特征示意图

5.6.1 拔模特征概述

以下是关于拔模特征的几个术语。

（1）拔模曲面。要拔模的模型的面，可以是圆柱面或平面，对于图 5-6-1 所示的拔模来说，圆柱面就是拔模曲面。

（2）拔模枢轴。也称作中立曲线，是拔模曲面上的一条线或曲线，拔模过程中拔模曲面绕着拔模枢轴旋转。拔模枢轴可通过选取平面或曲线获得。

① 选取平面来定义拔模枢轴。拔模枢轴为拔模曲面与所选平面的交线，拔模曲面将绕着此交线旋转形成拔模斜度。如图 5-6-1 所示，选取圆柱的底面为拔模枢轴平面，则其拔模枢轴为下圆周，圆柱面绕着此圆周旋转 5° 形成拔模斜面。

② 选取拔模曲面上的曲线链来定义拔模枢轴。

（3）拖动方向（也称作拔模方向）。用于测量拔模角度的方向，通常为模具开模的方向。可通过选取平面、直边、基准轴或坐标系的轴来定义它。

（4）拔模角度。拔模方向与生成的拔模曲面之间的角度。

提示：拔模特征是一种比较复杂的特征，除了可以创建仅有一个拔模角度的恒定角度拔模外，也可以在不同的控制点上形成不同拔模角度的可变拔模，还可将不同的拔模角度应用于曲面的不同部分形成分割拔模。本书仅讲述恒定角度拔模的创建方法与过程。

单击功能区【模型】选项卡【工程】组中的拔模特征按钮 ◢ **拔模** ，弹出拔模特征操控面板如图 5-6-2 所示。

图 5-6-2 拔模特征操控面板

（1）  拔模枢轴收集器，收集用于生成拔模枢轴的平面或曲线。

（2） 拖动方向收集器，用于指定测量拔模角度的方向，通常也是模具开模的方向。

（3）单击【参考】弹出滑动面板如图 5-6-3 所示。其中包含了拔模曲面、拔模枢轴、拖动方向三个收集器，其中后两个与上述操控面板上的功能相同，使用方法也相同。单击激活拔模曲面收集器后，从模型上选取要拔模的面可以添加到此收集器中。

（4）单击【角度】弹出滑动面板如图 5-6-4 所示，可设置拔模角度。

图 5-6-3 拔模特征【参考】滑动面板

图 5-6-4 拔模特征【角度】滑动面板

5.6.2 简单拔模特征创建过程与实例

根据上面对拔模特征的叙述，可以看出创建简单拔模特征的主要内容包括：选取拔模曲面、选定拔模枢轴、选定拖动方向、指定拔模角度等。简单拔模特征的建立步骤如下：

（1）单击功能区【模型】选项卡【工程】组中的拔模特征按钮 拔模，弹出拔模特征操控面板。

（2）单击操控面板中的【参考】，在弹出的滑动面板中指定拔模曲面、选定拔模枢轴以及选定拖动方向。

（3）单击【角度】，在弹出的滑动面板中修改拔模角度。

（4）预览建立的拔模特征。单击操控面板上的 查看建立的拔模特征，若不符合要求，按 退出暂停模式，继续编辑特征。

（5）完成拔模特征的建立。单击操控面板中的 ，完成拔模特征。

例 5-7 图 5-6-5 所示零件为铸造件，为方便脱模，构造内表面 3°、外表面 2°的拔模斜度，如图 5-6-6 所示。

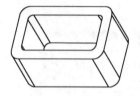

图 5-6-5　原始模型

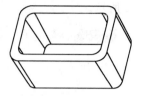

图 5-6-6　添加拔模后的模型

步骤 1：建立新文件并建立文件中的基础特征。

（1）建立新文件。单击【文件】→【新建】菜单项或顶部快速访问工具栏中的新建按钮 ，在弹出的【新建】对话框中选择 ◉ ▢ 　零件，在【名称】输入框中输入文件名 ch5_6_example1，使用公制模板 mmns_part_solid，单击【确定】按钮，进入设计界面。

（2）建立基础特征。单击功能区【模型】选项卡【形状】组中的拉伸特征按钮 ，打开拉伸特征操控面板。其草绘截面如图 5-6-7 所示，拉伸深度 100，完成模型如图 5-6-5 所示。

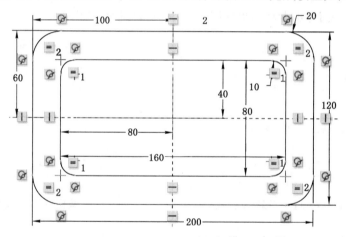

图 5-6-7　拉伸特征草图

步骤 2：建立外表面上的拔模特征。

（1）单击功能区【模型】选项卡【工程】组中的拔模特征按钮 拔模 ，弹出拔模特征操控面板。

（2）单击操控面板中的【参考】，在弹出的滑动面板中指定拔模曲面、选定拔模枢轴以及选定拖动方向。

① 单击激活【拔模曲面】收集器，按住 Ctrl 键依次选取拉伸特征的 8 个外侧面作为拔模曲面，其中包括 4 个倒圆角面和 4 个平面，如图 5-6-8 所示。

图 5-6-8　选取外表面作为拔模曲面

② 单击激活【拔模枢轴】收集器,单击如图 5-6-9 所示模型底面,将其选取到收集器中,系统将使用此面与拔模曲面的交线作为拔模枢轴。

③ 单击激活【拖动方向】收集器,单击模型上表面将其选取到收集器中。如图 5-6-10 所示,系统默认此表面向上,表示拖动方向向上(即开模方向向上)。

图 5-6-9　选取底面作为拔模枢轴　　　　图 5-6-10　选取顶面作为拖动方向

指定拔模曲面、拔模枢轴以及拖动方向后,【参考】滑动面板如图 5-6-11 所示。

(3) 单击【角度】,在弹出的滑动面板中将默认拔模斜角 1°改为 2°,如图 5-6-12 所示。

图 5-6-11　【参考】滑动面板　　　　　图 5-6-12　【角度】滑动面板

(4) 单击操控面板中的完成图标▶,外表面拔模特征建立完成。

步骤 3:使用与步骤 2 相同的方法,建立内表面上的拔模特征。

(1) 单击功能区【模型】选项卡【工程】组中的拔模特征按钮 🛆 拔模,弹出拔模特征操控面板。

(2) 单击操控面板中的【参考】,在弹出的滑动面板中指定拔模曲面、选定拔模枢轴以及选定拖动方向。

① 单击激活【拔模曲面】收集器,按住 Ctrl 键依次单击选择拉伸特征的 8 个内侧面作为拔模曲面,其中包括 4 个倒圆角面和 4 个平面,如图 5-6-13 所示。

② 单击激活【拔模枢轴】收集器,单击如图 5-6-14 所示模型底面,将其选取到收集器中,系统将使用此面与拔模曲面的交线作为拔模枢轴。

③ 单击激活【拖动方向】收集器,单击模型上表面将其选取到收集器中。

系统生成拔模特征的预览如图 5-6-15(a)所示,其拔模的方向向里,此时内孔由下向上是渐小的,单击操控面板上的翻转角度按钮 ↙ 使拔模方向向外,此时预览如图 5-6-15(b)所示。

(3) 单击操控面板中的【角度】,在弹出的滑动面板中将默认的拔模斜角 1°改为 3°。此时拔模特征操控面板及【参考】滑动面板如图 5-6-16 所示。

图 5-6-13　选取内表面作为拔模曲面

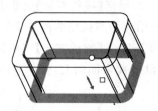

图 5-6-14　选取底面作为拔模枢轴

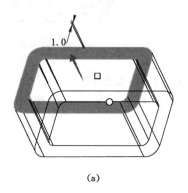

(a)

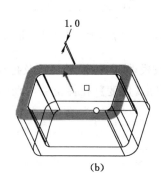

(b)

图 5-6-15　拔模特征预览

(a) 拔模预览；(b) 翻转拔模方向

图 5-6-16　拔模操控面板

（4）单击操控面板中的完成图标 ▶,完成内表面拔模特征。

本例模型参见网络配套文件 ch5\f\ch5_6_example1_f.prt。

习　　题

1. 建立题图 1 所示啤酒杯模型。

2. 建立题图 2 所示水杯模型。

3. 建立题图 3 所示铸件模型。

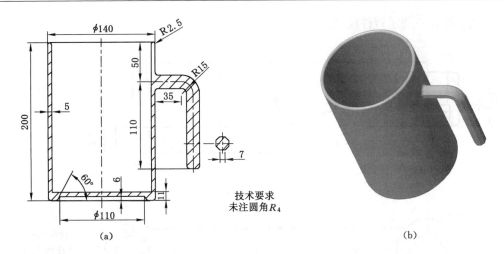

題图 1　习题 1 模型

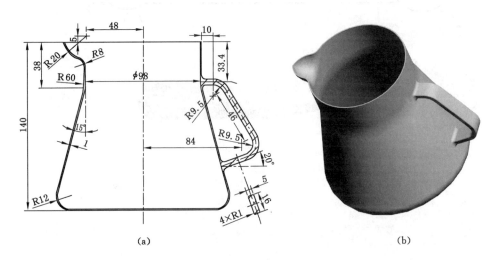

題图 2　习题 2 模型

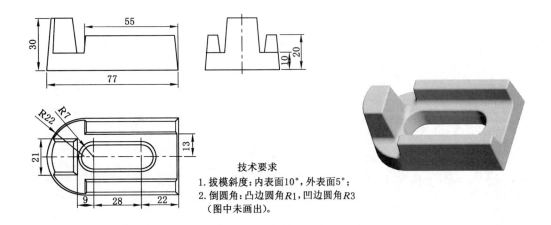

題图 3　习题 3 模型

4. 建立题图 4 所示铸件模型。

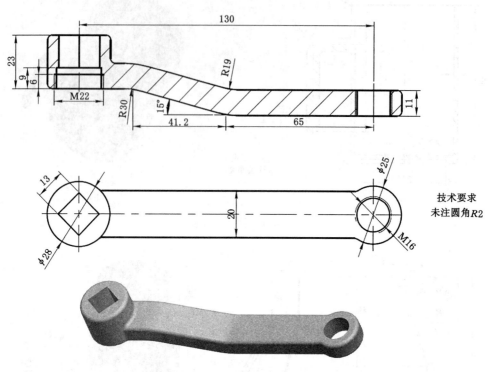

技术要求
未注圆角R2

题图 4　习题 4 模型

第 6 章 特征操作

使用第 3、4、5 章中各类特征建模方法可建立模型的单一特征,要想快速生成复杂模型或修改已有模型,一般需要使用特征操作方法。

本章讲述复制与粘贴、特征阵列等特征生成方法,以及特征删除、修改、编辑定义等特征修改方法,最后介绍特征父子关系、组、特征隐含、特征排序、特征插入、特征重命名等特征实用操作方法。

6.1 特征复制、粘贴与选择性粘贴

复制、粘贴、选择性粘贴的操作对象既可以是特征,也可以是非特征图素,如特征上的面、曲线、边线等。在使用此命令复制特征或图素时,首先选取要复制的内容,然后使用【复制】命令将选定项目复制到剪贴板中,最后使用【粘贴】或【选择性粘贴】命令将剪贴板中的项目调出并建立在当前模型中。在应用范围上,复制与粘贴功能可应用在两个不同模型之间或者相同零件两个不同版本之间,当然也可应用在同一模型的同一版本内。

根据要粘贴的项目是特征或非特征图素,【粘贴】和【选择性粘贴】的界面会稍有不同,本章讲述特征的复制与粘贴,曲面等非特征图元的粘贴功能将在第 7 章中讲述。

6.1.1 特征粘贴

使用【粘贴】命令可以将复制到剪贴板中的特征创建到当前模型中,此时系统打开被复制特征的特征创建界面,设计者在此界面中重定义复制的特征。

图 6-1-1 中侧面上的圆柱是由上面的圆柱复制得来的,原始圆柱特征是以圆作为草图拉伸得到的,复制过程中不但改变了特征的草绘平面,还改变了参考平面以及圆柱特征直径。下面以图中侧面上圆柱的复制过程为例讲解【复制】与【粘贴】命令的使用方法。本例所用原始模型参见网络配套文件 ch6\ch6_1_example1.prt。

(1) 选取要复制的特征并将其复制到剪贴板中。选取圆柱特征,单击功能区【模型】选项卡【操作】组中复制按钮 复制,或直接按组合键 Ctrl+C,将其复制到剪贴板中。

提示:Creo 4.0 的默认过滤器是几何,在这个状态下,操作者可直接选取边、面、线、基准等要素。若要选取特征,有两种方法:① 按住 Alt+鼠标左键,单击模型将仅选取特征;② 单击 Creo 界面右下角的过滤器,在弹出的元素列表中选取特征,如图 6-1-2 所示,转换过滤器为特征状态。

(2) 粘贴特征。单击功能区【模型】选项卡【操作】组中粘贴按钮 粘贴,或直接按组合键 Ctrl+V,打开原始特征的特征创建界面。本例中复制的是拉伸特征,此操作打开拉伸特征操控面板如图 6-1-3 所示。

图 6-1-1　特征复制　　　　　　　　　　图 6-1-2　过滤器元素列表

图 6-1-3　粘贴拉伸特征的操控面板

（3）重定义粘贴的特征。在操控面板中单击【放置】图标，弹出滑动面板如图 6-1-4 所示。单击【编辑】按钮，弹出【草绘】对话框如图 6-1-5 所示，重新定义拉伸特征截面的草绘平面与草绘参照，此处选取六面体的前端面作为草绘平面，选取六面体的下端面作为参照，方向向下，单击【草绘】按钮进入草绘界面。

图 6-1-4　【放置】滑动面板　　　　　　　图 6-1-5　【草绘】对话框

在新选定的草绘平面上单击，放置复制的草图，此例中是直径为 20 的圆。修改其直径为 50，其定位尺寸如图 6-1-6 所示。单击 ✓确定 完成草图，单击 ✓ 完成粘贴生成的拉伸特征。完成后的模型参见网络配套文件 ch6\f\ch6_1_example1_f.prt。

提示：观察粘贴完成后零件的模型树如图 6-1-7 所示，粘贴的拉伸特征在模型树中显示为拉伸特征：拉伸 4，这说明特征粘贴就是特征副本的重定义过程。

总结上述过程，特征的复制与粘贴操作过程如下：

（1）选取要复制的特征。单击功能区【模型】选项卡【操作】组中复制按钮 📋**复制**，或

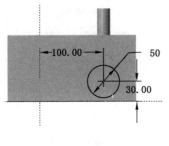

图 6-1-6　新特征草图　　　　　　　　图 6-1-7　模型树

直接按组合键 Ctrl＋C,将原始特征复制到剪贴板上。

（2）粘贴特征。单击功能区【模型】选项卡【操作】组中粘贴按钮 　粘贴 ,或直接按组合键 Ctrl＋V,打开原始特征的特征创建界面。

（3）重定义粘贴的特征。根据被复制特征的不同,重定义此特征。

（4）重复步骤(2)和(3)创建多个复制特征副本。

提示:在复制时也可选取多个特征一同将其复制到剪贴板中,粘贴时将依次打开各特征创建界面,对其进行重定义。

复制时所选原始特征不同,在粘贴时出现的特征创建界面也不相同,读者可分别复制旋转、扫描、孔等特征然后粘贴,观察其界面的异同。

6.1.2　特征的选择性粘贴

选择性粘贴提供了特征复制的一些特殊功能,如特征副本的移动、旋转、新参考复制等。要使用选择性粘贴,首先选取特征并单击功能区【模型】选项卡【操作】组中复制按钮 　复制 ,或按组合键 Ctrl＋C,然后单击功能区【模型】选项卡【操作】组中粘贴按钮 　粘贴 右侧的三角符号,弹出下拉菜单如图 6-1-8 所示,单击【选择性粘贴】菜单项,或直接按组合键 Ctrl＋Shift＋V,弹出【选择性粘贴】对话框如图 6-1-9 所示。

图 6-1-8　【粘贴】下拉菜单

（1）从属副本。创建原始特征的从属副本。在此选项下又有两种情况,选择【完全从属于要改变的选项】,则被复制特征的所有属性、元素和参数完全从属于原始特征;选择【部分从属－仅尺寸和注释元素细节】,则仅被复制特征的尺寸从属于原始特征,并且在粘贴过程中可以改变这些尺寸。

（2）对副本应用移动/旋转变换。通过平移、旋转的方式创建原始特征的移动副本。

（3）高级参考配置。在生成被复制的新特征时可以改变特征的参考。粘贴过程中列出了原始特征的参考,设计者可保留这些参照或在粘贴的特征中将其替换为新参考。

注意:如果上述三个可选项均未被选中,则此选择性粘贴将提供与粘贴相同的功能,生成一个与原始特征同类且完全独立的特征。

在不同模型间使用选择性粘贴时,【选择性粘贴】对话框与在同一模型中使用此命令时有所不同,如图 6-1-10 所示。

图 6-1-9　【选择性粘贴】对话框　　　图 6-1-10　不同模型间的【选择性粘贴】对话框

　　同样以图 6-1-1 中根据顶面圆柱复制侧面上圆柱为例,来讲述【选择性粘贴】的使用方法。本例所用原始模型参见网络配套文件 ch6\ch6_1_example1.prt。

6.1.2.1　使用【完全从属于要改变的选项】选项创建从属副本

　　使用这种方法可以创建完全从属于原始特征的副本,粘贴过程中用户不能改变新生成特征的任何属性,粘贴完成后设计者可以改变某些元素的从属关系。操作过程如下所述。

　　(1) 选取顶面上的圆柱,单击功能区【模型】选项卡【操作】组中复制按钮 ![复制] **复制** ,或直接按组合键 Ctrl+C,将原始特征复制到剪贴板上。

　　(2) 单击功能区【模型】选项卡【操作】组中粘贴按钮 ![粘贴] **粘贴** 右侧的三角符号,在弹出的下拉菜单中单击【选择性粘贴】菜单项,或直接按组合键 Ctrl+Shift+V,弹出【选择性粘贴】对话框如图 6-1-9 所示,选中【从属副本】复选框,并选择其【完全从属于要改变的选项】单选项。

　　(3) 单击【选择性粘贴】对话框中的【确定】按钮,完成从属副本的建立,模型树上添加了特征节点 ![复制的拉伸4] **复制的 拉伸 4** ,但因粘贴的特征副本与原始特征相同且完全重合,所以在图形窗口并没有明显变化。

　　复制完成的副本完全从属于原始特征,对原始特征的修改将完全反映到此特征副本上,本例完成后的模型参见网络配套文件 ch6\f\ch6_1_example2_f.prt。

6.1.2.2　使用【部分从属－仅尺寸和注释元素细节】选项创建从属副本

　　使用【部分从属－仅尺寸和注释元素细节】选项创建原始特征的从属副本,副本和原始特征之间仅在尺寸或(和)草绘上设置从属关系。其操作过程如下所述。

　　(1) 选取顶面圆柱,单击功能区【模型】选项卡【操作】组中复制按钮 ![复制] **复制** ,或直接按组合键 Ctrl+C,将原始特征复制到剪贴板上。

　　(2) 单击功能区【模型】选项卡【操作】组中粘贴按钮 ![粘贴] **粘贴** 右侧的三角符号,在弹出的下拉菜单中单击【选择性粘贴】菜单项,或直接按组合键 Ctrl+Shift+V,在弹出的【选择性粘贴】对话框中选中【从属副本】复选框,并选择其【仅尺寸和注释元素细节】单选项,弹出被复制特征操控面板如图 6-1-11 所示。

　　(3) 单击操控面板中的【放置】弹出滑动面板如图 6-1-12 所示,单击【编辑】按钮编辑特征副本的草图,弹出提示对话框如图 6-1-13 所示,若要生成特征副本,必须要断开原始特征与特征副本之间放置尺寸的从属关系。

图 6-1-11　拉伸特征操控面板

图 6-1-12　【放置】滑动面板

图 6-1-13　【草绘编辑】提示信息框

（4）单击对话框中的【是】按钮，弹出【草绘】对话框如图 6-1-14 所示，单击选取立方体右侧面作为特征副本的草绘平面，选取六面体顶面作为草绘参照，方向向上，单击【草绘】按钮。在草绘平面上单击，确定复制过来的原始特征草图的放置点，同时进入草绘截面。此处不对草图做任何修改，直接单击 ✓ _{确定} 按钮退出草绘，单击拉伸特征操控面板中的 ✓ 按钮完成粘贴，生成的特征如图 6-1-15 所示。

图 6-1-14　【草绘】对话框

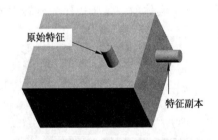

图 6-1-15　粘贴完成后的模型

使用此方法生成的特征副本，其放置尺寸可以改变，但保留了其他尺寸与原始特征的从属关系。本例完成后的模型参见网络配套文件 ch6\f\ch6_1_example3_f.prt。

6.1.2.3　对特征副本应用移动/旋转变换

粘贴特征的此选项集成了特征移动功能，能够实现对特征副本的平移或旋转。下面以对图 6-1-1 中顶面圆柱副本的平移和旋转为例来说明此项功能。

（1）选取顶面上的圆柱，单击功能区【模型】选项卡【操作】组中复制按钮 🔖 **复制** ，或直接按组合键 Ctrl＋C，将原始特征复制到剪贴板上。

（2）单击功能区【模型】选项卡【操作】组中粘贴按钮 📋 **粘贴** 右侧的三角符号，在弹出的下拉菜单中单击【选择性粘贴】菜单项，或直接按组合键 Ctrl＋Shift＋V，在弹出的【选择性粘贴】对话框中选中【对副本应用移动/旋转变换】复选框并单击【确定】按钮，弹出操控面板如图 6-1-16 所示。

图 6-1-16　移动复制操控面板

（3）单击【变换】，弹出滑动面板如图 6-1-17 所示，可以在【设置】下拉菜单中选择变换的方式。

① 若变换方式为移动，在随后的输入框中输入移动距离，并在图形窗口中单击选择边或轴作为特征副本移动的方向，也可选择面，使用面的法线方向作为特征副本移动的方向，此方向将添加到【方向参考】下面的收集器中，如图 6-1-18 所示为选择了实体上表面的一条边作为移动方向、移动距离为 80 生成特征副本的

图 6-1-17　【变换】滑动面板

预览。若生成的副本移动方向与预期方向相反，可在图 6-1-17 中输入的数字前加负号，生成的副本即可反向。

② 若变换方式为旋转，在随后的输入框中输入旋转角度，并在图形窗口中单击选择边或轴作为特征副本的旋转轴，此轴线将添加到【方向参考】下面的收集器中，如图 6-1-19 所示为选择了实体的一条竖边为旋转方向，旋转角度为 40°生成特征副本的预览。

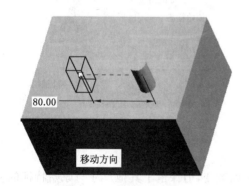

图 6-1-18　移动方式复制特征

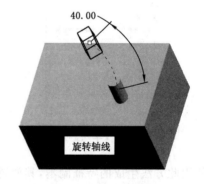

图 6-1-19　旋转方式复制特征

（4）单击移动操控面板中的 ✔ 完成特征副本的移动/旋转操作。本例操作完成后生成平移特征副本的模型参见网络配套文件 ch6\f\ch6_1_example4_f.prt，生成旋转特征副本的模型参见网络配套文件 ch6\f\ch6_1_example5_f.prt。

6.1.2.4　高级参考配置

选择性粘贴时使用高级参考配置，允许设计者在粘贴特征副本时重新选取新的参考。下面以对图 6-1-1 中顶面上圆柱的副本进行高级参考配置选择性粘贴为例来说明。

（1）选取顶面上的圆柱,单击功能区【模型】选项卡【操作】组中复制按钮 复制,或直接按组合键 Ctrl＋C,将原始特征复制到剪贴板上。

（2）单击功能区【模型】选项卡【操作】组中粘贴按钮 粘贴 右侧的三角符号,在弹出的下拉菜单中单击【选择性粘贴】菜单项,或直接按组合键 Ctrl＋Shift＋V,在弹出的【选择性粘贴】对话框中选中【高级参考配置】复选框并单击【确定】按钮,弹出【高级参考配置】对话框如图 6-1-20 所示。

图 6-1-20　【高级参考配置】对话框

（3）选取原始特征各参照的替换参照。

① 第一个参照曲面 F5(拉伸 1)为原始特征的草绘平面,选用拉伸特征的前表面作为替代参照;

② 第二个参照 RIGHT 面为原始特征草绘平面中的尺寸参照,在特征副本中还是采用此表面作为参照,不做任何选择;

③ 第三个参照 FRONT 面为原始特征草绘平面中的尺寸参照,采用 TOP 面为此面的替换参照。

原始特征各参照的替换情况如图 6-1-21 所示。

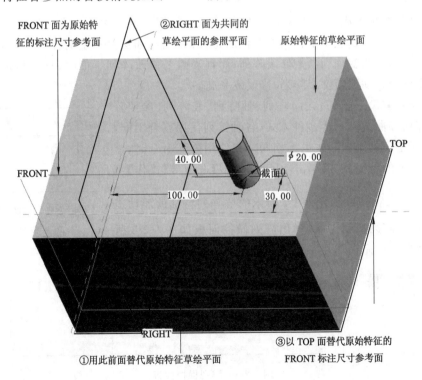

图 6-1-21　选择性粘贴的参照替换情况

（4）参考指定完成后,点击对话框中的完成按钮 ,弹出【预览】对话框如图 6-1-22 所示,同时生成特征副本预览如图 6-1-23 所示。若单击对话框的【反向】按钮,可改变参照平面的方向，单击 按钮查看改变方向后的特征预览。单击 ✔ 按钮完成粘贴，本例生成模型参见网络配套文件 ch6\f\ch6_1_example6_f.prt。

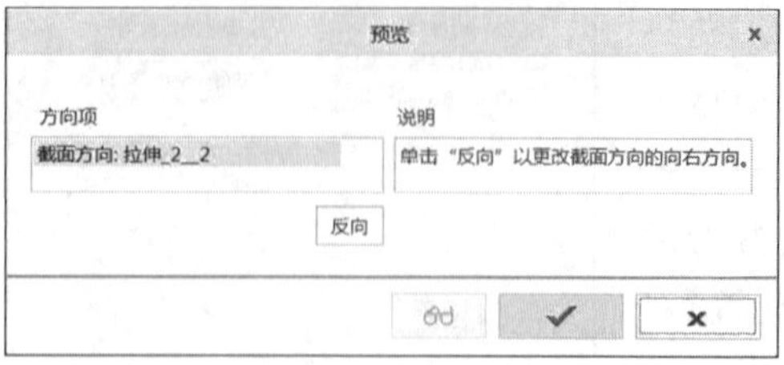

图 6-1-22 【预览】对话框

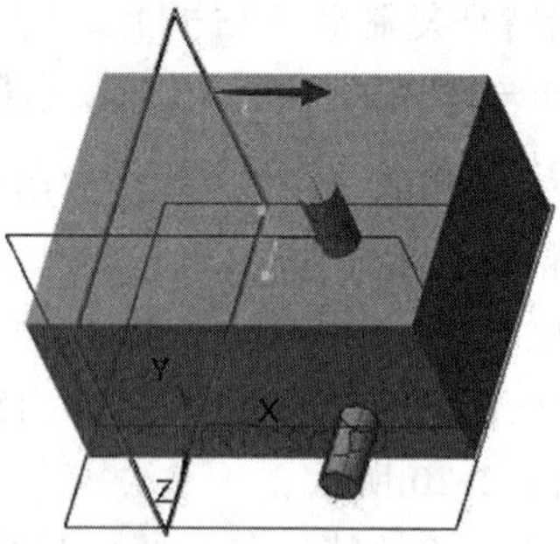

图 6-1-23 特征副本预览

在特征的选择性粘贴中，【从属副本】、【对副本应用移动/旋转变换】和【高级参考配置】为多选项，可以进行多项选择，如同时选中【从属副本】和【高级参考配置】将生成从属于原始特征的可以变换参照的特征副本。

6.2 特征阵列

特征复制每次生成一个复制特征，特征阵列可根据需要一次生成多个按一定规律排列的特征，适用于同时建立多个相同或类似的特征的场合，如法兰盘上的孔等。同时，阵列受参数控制，可通过改变阵列参数修改阵列；而且当需要修改阵列特征时，只需修改原始特征的参数，系统会自动更新整个阵列，修改效率高。

特征阵列有尺寸阵列、方向阵列、轴阵列、表阵列、参照阵列、填充阵列和曲线阵列等多种方式，各种阵列使用场合不同，生成的阵列特征的排列形式也不相同。在使用阵列命令时，首先选取要阵列的特征，然后单击功能区【模型】选项卡【操作】组中的阵列按钮 ，或在如图 6-2-1 所示的要阵列特征的浮动工具栏中单击其阵列按钮 ⊞，弹出阵列操控面板如图 6-2-2 所示，通过面板操作完成阵列。

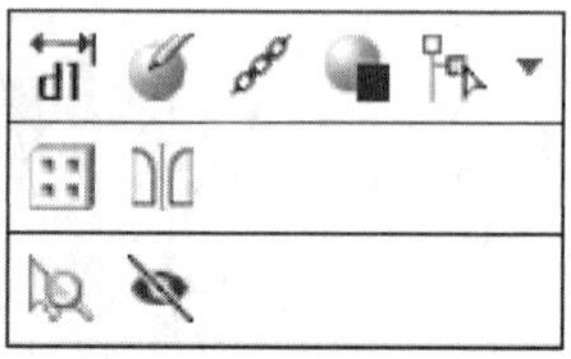

图 6-2-1 要阵列特征的浮动工具栏

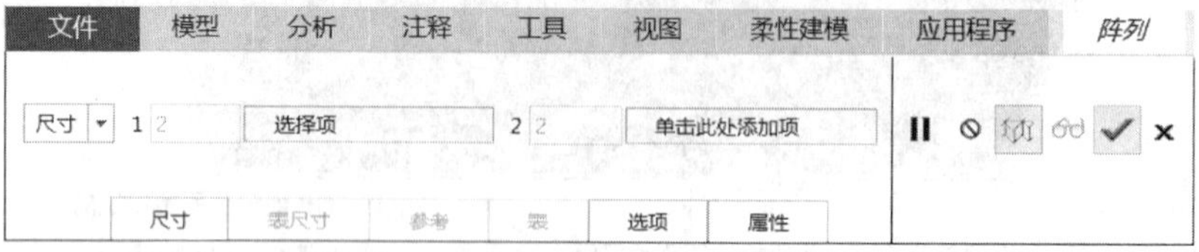

图 6-2-2 阵列操控面板

单击操控面板左上角的下拉列表，显示部分阵列方式如图 6-2-3 所示，此列表显示了可用的阵列形式，各种阵列方法含义如下。

（1）尺寸。通过使用创建原始特征的驱动尺寸来控制阵列,尺寸阵列可以为单向阵列也可以为双向阵列。

（2）方向。通过指定某方向作为阵列增长的方向创建阵列,方向阵列也可以为单向阵列或双向阵列。

图 6-2-3　阵列方式下拉列表

（3）轴。通过指定围绕某轴线旋转的角增量为驱动,来创建旋转阵列。

（4）表。通过使用阵列表并为每一阵列实例指定尺寸值来控制阵列,使用表阵列可创建以原始特征的参照为坐标的平面内的自由阵列。

（5）参考。通过参照另一阵列来形成新的阵列。

（6）填充。通过选定栅格用实例填充区域来控制阵列。

（7）曲线。通过指定沿着曲线的阵列成员间的距离或数目来控制阵列。

（8）点。通过将阵列成员放置于指定的点或坐标系上创建阵列。

以上各种阵列创建方法各不相同,其操控面板也有所变化,下面分别说明各种阵列的创建方法和应用场合。

6.2.1　尺寸阵列

尺寸阵列通过使用创建原始特征的驱动尺寸来控制阵列的生成,若选择单方向的驱动尺寸可创建单向阵列,选择双方向的驱动尺寸可创建双向阵列。下面以图 6-2-4 所示单方向尺寸阵列为例说明尺寸阵列的创建方法和过程。本例所用原始模型参见网络配套文件 ch6\ch6_2_example1.prt。

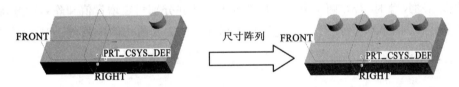

图 6-2-4　尺寸阵列

图 6-2-5　特征阵列的【尺寸】滑动面板

（1）激活命令。要激活特征阵列命令,必须首先选定要阵列的对象。选取要阵列特征,单击功能区【模型】选项卡【操作】组中的阵列按钮，或在其浮动工具栏中单击其阵列按钮，弹出阵列操控面板。

（2）选定阵列方式。从阵列方式下拉列表中选定阵列方式为【尺寸】。

（3）选定阵列尺寸和增量、指定阵列数量。单击操控面板上的【尺寸】,弹出滑动面板如图 6-2-5 所示,在确保方向 1 的收集器处于活动状态(默认状态即为方向 1 的收集器活动)的情况下,在图形窗口单击选择原始特征到 RIGHT 面的距离尺寸 60 作为阵列的驱动尺寸,并修改此尺寸的增量为 −30,然后在操控面板的阵列数目输入框中输入第一方向的阵列数 4,此时生成阵列特征的预览如图 6-2-6(a)所示。

提示:指定驱动尺寸后,系统以此尺寸方向上增加一个"增量"值作为下一个特征的位置,以驱动尺寸的参照作为起始点,向着原始特征方向作为此增量的正方向,否则为反方向。上例中要生成的阵列在原始特征向着参照的方向上,故增量值为负。

(4) 跳过阵列成员。若要使阵列中某一成员不生成,可单击标识该阵列成员的黑点,此黑点变为白色,如图 6-2-6(b)所示,此成员在生成阵列时将被跳过,在模型树和模型上都不存在;要恢复此阵列成员,单击白点即可转换为黑点,阵列成员正常生成。

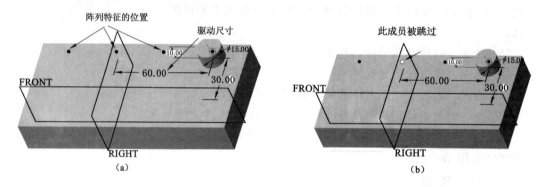

图 6-2-6　特征阵列预览
(a) 特征阵列预览;(b) 跳过阵列成员

(5) 完成。单击操控面板中的 ✔ 按钮,完成尺寸阵列,完成后的模型参见网络配套文件 ch6\f\ch6_2_example1_f.prt。

在选择驱动尺寸时,若在两个方向上均选取了尺寸并分别指定增量值和阵列数量,将生成双向阵列。在网络配套文件 ch6\ch6_2_example1.prt 生成圆柱的阵列时,如图 6-2-7(a)

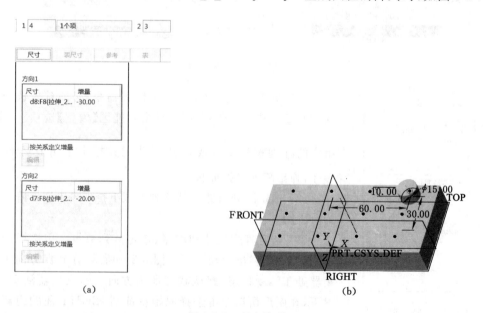

图 6-2-7　双向阵列
(a) 双向阵列操控面板;(b) 双向阵列预览

所示,在方向 1 拾取器中选取驱动尺寸 60,并将增量改为-30;然后单击激活方向 2 拾取器,选取圆柱到 FRONT 面的距离 30 作为驱动尺寸,将其增量改为-20;在操控面板中将方向 1 的阵列数目改为 4、方向 2 的阵列数目改为 3。此时图形中生成阵列预览如图 6-2-7(b)所示,单击操控面板中的 ✔ 按钮,完成尺寸阵列,完成后的模型参见网络配套文件 ch6\f\ch6_2_example1_2_f.prt。

　　在方向阵列的每个方向中可以选择多于一个的尺寸。例如,上例中进行单向阵列时,在图 6-2-5 中选择方向 1 阵列尺寸时,按住 Ctrl 键选取 60、30 两个距离尺寸,修改其增量均为-30,如图 6-2-8 所示,系统将定义两个尺寸方向的向量合成方向为阵列方向,其预览如图 6-2-9 所示。若在上例中再按住 Ctrl 键添加被阵列特征的直径尺寸 15,并修改其增量为 10,如图 6-2-10 所示,阵列生成的圆柱直径尺寸也将递增 10,如图 6-2-11 所示。

图 6-2-8　方向 1 中选取两个尺寸

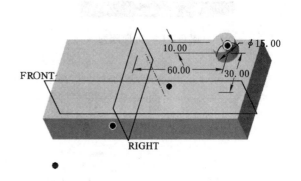

图 6-2-9　特征预览

图 6-2-10　方向 1 中选取三个尺寸

图 6-2-11　阵列特征

6.2.2　方向阵列

　　生成阵列时若驱动尺寸不容易选取,或者要生成非驱动尺寸方向的阵列,可以使用方向阵列。如图 6-2-12 所示,要生成右上、左下两对角线方向上的特征阵列,可以过两点的轴线为方向生成方向阵列。其创建过程如下:

(1) 激活命令。选取要阵列的圆柱特征,单击功能区【模型】选项卡【操作】组中的阵列按钮 。

(2) 选定阵列方式。从阵列方式下拉列表中选定阵列方式为【方向】。

(3) 选定阵列的方向。单击功能区【模型】选项卡【基准】组中的基准轴按钮 /轴,此时特征阵列暂停,其操控面板处于冻结状态。过六面体的右上角和左下角做基准轴如图 6-2-13 所示。返回阵列,刚才建立的基准轴被自动选定为阵列的方向,如图 6-2-14 操控面板所示。

图 6-2-12　方向阵列

图 6-2-13　定义基准轴

图 6-2-14　方向阵列操控面板

提示:选定阵列的方向时,除了可以使用轴线外,还可以选定模型边、平面等。若选定平面,阵列的方向为面的正方向(关于面的方向问题,参见 3.2.2 节)。

(4) 在操控面板中,指定生成特征的数目为 5,特征间的距离为 25,预览如图 6-2-15 所示。若要使其中的某个成员不显示,可以单击标识该阵列成员的黑点,黑点将变为白色,此成员将不显示;要恢复阵列成员,单击白点将变黑,成员显示。

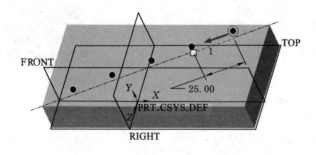

图 6-2-15　方向阵列预览

(5) 单击操控面板中的 ✔ 按钮,完成方向阵列,完成后的模型参见网络配套文件

ch6\f\ch6_2_example1_3_f. prt.

　　提示:在上面步骤(3)操作过程中暂停了阵列操作,制作了一条轴线,这是特征命令的嵌套使用。在这期间制作的基准轴特征将被隐藏并隶属于阵列特征,其模型树如图 6-2-16 所示。

图 6-2-16　阵列特征
模型树

6.2.3　轴阵列

　　轴阵列用于生成沿中心轴均布的环形阵列特征。如图 6-2-17所示,将孔特征围绕圆柱轴线 A_2 轴阵列,形成六个环形的均布特征。

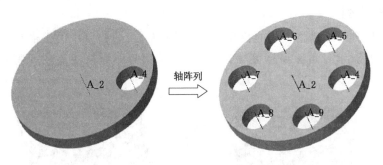

图 6-2-17　轴阵列

　　下面以图 6-2-17 中阵列特征为例说明轴阵列的创建方法和过程。本例所用的原始模型参见网络配套文件 ch6\ch6_2_example2. prt。

　　(1)激活命令。选取孔特征,单击功能区【模型】选项卡【操作】组中的阵列按钮 ,弹出阵列操控面板。

　　(2)选定阵列方式。从阵列方式下拉列表中选定阵列方式为【轴】,并选取轴阵列的轴线,此时操控面板如图 6-2-18 所示,此例中选定圆盘的轴线 A_2 为轴阵列的轴线。

图 6-2-18　轴阵列操控面板

　　(3)指定阵列数量和阵列成员放置方式。在角度方向上,有两种阵列成员的生成方式:指定成员数以及成员之间的角度增量、指定角度范围及成员数。

　　① 指定成员数以及成员之间的角度增量。指定成员数,并指定两个成员之间的角度增量。

　　② 指定角度范围及成员数。指定成员数,并指定这些成员分布的角度范围,阵列成员在指定的角度范围内等间距分布。

　　此例要求孔特征在圆周上均布,所以选择第二种轴阵列的方式。单击操控面板上的 按钮,并输入阵列的角度范围 360,指定阵列数为 6。生成阵列特征预览如图 6-2-19 所示。

若要使其中的某个成员不显示,可以单击标识该阵列成员的黑点,黑点将变为白色,此成员将不显示;要恢复阵列成员,单击白点将变黑,成员显示。

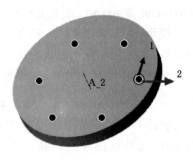

注意:上面两种方式中的阵列成员数均包含原始特征。

(4)完成。单击操控面板中的 ✔ 按钮,完成轴阵列,完成后的模型参见网络配套文件 ch6\f\ch6_2_example2_f.prt。

图 6-2-19 轴阵列预览

6.2.4 填充阵列

使用填充阵列可用栅格定位的特征实例来填充选定区域,其中的栅格有固定的模板,如矩形栅格、圆形栅格、三角形栅格等,图 6-2-20 为选用矩形栅格建立的孔特征的两种填充阵列。

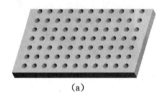 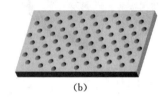

(a)   (b)

图 6-2-20 填充阵列

下面以图 6-2-20 所示的阵列为例说明填充阵列的创建方法和过程。本例所用的原始模型参见网络配套文件 ch6\ch6_2_example3.prt。

(1)激活命令。选取孔特征,单击功能区【模型】选项卡【操作】组中的阵列按钮 _{阵列},弹出阵列操控面板。

(2)选定阵列方式。从阵列方式下拉列表中选定阵列方式为【填充】,此时操控面板如图 6-2-21 所示。

图 6-2-21 填充阵列操控面板

(3)选定或草绘要填充的区域。在绘图区选取要填充的区域以响应拾取框 ● 选择 1 ,或单击【参考】弹出滑动面板如图 6-2-22 所示,单击【定义】按钮草绘填充区域。本例中使用草绘填充区域的方法。

① 单击图 6-2-22 中的【定义】按钮,在弹出的【草绘】对话框中选择实体模型的上表面为草绘平面,选取 RIGHT 面向右为草绘的参照方向。

② 在草绘平面上绘制长 230、宽 130 的矩形作为填充阵列的填充区域,如图 6-2-23 所

示,单击 ✔确定 完成草图绘制。

图 6-2-22　【参考】滑动面板

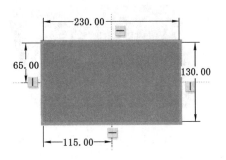

图 6-2-23　填充阵列的填充区域

　　(4) 指定阵列特征排列的栅格形式。单击面板上 ▦· 图标右侧的箭头,弹出阵列排列形式选取列表如图 6-2-24 所示,选择需要的栅格形式。此处选择默认的方形 ▦。

　　(5) 指定栅格参数并预览阵列。通过改变栅格参数来改变阵列中特征实例间的尺寸,本例中指定栅格中特征的间距为 20、栅格相对原点的旋转角度为 0,得到图 6-2-25(a)所示的填充阵列预览;若指定栅格相对

图 6-2-24　阵列形式列表

原点的旋转角度为 30,得到图 6-2-25(b)所示的填充阵列预览。单击表示阵列成员的黑点,此点变为白点,该成员将不显示,再次单击白点将变为黑点,成员恢复显示。

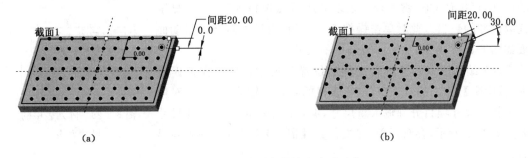

(a)　　　　　　　　　　　　　　　　(b)

图 6-2-25　两种形式的填充阵列预览

(a) 旋转角度为零的正方形栅格填充阵列;(b) 旋转角度为 30°的正方形栅格填充阵列

　　(6) 完成。单击操控面板中的 ✔ 按钮,完成填充阵列,完成后的模型参见网络配套文件 ch6\f\ch6_2_example3_f.prt 和 ch6\f\ch6_2_example3_2_f.prt。

6.2.5　表阵列

　　使用表阵列能够创建不规则排列的特征阵列。表阵列以表的形式编辑每个特征相对于选定参照的距离,从而为阵列中的每个特征实例指定坐标和尺寸。

　　图 6-2-26 右图所示模型上分布着 5 个大小、位置均不同的孔,使用表阵列的方法阵列左图中的孔可得到右图模型中的其他孔。阵列过程中通过编辑表编辑每个孔的位置和尺寸。下面以上述孔的阵列为例来说明表阵列的方法和过程,本例所用的原始模型参见网络

配套文件 ch6\ch6_2_example4. prt。

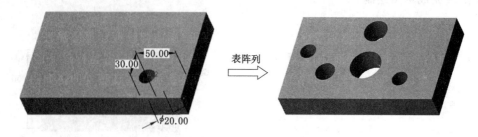

图 6-2-26　表阵列

（1）激活命令。选取孔特征，单击功能区【模型】选项卡【操作】组中的阵列按钮 阵列，弹出阵列操控面板。

（2）选定阵列方式。从阵列方式下拉列表中选定阵列方式为【表】，此时操控面板如图 6-2-27 所示。

图 6-2-27　表阵列操控面板

（3）选取阵列过程中要变化的尺寸。单击选择图 6-2-26 中的尺寸，可按住 Ctrl 键多选。选取完成后，【选择项】栏目中显示选取尺寸的数目。此时单击操控面板上的【表尺寸】，弹出滑动面板如图 6-2-28 所示，显示了被选中的尺寸。

（4）编辑表以定义阵列实例的位置与尺寸。单击操控面板中的【编辑】，弹出编辑表窗口，在表格的新行中输入序号后，对应每个新的尺寸项目分别输入新尺寸，编辑四个孔的三个可变尺寸如图 6-2-29 所示，存盘后单击【文件】→【退出】菜单项返回阵列界面。

图 6-2-28　阵列表中的尺寸列表

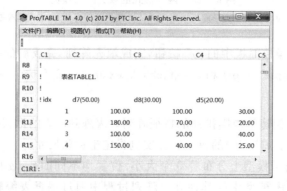

图 6-2-29　阵列表的编辑界面

提示:表中的第一列(C1 列)为索引号,表示生成阵列实例的序号从 1 开始编号。从第二列开始编辑选定的三个尺寸。也可以将此表存盘生成 ptb 格式文件,以后编辑表时可直接打开。本例中阵列所用的表存盘后参见网络配套文件 ch6\table1.ptb。

(5) 预览并编辑阵列。从表编辑状态返回后,实体上显示了生成的阵列实例预览如图 6-2-30 所示。单击表示阵列成员的黑点,此点变为白点,该成员将不显示,再次单击白点将变为黑点,成员恢复显示。

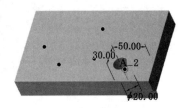

图 6-2-30　表阵列预览

(6) 完成:单击操控面板中的 ✔ 按钮,完成表阵列,完成后的模型参见网络配套文件 ch6\f\ch6_3_example4_f.prt。

6.2.6　曲线阵列

曲线阵列可沿草绘曲线创建特征实例。创建曲线阵列时,首先选取或创建一条曲线,通过指定阵列成员间的距离或成员个数,将选取的特征沿着曲线创建阵列。如图 6-2-31 所示,可将左图中的圆柱体沿实体表面的曲线,按照指定的距离创建阵列,也可指定阵列成员个数创建阵列,右图为在选定的曲线上指定成员数 10 均匀创建阵列成员的曲线阵列。下面以图 6-2-31 为例讲解曲线阵列的制作过程,本例所用原始模型参见网络配套文件 ch6\ch6_2_example5.prt。

图 6-2-31　曲线阵列

(1) 激活命令。选取要阵列的圆柱特征,单击功能区【模型】选项卡【操作】组中的阵列按钮 _{阵列},弹出阵列操控面板。

(2) 选定阵列方式。从阵列方式下拉列表中选定阵列方式为【曲线】,此时操控面板如图 6-2-32 所示。

图 6-2-32　曲线阵列操控面板

(3) 选取用于阵列的曲线。在草绘曲线收集器处于活动状态时,单击选取曲线。

(4) 选定生成阵列成员的形式。按照设计要求,选择指定阵列成员的间距或指定成员的数量。本例要求生成 10 个成员,故单击操控面板中的 图标,在其后的输入框中输入成员数 10。

(5) 预览阵列。当指定阵列成员数或指定成员的间距后,模型中生成阵列实例预览如

图 6-2-33 所示。单击表示阵列成员的黑点,此点变为白点,该成员将不显示,再次单击白点将变为黑点,成员恢复显示。

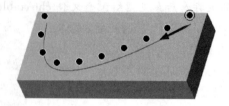

图 6-2-33 阵列预览

(6) 完成。单击操控面板中的 ✔ 按钮,完成表阵列,完成后的模型参见网络配套文件 ch6\f\ch6_2_example5_f. prt。

在选取用于阵列的曲线时,也可临时定义内部草绘曲线作为阵列曲线。在阵列操控面板中单击【参考】,弹出滑动面板如图 6-2-34 所示,单击【定义】按钮,定义如图 6-2-35 所示内部草图作为阵列曲线,指定阵列数完成曲线阵列。本例所用模型和生成的模型参见网络配套文件 ch6\ch6_2_example6. prt 和 ch6\f\ch6_2_example6_f. prt。

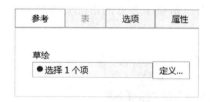

图 6-2-34 【参照】滑动面板

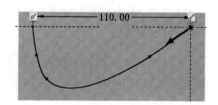

图 6-2-35 作为阵列曲线的内部草图

6.2.7 参照阵列

若模型中存在一个阵列,可以使用参照阵列的方法将另一个特征阵列复制在这个阵列的上面,创建的参照阵列数目和形式与原阵列一致。如图 6-2-36 所示,在上节中生成的曲线阵列的基础上,使用参照阵列的方法在每个阵列成员上创建一个倒圆角特征。以此例说明参照阵列的建立方法和过程,本例所用原始模型参见网络配套文件 ch6\ch6_2_example7. prt。

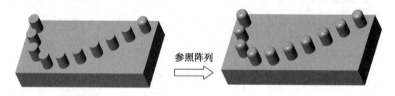

图 6-2-36 参照阵列

(1) 激活命令。选取要阵列的圆柱特征上的倒圆角特征,单击功能区【模型】选项卡【操作】组中的阵列按钮 阵列,弹出阵列操控面板。

(2) 选定阵列方式。从阵列方式下拉列表中选定阵列方式为【参照】,此时操控面板如

图 6-2-37 所示。

图 6-2-37 参照阵列操控面板

（3）预览阵列。模型中生成阵列实例预览，如图 6-2-38 所示。单击表示阵列成员的黑点，此点变为白点，该成员将不显示，再次单击白点将变为黑点，成员恢复显示。

图 6-2-38 参照阵列预览

（4）完成。单击操控面板中的 ✔ 按钮，完成参照阵列，完成后的模型参见网络配套文件 ch6\f\ch6_2_example7_f.prt。

6.2.8 点阵列

通过将阵列成员放置于指定的点或坐标系上，可以创建点阵列。点阵列可以使用的参考有：包含几何基准点或几何草绘坐标系的草绘特征、包含几何草绘点或几何坐标系的内部草图，以及基准点特征。如图 6-2-39 所示，点阵列过程中，建立包含几何基准点的草图作为参照，完成点阵列。本例原始模型参见网络配套文件 ch6\ch6_2_example8.prt。

建立包含几何草绘点的内部草图

图 6-2-39 点阵列

（1）激活命令。选取要阵列的圆柱特征上的倒圆角特征，单击功能区【模型】选项卡【操作】组中的阵列按钮 ▦ 阵列，弹出阵列操控面板。

（2）选定阵列方式。从阵列方式下拉列表中选定阵列方式为【点】，此时操控面板如图 6-2-40 所示。

图 6-2-40 点阵列操控面板

（3）指定阵列形式。确定阵列参照的方法有两种：使用草绘点和使用基准点特征。

① 使用草绘点作为阵列参照。在如图 6-2-40 所示操控面板中单击 〰 使用草绘点作为阵列参照，单击操控面板中的【参考】弹出滑动面板如图 6-2-41 所示，单击 ●选择1个项 选取一个已经存在的包含几何点或几何坐标系的草图作为参照，或者单击 定义... 按钮定义一个包含几何点或几何坐标系的内部草图。

② 使用基准点特征作为阵列参照。在阵列操控面板中单击 ✖✖，然后选取一个已经存在的基准点特征，作为阵列参照。

本例使用建立内部草图的方法建立阵列参照，在如图 6-2-41 所示操控面板中单击 定义... 按钮，选取六面体模型上表面作为草绘平面，建立 4 个几何基准点如图 6-2-42 所示。

图 6-2-41 【参考】滑动面板

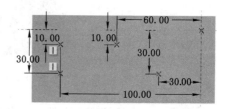

图 6-2-42 作为阵列参照的内部草图

（4）预览阵列。模型中生成阵列实例预览，如图 6-2-43 所示。

（5）完成。单击操控面板中的 ✔ 按钮，完成点阵列，完成后的模型参见网络配套文件 ch6\f\ch6_2_example8_f.prt。

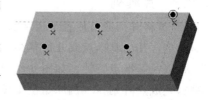

图 6-2-43 参照阵列预览

建立点阵列过程中，选取内部草图或建立外部草图时，草图中不但可以包含几何点和几何坐标系，还可以包含线段、圆、曲线等图元。若草图包含曲线，可设置阵列特征是否跟随曲线方向。如图 6-2-44 所示，在草图中建立椭圆并在其上建立 3 个几何点和 3 个几何坐标系。单击操控面板上【选项】弹出滑动面板如图 6-2-45 所示。默认选中【跟随曲线方向】复选框，生成阵列如图 6-2-46 所示，阵列模型随着曲线旋转；取消选取该复选框，生成阵列如图 6-2-47 所示，所有阵列模型保持方向一致。本例所用模型参见网络配套文件 ch6\ch6_2_example9.prt，生成模型参见 ch6\f\ch6_2_example9_f.prt 和 ch6\f\ch6_2_example9_2_f.prt。

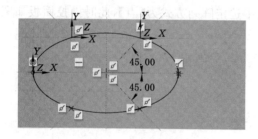

图 6-2-44 包含曲线的草图

图 6-2-45 【选项】滑动面板

图 6-2-46 随曲线旋转的点阵列   图 6-2-47 不随曲线旋转的点阵列

6.3 特征镜像

镜像不但可以快速生成对称的特征,还可镜像面组和曲面等几何项目,前者称为特征镜像,后者称为几何镜像,几何镜像将在 7.2 节讲述。

对于如图 6-3-1 右图所示左侧法兰,可采用特征镜像的方法生成,其制作过程如下。本例所用原始模型参见网络配套文件 ch6\ch6_3_example1.prt。

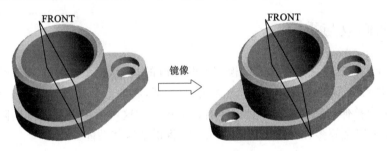

图 6-3-1 特征镜像

(1)激活镜像命令。选择要镜像的特征,单击功能区【模型】选项卡【编辑】组中的镜像按钮 ▯▯ 镜像 ,弹出镜像操控面板,如图 6-3-2 所示。本例中需要选取右侧拉伸特征和孔特征,按住 Ctrl 键在图形窗口或模型树中选取所需特征。

图 6-3-2 特征镜像操控面板

(2)选取镜像平面。单击选取 FRONT 面作为镜像平面。选定后,镜像平面收集器显示为 镜像平面 [1个平面] ,表示已经选定了镜像平面。

(3)指定镜像特征与原特征的从属关系。单击【选项】,弹出选项滑动面板如图 6-3-3 所示。若选定【从属副本】复选框,则被镜像的特征将从属于原始特征,若原始特征尺寸发生改变,镜像特征随着改变。若取消选取【从属副本】复选框,则原始特征和镜像特征没有关联,即使原始特征发生改变也不会影响镜像特征。

（4）完成。单击操控面板中的  按钮，完成特征镜像，完成后的模型参见网络配套文件 ch6\f\ch6_3_example1_f.prt。

在模型树中直接选取最顶层的模型文件 📁 **CH6 4 EXAMPLE1.PRT**，然后选择镜像命令，可以复制特征并创建包含模型所有特征几何的合并特征。图 6-3-4 为将上例中整个模型以 TOP 面为镜像平面镜像后的模型，参见网络配套文件 ch6\f\ch6_4_example1_2_f.prt。

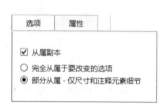

图 6-3-3 【选项】滑动面板

图 6-3-4 镜像整个模型

6.4 特征修改与重定义

产品设计过程实际就是一个设计模型不断修改的过程，模型的易于修改性是任何一种产品设计软件都必不可少的。右击模型树中的特征，将同时弹出浮动工具栏和右键菜单，图 6-4-1 所示为拉伸特征的浮动工具栏和右键菜单。在这些菜单中可进行删除、重命名、修改尺寸、特征重定义等多种操作。本节与 6.5 节将讲解这些功能。

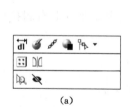

（a）

（b）

图 6-4-1 拉伸特征的浮动工具栏和右键菜单
（a）浮动工具栏；（b）右键菜单

6.4.1 特征删除

可以将选中的一个或一组特征删除，删除的方法有多种：

（1）在模型树中单击选中特征或按 Ctrl 键选中多个特征并右击，在弹出的右键菜单中单击【删除】菜单项。

（2）在图形窗口按住 Alt 键选取要删除的特征后右击，在弹出的右键菜单中单击【删除】菜单项。

（3）在图形窗口或模型树中选取要删除的特征，按键盘上的 Delete 键。

执行删除操作后，系统弹出提示对话框如图 6-4-2 所示，单击【确定】按钮确认删除。

图 6-4-2 【删除】对话框

阵列也是一种特征，但在删除阵列时与删除单个特征不同。在模型树中选择阵列单击右键，弹出的右键菜单如图 6-4-3 所示，关于删除的菜单有【删除】和【删除阵列】两项。单击【删除】菜单项将删除阵列和生成阵列的原始特征；而单击【删除阵列】菜单项将仅删除阵列，原始特征将以独立特征的形式出现在模型树上。

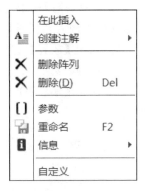

图 6-4-3 模型树中阵列节点的右键菜单

6.4.2 操作的撤销与重做

为防止错误删除或修改特征，系统提供了操作的撤销/重做功能。使用撤销/重做功能，在对特征的操作中，如果错误地删除或修改了某些内容，可以使用撤销功能恢复；撤销了的操作也可以使用重做功能重做。下面以实例说明撤销/重做的应用。

（1）在零件模型中使用拉伸特征创建一个六面体如图 6-4-4 所示，并将其一边倒圆角，如图 6-4-5 所示。

（2）单击工具栏中的撤销按钮 ↶ 撤销圆角，模型返回到图 6-4-4 所示状态，再次单击撤销按钮 ↶ 将删除六面体。

（3）单击工具栏中的重做按钮 ↷ 将依次恢复（2）中撤销的操作，逐渐返回到图 6-4-5 所示模型。

6.4.3 特征重定义

特征建立完成后，若要修改特征属性、截面形状或其深度模式，必须对特征进行重定义。选取要重定义的特征，在弹出的浮动工具栏中单击编辑定义按钮 🖌️ ，即可重定义此特征。下面以网络配套文件 ch6\ch6_4_example1.prt 中法兰上的沉头孔（图 6-4-6）的编辑过程为例说明特征重定义的过程。

图 6-4-4 建立拉伸特征

图 6-4-5 将拉伸特征倒圆角

图 6-4-6 法兰零件

（1）选取特征,在浮动工具栏中单击编辑定义按钮 ，弹出操控面板如图 6-4-7 所示,可以看出这是创建孔特征的操控面板。

图 6-4-7　孔特征重定义的操控面板

（2）在操控面板中可以直接可变改孔的形式,如将简单孔改为草绘孔或标准孔,在孔直径输入框中输入新值可以改变孔的直径。

（3）单击【放置】选项,弹出滑动面板如图 6-4-8 所示,可以修改孔特征的主参照、生成孔的方式以及次参照。

（4）单击【形状】弹出滑动面板如图 6-4-9 所示,可以改变孔深的模式以及深度、孔的直径。

图 6-4-8　【放置】滑动面板

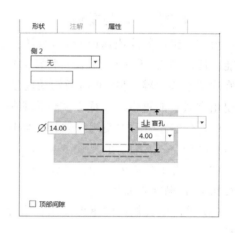

图 6-4-9　【形状】滑动面板

（5）完成。单击操控面板中的 按钮,完成孔特征重定义。

由上面孔特征的重定义可以看出:特征重定义的过程就是特征建立时各步骤的重演,在这个过程中可以更改特征的任何选项,特征重定义是功能最强大的一种特征修改方法。

6.4.4　特征尺寸动态编辑

如果不想改变特征基本结构,仅需编辑特征尺寸,可以使用特征尺寸动态编辑命令。选取特征,在浮动工具栏中单击编辑尺寸按钮 ，特征所有尺寸将显示于模型上,如图 6-4-10 所示。使用以下几种方法进行特征修改。模型参见网络配套文件 ch6\ch6_4 _example2.prt。

（1）双击尺寸并键入新值,单击中键或按回车,模

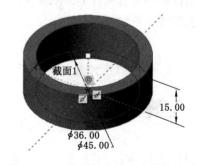

图 6-4-10　特征尺寸的动态编辑界面

型将动态再生。

（2）拖动控制滑块。图 6-4-10 中的拉伸高度尺寸 15 以控制滑块表示，直接拖动滑块，可动态改变拉伸高度。

（3）拖动草图。直接拖动直径为 36 和 45 的两个草绘圆，可动态改变拉伸圆环的外径和内径。

（4）拖动模型表面。直接拖动图 6-4-10 中圆环的顶面、外表面或中间的内表面，模型将发生相应变换。

完成特征尺寸的动态编辑后，在进行下一步操作时，模型将自动再生。或者单击顶部工具栏中的再生按钮▦，或按组合键 Ctrl＋G，模型重新生成。

6.5　特征的其他操作

除了上面的特征删除、特征操作的撤销与重做、特征尺寸编辑和特征重定义之外，对特征的操作还有特征重命名、特征父子关系、创建局部组、特征隐含、特征隐藏、特征重新排序等操作，本节将一一讲述。

6.5.1　特征重命名

模型中特征的一个直观的名字不但使此特征便于查找，还可使他人容易理解设计者的设计意图。在模型建立过程中，几乎所有特征的名称都可以在其操控面板的【属性】面板中（图 6-5-1）或其定义对话框中（图 6-5-2）修改。

图 6-5-1　在拉伸特征操控面板中修改特征名称

特征建立完成后，还可以通过模型树操作修改其名称。在模型树上右击特征，在右键菜单（图 6-4-1）中单击【重命名】菜单项可以修改特征名称。也可在位重命名，选中特征后再次单击特征，使特征名称变为输入框，直接输入新的特征名并回车，完成特征名称的更改，如图 6-5-3 所示。

图 6-5-2　在【基准轴】对话框中修改轴线名称

图 6-5-3　在位重命名特征

6.5.2　特征父子关系与信息查看

特征建立的顺序与过程将使各特征间形成父子关系,一个特征建立过程中若引用了其他特征或其他特征的面作为草绘平面和参照或在草绘图中将其作为约束的参照,这些特征就称为这个新建立特征的父特征;同时,新建立特征称为其所依附特征的子特征,特征父子关系对设计修改的影响很大,在修改前尤其是删除特征前一定要明白特征的父子关系,才不至于出现特征生成失败等异常情况。

选定特征,单击右键可以通过快捷菜单中的【信息】菜单项查看本特征信息、整个模型信息和本特征的父特征/子特征信息,菜单如图 6-5-4 所示。下面以网络配套文件 ch6\ch6_5_example1.prt 中的特征为例,说明特征信息及特征间的父子关系的查看方法,如图 6-5-5 所示。

图 6-5-4　特征右键菜单的【信息】子菜单

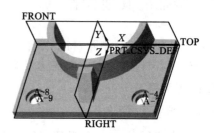

图 6-5-5　查看信息的模型

(1) 查看模型信息。任选一特征,右击并选择【信息】→【模型信息】菜单项,弹出浏览器如图 6-5-6 所示,图中显示了模型的所有信息,包括模型名称、模型所用的单位、模型中所有特征的编号、名称、类型、状态等,单击浏览器右上角关闭图标 × 隐藏此浏览器窗口。

(2) 查看特征信息。选定一特征,右击并选择【信息】→【特征信息】菜单项,弹出浏览器如图 6-5-7 所示,显示了本特征所在的模型名、本特征编号以及其父特征、子特征、特征元素数据、特征的截面、特征的几何尺寸等数据,单击浏览器右上角关闭图标 × 隐藏此浏览器窗口。

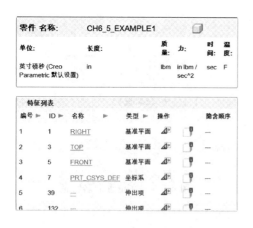

图 6-5-6　模型信息

图 6-5-7　特征信息

（3）查看父项/子项信息。选定特征，右击，选取【信息】→【参考查看器】菜单项，弹出【参考查看器】对话框如图 6-5-8 所示，图中显示了本特征的父项及子项。

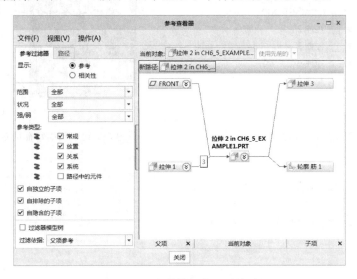

图 6-5-8 查看特征的父子关系

6.5.3 局部组的创建与分解

有时需要将几个特征组合在一起，以方便操作与编辑，这就需要在模型中建立局部组，局部组在模型树中显示为 ▶ 组LOCAL_GROUP，单击图标前面的箭头，展开显示组中的成员。

要想建立组，在模型树上按住 Ctrl 键选择要组成组的特征，随后在弹出的浮动工具栏中单击分组按钮 ，或单击功能区中【模型】选项卡【操作】组中的组溢出按钮，在弹出的菜单中单击【分组】菜单项，选定的特征便被组合到组中。

单击组前面的箭头展开组可看到组中包含的特征，如图 6-5-9 所示，此局部组包含拉伸 2 等四个特征。

要想分解组，在模型树上选取组，在弹出的浮动工具栏中单击取消分组按钮 即可。

6.5.4 特征生成失败及其解决方法

特征建立过程中，有时设计者的建模步骤正确，但却不能正确生成所建立的特征或模型，即特征生成失败。这种现象可能发生在特征建立过程中或特征修改过程中。

6.5.4.1 特征建模过程中特征生成失败

建立扫描实体过程中，选作轨迹的草绘基准曲线如图 6-5-10 所示，扫描属性为合并端，扫描截面为直径 35 的圆，单击操控面板中的 ✔ 按钮完成特征时，系统显示【重新生成失败】对话框如图 6-5-11 所示，消息区显示出错信息 特征重新生成失败。

单击对话框中的【确定】对话框，系统生成一个失败的特征，在模型树中以红色显示，如图 6-5-12 所示。本例参见网络配套文件 ch6\ch6_5_example2.prt。

上例中，在扫描轨迹的末端（轨迹底部的端点），因为生成合并端扫描特征要与原有实体相结合，从图 6-5-10 中的轨迹来看，生成的扫描特征势必延伸至实体外，所以实体无法创

图 6-5-9　局部组

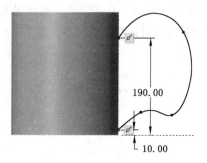

图 6-5-10　扫描特征的草绘轨迹

图 6-5-11　特征【再生失败】对话框

图 6-5-12　含有生成失败特征的模型树

建。此时可改变一下草绘轨迹，尝试着将轨迹末端远离实体边缘，或使轨迹末端与已有实体边界接近垂直，或者将截面直径减小一些，都有可能解决特征失败问题，读者可自行尝试。

　　软件建模的本质是设计者给定设计数据与约束条件，软件系统通过计算生成模型数据。限于几何建模的规则，并不是设计者输入的所有数据系统都能成功运算并建立设计者预期的模型。例如上例所示扫描特征建立过程中，初学者往往会随意给定轨迹和截面，这种情况下就很容易出现模型生成失败的情况。

6.5.4.2　特征修改过程中特征生成的失败

　　特征修改过程中，若出现参照丢失或特征尺寸不合适的情况，也可能会导致特征生成失败。参照丢失的例子参见网络配套文件 ch6\ch6_5_example3.prt。如图 6-5-13 所示，拉伸圆柱特征的截面为圆，其参照为底部六面体的右侧边和顶部边。若修改六面体的草图，将其右侧边修改为圆弧，如图 6-5-14 所示，圆柱的定位尺寸 100 的参照丢失。当六面体特征修改完成时，屏幕弹出再生失败窗口如图 6-5-15 所示，图中底部文字为消息区中的说明。单击图中的【取消】按钮，取消上一步的操作，模型返回到未修改状态；单击【确定】按钮保留生成失败的特征，此例参见网络配套文件 ch6\f\ch6_5_example3_f.prt。

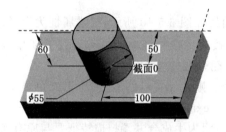

图 6-5-13　拉伸圆柱特征的尺寸

图 6-5-14　修改后的拉伸六面体特征

图 6-5-15　特征生成失败提示对话框

对于上例中生成失败的拉伸圆柱特征,可在模型树中选取并重定义。重定义过程中,进入截面的草绘界面,系统将弹出【参考】对话框如图 6-5-16 所示,丢失的参照前面以红色圆点提示,定位尺寸 100 的尺寸界线消失,若在【参考】对话框中选定该项,系统将显示未能找到的参考,如图 6-5-17 所示。此时可单击对话框中的【删除】按钮将未能找到的参照删除,然后选取新的参照并单击【更新】按钮更新参照,即可完成特征重定义。

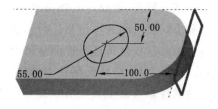

图 6-5-16　拉伸圆柱特征的【参照】对话框　　　　　　图 6-5-17　缺少参照的草图

6.5.5　特征隐含与恢复

当模型中含有较多的复杂特征(如阵列、高级圆角特征等)时,这些特征的显示和重新生成会占用较多的系统资源,会使系统反应变慢。若将这部分特征隐含,生成模型过程中会将其忽略,不显示也不计算这部分特征,大大提高系统运算速度和节省模型重生成时间。

因为隐含是清除该特征内存中的数据,依赖于此特征的子特征也将无从参照,所以也不能生成与显示。因此,若一特征被隐含,其子特征也将一同被隐含。

在模型树或图形窗口中选取要被隐含的特征,在弹出的浮动工具栏中单击隐含按钮,或单击功能区中【模型】选项卡【操作】组中的组溢出按钮,在弹出的菜单中单击【隐含】菜单项,若被隐含特征不含子特征,系统显示图 6-5-18(a)所示【隐含】对话框,反之显示图 6-5-18(b)所示对话框。单击【确定】按钮,完成隐含。

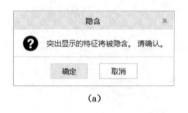 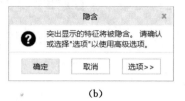

(a)　　　　　　　　　　　　　　　　　(b)

图 6-5-18　【隐含】对话框

(a) 特征不含子特征时的隐含；(b) 特征含有子特征时的隐含

隐含的特征使用【恢复】命令来解除隐含，单击功能区【模型】选项卡【操作】组中的组溢出按钮，弹出下拉菜单，将鼠标移至【恢复】菜单项，弹出子菜单如图 6-5-19 所示。

图 6-5-19　【恢复】子菜单

① 单击【恢复】或【恢复上一个集】子菜单，恢复最后一个或一组隐含的特征。

② 单击【恢复全部】子菜单，恢复所有隐含的特征。

6.5.6　特征隐藏

对于基准特征、曲面特征以及装配模型中的装配元件（装配将在第 8 章中讲述），可以采用隐藏和重新显示的方法使其临时不显示和重新显示。

特征隐藏仅仅是将选定特征从图形窗口中移除，被隐藏的项目仍存在于模型树中，以灰色显示。而且，隐藏特征仍存在于内存中，模型重生成过程中还会参与重新计算，因此隐藏特征不会减轻系统重生成负担和提升系统运行速度，仅能起到使图形窗口整洁的作用。

选取要隐藏的特征，在弹出的浮动工具栏中单击隐藏按钮 ，或单击功能区【视图】选项卡【可见性】组中的隐藏按钮 隐藏 ，即可隐藏该特征。

要想将隐藏的特征恢复显示，从模型树中选取该特征，在弹出的浮动工具栏中单击显示按钮 ，或单击功能区【视图】选项卡【可见性】组中的显示按钮 显示 ，均可显示该特征。

提示：对于实体特征，也可执行隐藏操作，但仅可隐藏特征中包含的中心线等辅助图元。如 6.5.20 所示的模型，其中的 6 个孔是通过阵列去除材料的拉伸特征生成的。隐藏阵列特征，将使其中心线不显示，如图 6-5-21 所示。对阵列特征执行恢复显示操作，将显示中心线。

6.5.7　特征重新排序与特征插入

可以对模型中的多个特征重新排序，改变其在模型树中的顺序，可将后面生成的特征移动到某些特征之前，从而在编辑这些特征时使用移动到其前面的特征作为参照，增加了设计的灵活性。如图 6-5-22 所示，基准特征中心轴 A_2 位于特征圆柱体之后，若能将轴特征移动到拉伸特征之前，就可以轴特征作为参照实现对拉伸特征的轴阵列。

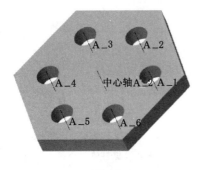

图 6-5-20 正常显示的模型

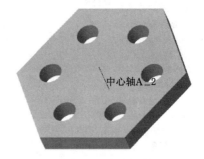

图 6-5-21 隐藏阵列孔特征的模型

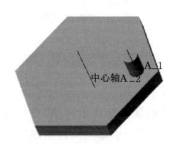

图 6-5-22 特征重新排序的例题

下面以上述基准特征的重新排序为例,来说明特征重新排序的过程,本例所用模型参见网络配套文件 ch6\ch6_5_example4.prt。

(1) 单击功能区【模型】选项卡【操作】组中的组溢出按钮,在弹出的菜单中单击【重新排序】菜单项,弹出【特征重新排序】对话框。

(2) 激活【要重新排序的特征】拾取框,选取要重新排序的基准特征中心轴 A_2。

(3) 激活【目标特征】拾取框,选取特征圆柱体。

(4) 确定【新增位置】为之前,完成后的【特征重新排序】对话框如图 6-5-23 所示。

单击对话框中的【确定】按钮,完成特征重新排序,模型目录树如图 6-5-24 所示。参见网络配套文件 ch6\f\ch6_5_example4_f.prt。

在特征排序时,要注意子特征不能位于父特征之前,父特征也不能位于子特征之后。所以上例中因特征中心轴 A_2 的父特征是底座,将中心轴 A_2 重新排序时只能移动到底座之后、圆柱体之前的位置。

特征重新排序也有一种简单、直观的操作方法,即在模型树中直接拖动要排序的特征到要插入的位置,即可实现特征的重新排序,如图 6-5-25 所示,这是一种所见即所得的编辑方法,只是也要注意特征的父子关系。

若要使后面建立的特征位于前面特征之前,除了使用特征重新排序之外,也可使用插入模式直接将特征建立在已有特征之前。

默认状态下,插入的新特征在模型树中总位于最下面,也就是系统将新特征建立在所有已建立特征之后。使用插入模式可以在已有特征顺序队列中插入新特征,从而改变特征的

图 6-5-23 【特征重新排序】对话框   图 6-5-24 重新排序后的模型树

创建顺序。

插入模式的激活方法很简单,在模型树中直接拖动 ➡ 在此插入 到要插入的位置,可激活插入模式。如图 6-5-26 所示,新建特征将位于特征旋转 1 之后、拉伸 1 之前。特征建立完成后,再拖动 ➡ 在此插入 到模型树末尾即可。

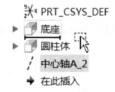

图 6-5-25 拖动修改特征顺序   图 6-5-26 插入模式

6.6 综合实例

本节通过部分典型零件的制作,综合讲述特征建立、特征复制、特征阵列的方法与技巧。

例 6-1 建立如图 6-6-1 所示的车床床身油网,重点练习填充阵列。

分析:此模型中包含按一定规律排列的油孔,可以使用填充阵列形成。步骤如下。

图 6-6-1 例 6-1 图

步骤 1:建立新文件。单击【文件】→【新建】菜单项或顶部快速访问工具栏中的新建按

钮 ,在弹出的【新建】对话框中选择 ◉ 🔲 零件 ,在【名称】输入框中输入文件名 ch6_6_
example1,使用公制模板 mmns_part_solid,单击【确定】按钮,进入设计界面。

步骤 2:使用拉伸特征建立零件基础。

单击功能区【模型】选项卡【形状】组中的拉伸特征按钮 ,以 TOP 面为草绘平面绘制
如图 6-6-2 所示草绘截面,并定义拉伸高度为 1.5,建立零件基础。

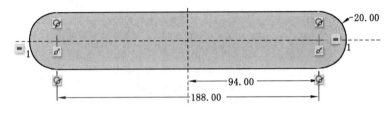

图 6-6-2　拉伸特征草图

步骤 3:使用去除材料拉伸的方法建立第一个油孔。

单击功能区【模型】选项卡【形状】组中的拉伸特征按钮 ,在弹出的操控面板中选定去
除材料选项 ,以基础特征的上表面作为草绘平面,绘制如图 6-6-3 所示的孔作为草绘截
面,形成第一个油孔,完成后的模型如图 6-6-4 所示。

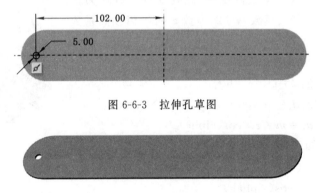

图 6-6-3　拉伸孔草图

图 6-6-4　通过拉伸建立的孔特征

步骤 4:建立填充阵列特征。

(1) 激活命令。选中孔特征,单击功能区【模型】选项卡【操作】组中的阵列按钮 ,弹
出阵列操控面板,选取阵列方式为【填充】。

(2) 草绘填充区域。单击【参考】按钮,在弹出的滑动面板中单击【定义】,进入草绘界面
绘制如图 6-6-5 所示的草图。

图 6-6-5　草绘填充区域

（3）指定阵列特征排列的栅格形式为正方形。

（4）指定栅格参数。指定栅格中特征的间距为 6、栅格相对原点的旋转角度为 45。

（5）删除阵列中的部分特征。在填充阵列的预览中，单击四角上的四个阵列成员，使其黑点变为白色，表示不显示此特征，如图 6-6-6 所示。

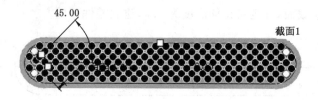

图 6-6-6　填充阵列预览

（6）单击 ✔ 完成阵列，模型如图 6-6-1 所示。

步骤 5：保存文件。

单击【文件】→【保存】菜单项或顶部快速访问工具栏保存按钮 💾 保存文件。此例可参见网络配套文件 ch6\ch6_6_example1.prt。

例 6-2　建立如图 6-6-7 所示的标准渐开线齿轮。

分析：此齿轮参数（为与软件统一，此处变量字母均为正体）为：压力角 alpha=20、模数 $m=2$、齿数 $z=30$、齿顶高系数 $h_a=1$、顶隙系数 $c=0.25$，由上述参数计算齿轮尺寸如下：

（1）齿顶圆直径：$d_a=m\times z+2\times h_a\times m=64$。

（2）分度圆直径：$d=m\times z=60$。

（3）齿底圆直径：$d_f=m\times z-2\times(h_a+c)\times m=55$。

（4）基圆直径：$d_b=m\times z\times\cos(\text{alpha})$。

由机械原理得知，齿轮齿廓渐开线上任意一点的极坐标方程为：

图 6-6-7　例 6-2 图

$$\begin{cases} r=(d_b/2)/\cos(\text{alphak}) \\ \text{theta}=(180/\text{pi})\times\tan(\text{alphak})-\text{alphak} \end{cases}$$

式中，alphak 为渐开线上任意一点处的压力角；在极角 theta 的计算中，因为 tan(alphak) 计算出来的是弧度，乘以 180/pi 转换为角度，pi 为圆周率。

齿轮的建立过程可分为以下几步：

（1）以草绘基准曲线的方式建立齿顶圆、分度圆、齿根圆。

（2）使用基准曲线命令建立一条渐开线。

（3）镜像（2）中建立的渐开线。

（4）建立齿坯。

（5）在齿坯上以（2）（3）中生成的两条渐开线为边界剪除材料生成一个齿槽。

（6）阵列齿槽，完成齿轮制作过程。

下面详细介绍齿轮的建立过程。

步骤 1：建立新文件。

单击【文件】→【新建】菜单项或顶部快速访问工具栏中的新建按钮 ，在弹出的【新建】对话框中选择 ，在【名称】输入框中输入文件名 ch6_6_example2，使用公制模板 mmns_part_solid，单击【确定】按钮，进入设计界面。

步骤 2：在 FRONT 面上建立齿顶圆、分度圆、齿根圆。

（1）激活草绘基准曲线命令。单击功能区【模型】选项卡【基准】组中的草绘基准特征按钮 ，选择 FRONT 面作为草绘平面，以 RIGHT 面为参照，方向向右，进入草绘界面。

（2）绘制草图。以坐标原点为圆心，分别绘制直径为 64、60、55 的圆作为齿顶圆、分度圆、齿根圆，建立的草绘基准曲线如图 6-6-8 所示。单击 确定 按钮完成草图。

步骤 3：在 FRONT 面上建立一条渐开线。

（1）激活方程曲线命令。单击功能区【模型】选项卡【基准】组中的【基准】→【曲线】→【来自方程的曲线】菜单项，激活来自方程的基准曲线特征操控面板。

（2）选取系统默认坐标系 PRT_CSYS_DEF 作为坐标系，指定坐标系类型为柱坐标，单击【方程】按钮，打开【方程】对话框并建立方程如图 6-6-9 所示，保存并退出【方程】对话框。

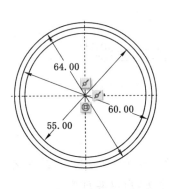

图 6-6-8　使用草绘基准曲线
建立齿顶圆、分度圆、齿根圆

图 6-6-9　渐开线的方程

单击曲线特征操控面板中的完成按钮 确定 ，生成的渐开线如图 6-6-10 所示。

提示：方程中 $t \times 50$ 为渐开线上任意一点处的压力角。因为默认的 t 的变化范围为 0 到 1，本例中使用 $t \times 50$ 作为压力角是为了得到压力角从 0°到 50°变化时生成的渐开线，用于生成齿全高。其他参数和方程的含义可以参照前面的解释和有关专业书籍。

步骤 4：镜像步骤 3 中生成的渐开线，得到齿槽的另一条渐开线。

要镜像渐开线，必须先创建一个镜像平面。镜像平面是由经过原渐开线与分度圆交点以及齿轮轴线的辅助平面旋转半个齿槽角度形成的，为了生成此辅助平面还需要建立经过平面的轴线和交点。其建立步骤如下：

（1）建立基准轴线。经过 RIGHT 面和 TOP 面建立一条基准轴线。

（2）建立基准点。经过步骤 3 生成的渐开线和步骤 2 绘制的直径为 60 的分度圆建立一个基准点。基准轴和基准点如图 6-6-11 所示。

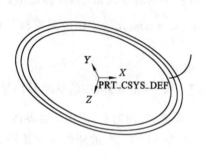

图 6-6-10　生成的渐开线

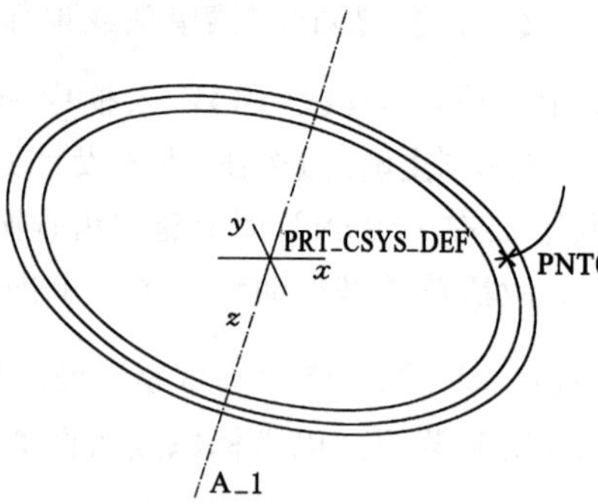

图 6-6-11　基准轴和基准点

（3）建立基准平面。经过（1）和（2）中生成的基准轴线和基准点建立基准平面 DTM1。

（4）建立镜像用的基准平面。经过（1）中建立的轴线，并且与（3）中建立的基准平面偏移 3°建立镜像平面 DTM2。以上两步建立的基准平面如图 6-6-12 所示。

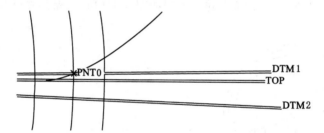

图 6-6-12　基准平面

提示：该齿轮有 30 个齿，一个齿和一个齿槽对应的角度为 $360°/30=12°$，一个齿槽对应 6°，（4）中建立的镜像平面与（3）中的基准平面相隔半个齿，所以其角度为 3°。

（5）镜像渐开线。选中渐开线，单击功能区【模型】选项卡【编辑】组中的镜像按钮 ，激活镜像命令，选取（4）中建立的基准平面作为镜像平面，单击 ✔ 完成镜像，如图 6-6-13 所示。

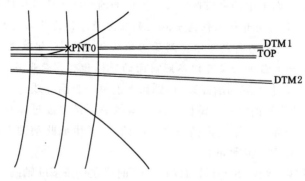

图 6-6-13　镜像渐开线

步骤 5：建立齿坯。

（1）单击功能区【模型】选项卡【形状】组中的拉伸特征按钮，选择 FRONT 面作为草绘平面，以 RIGHT 面为参照，方向向右，进入草绘界面。

（2）绘制一个直径 64 的圆，并在中心绘制孔和键槽截面，如图 6-6-14 所示。

（3）单击确定按钮完成草图，输入拉伸特征高度 15，并使特征生成于 FRONT 面的负方向侧，如图 6-6-15 所示。

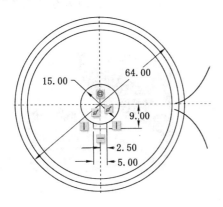

图 6-6-14 齿坯草图

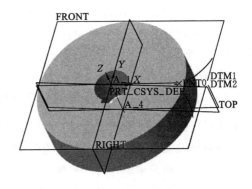

图 6-6-15 齿坯

步骤 6：建立倒角。

建立齿轮边缘上 0.5×0.5 的倒角。

步骤 7：建立齿槽切除特征。

（1）单击功能区【模型】选项卡【形状】组中的拉伸特征按钮，在弹出的操控面板中选定去除材料选项。选择 FRONT 面作为草绘平面，以 RIGHT 面为参照，方向向右，进入草绘界面。

（2）绘制齿底圆和渐开线的轮廓。单击投影命令按钮 投影，选取齿底圆和两条渐开线，生成如图 6-6-16 所示的图形。

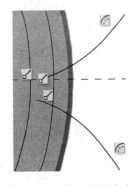

图 6-6-16 使用投影命令建立渐开线和齿底圆草图

（3）绘制基圆到齿底圆部分曲线。首先以渐开线为端点绘制圆弧并将其半径改为 12，如图 6-6-17 所示，再加入半径 0.5 的倒角并修剪草图，最后的草图如图 6-6-18 所示。

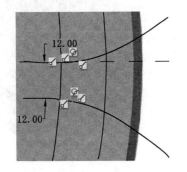

图 6-6-17 绘制渐开线与齿底圆之间的圆弧

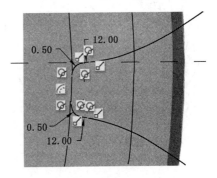

图 6-6-18 齿槽的草图

提示：渐开线开始于基圆，而齿槽开始于齿底圆，要想整个齿廓均为渐开线，则齿底圆直径要大于或等于基圆直径。当建立标准齿轮时，齿底圆直径 $d_f = m \times (z - 2.5)$，基圆直径 $d_b = m \times z \times \cos 20°$，若要保证齿形全部为渐开线，则需 $d_b \leqslant d_f$。代入数据计算可得：当齿轮齿数 $z \geqslant 42$ 时，得到的齿形为全渐开线。

当齿底圆直径小于基圆，则基圆以下的齿面轮廓为非渐开线，在制图中齿底圆到基圆的部分可用一段与渐开线相切的线段或圆弧来代替。若采用圆弧，其半径约为分度圆直径的 $1/5$，上例中分度圆 $d = 60$，所以采用 $R = 12$ 的圆弧。

（4）返回到拉伸特征操控面板，调整特征生成方向，生成一个齿槽，如图 6-6-19 所示。

步骤 8：阵列齿槽，完成齿轮建立。

（1）单击选中步骤 7 中生成的去除材料拉伸特征，单击功能区【模型】选项卡【操作】组中的阵列按钮 ，弹出阵列操控面板，选取阵列方式为【轴】，单击选取步骤 4 中建立的基准轴线作为阵列轴。

图 6-6-19 生成一个齿槽

（2）指定阵列数目。指定在 360° 上形成 30 个阵列特征，单击 ✔ 完成阵列，如图 6-6-7 所示。

步骤 9：保存文件。

单击【文件】→【保存】菜单项或顶部快速访问工具栏中保存按钮 💾 保存文件。此例可参见网络配套文件 ch6\ch6_6_example2.prt。

习　题

1. 使用复制与阵列的方法建立题图 1 所示车床床头法兰盘模型。

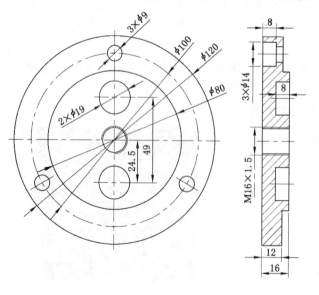

题图 1　习题 1 图

2. 建立题图 2 所示的偏心轮模型。

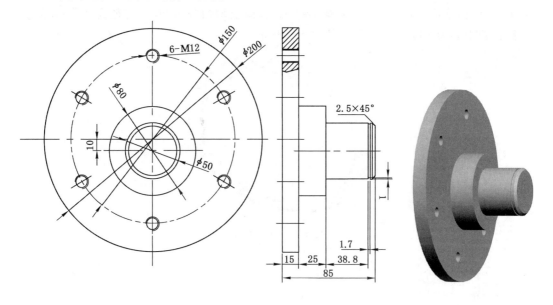

题图 2 习题 2 图

3. 建立题图 3 所示的双联齿轮,其参数如下(为与软件一致,变量用正体,余同)。

(1) 齿轮 1:压力角 $\alpha=20°$,模数 $m=2.25$,齿数 $z_1=43$,齿顶高系数 $h_a^*=1$,顶隙系数 $c^*=0.25$;

(2) 齿轮 2:压力角 $\alpha=20°$,模数 $m=2.25$,齿数 $z_2=38$,齿顶高系数 $h_a^*=1$,顶隙系数 $c^*=0.25$。

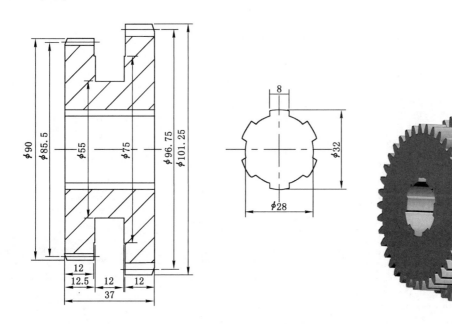

题图 3 习题 3 图

4. 建立题图 4 所示内齿轮，齿轮参数：模数 $m=10$，齿数 $z_1=60$，压力角 $\alpha=20°$，齿顶高系数 $h_a^*=1$，顶隙系数 $c^*=0.25$，齿厚 $b=20$。圆周上均匀分布 20 个直径为 30 mm 的孔，孔心距齿轮中心为 330 mm，齿圈外径为 700 mm。

题图 4 习题 4 图

第 7 章　曲 面 特 征

无论从审美观点还是实用方面,曲面都是现代产品工业设计中不可或缺的部分。对于外形较规则的内部功能结构件,前面章节讲述的实体建模方法提供了方便的造型方法。但因实体特征造型方式较为固定化,且多数以平面、回转面等规则外形建模为主,对形状多变的外观件而言,仅使用实体造型方法构建模型就显得很困难。曲面特征以及曲面建模方法提供了强大的造型方法,可生成复杂多变的外观形状。

曲面特征的建立除了有与实体建模相似的拉伸、旋转、扫描、混合等方法外,还提供了由点建立线、由线生成面的方法(边界混合曲面和自由曲面),也可以使用偏移、复制等方法利用已有曲面生成新曲面。此外,曲面之间也有很好的操作性,例如,可将两个相交或相邻曲面合并为一个曲面,也可以对曲面进行修剪等。

本章介绍了曲面基本概念,讲述了曲面特征的生成方法和编辑方法,最后以实例讲解曲面建模的应用方法。本章仅介绍最基本的曲面建模方法,有关曲面的深入讲述参见帮助系统或其他书籍。

7.1　曲面特征的基本概念

本节讲述曲面的几个基本概念,包括曲面、曲面边线的颜色以及曲面特征建立过程与使用方法等。

7.1.1　曲面

曲面是没有厚度的几何特征,主要用于生成产品的外观表面。注意要将曲面与 3.3.2 节中提到的壳体特征区分开,壳体特征有厚度值,其本质上是实体;而曲面仅代表位置和形状,没有厚度,属于数学范畴。在模型中建立的曲面最终都要转变为具有厚度的壳体或实体后才能在工程实践中使用。

7.1.2　曲面边线的颜色

着色状态下,曲面默认显示为青紫色,着色显示样式下不易观察其实际形状以及面与面之间的连接状况,如图 7-1-1 所示。为便于区分面与面之间的连接关系,曲面在以线框显示时,其线框区分为边界线和棱线两种,分别以两种不同颜色显示。

(1)边界线:默认状态下为粉红色(Creo 3.0 版本中显示为淡黄色),也称为单侧边,其意义为该边的一侧为此特征的曲面,而另一侧不属于此特征的面,如图 7-1-2 所示。

(2)棱线:曲面的棱线默认状态下为紫色,也称为双侧边,其意义为紫红色边的两侧均为此特征的曲面,如图 7-1-2 所示。

图 7-1-1　着色方式显示曲面模型　　　　图 7-1-2　线框方式显示曲面模型

7.1.3　曲面特征建立过程与使用方法

曲面是没有厚度的特征,在工程实践中不存在这样的模型,所以曲面在使用前都必须进行加厚或实体化操作,曲面建模的步骤如下:

(1) 使用曲面特征建立方法(如拉伸、偏移等)生成一个或多个曲面特征。

(2) 使用曲面特征编辑方法将各个独立曲面特征整合为一个面组,同时去除多余部分。

(3) 使用【加厚】、【实体化】等曲面编辑方法将曲面特征转化为壳体或实体。

下面分别介绍单个曲面特征建立方法和曲面特征编辑方法。

7.2　曲面特征的建立

使用第 3 章中的草绘特征不但可以建立实体,还可以生成基本曲面,下面分别介绍采用拉伸、旋转、扫描、混合等方法建立基本曲面的方法和过程。另外,复制与粘贴、偏移、镜像等操作方法也可以生成曲面。因第 3 章已详细讲解了基本实体特征的建模方法,本节仅以实例简单介绍各种基本曲面建模过程。

7.2.1　拉伸曲面特征

图 7-2-1 所示曲面由拉伸特征生成,其建立过程如下:

(1) 单击功能区【模型】选项卡【形状】组中的拉伸特征按钮　,在弹出的操控面板中单击　建立曲面,操控面板如图 7-2-2 所示。

图 7-2-1　拉伸曲面　　　　　　　图 7-2-2　拉伸曲面特征的操控面板

(2) 定义草绘截面。单击操控面板中的【放置】,弹出滑动面板如图 7-2-3 所示,直接选取一个已经定义好的草图或单击【定义】按钮绘制一个新的草图。此处选取 FRONT 面作为草绘平面,绘制如图 7-2-4 所示的草绘截面。

(3) 设定曲面深度。选取深度类型为盲孔　,并输入深度值 60。

(4) 定义曲面特征的【开放】与【闭合】属性。单击操控面板中的【选项】按钮,弹出滑动面板如图 7-2-5 所示默认未选取【封闭端】复选框,生成开放特征如图 7-2-1 所示。勾选

【封闭端】复选框可建立两端封闭的曲面，如图 7-2-6 所示。

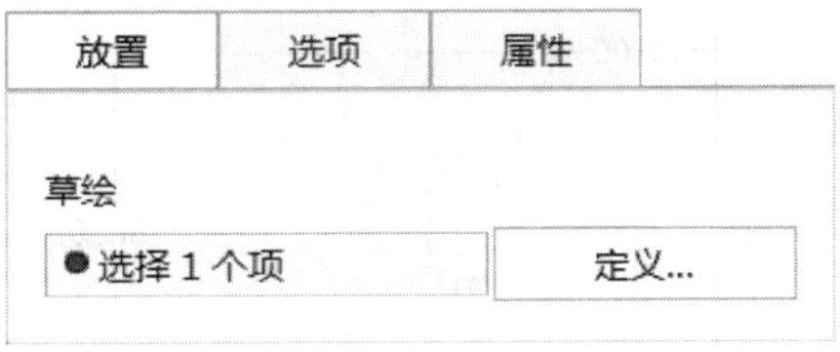

图 7-2-3　【放置】滑动面板

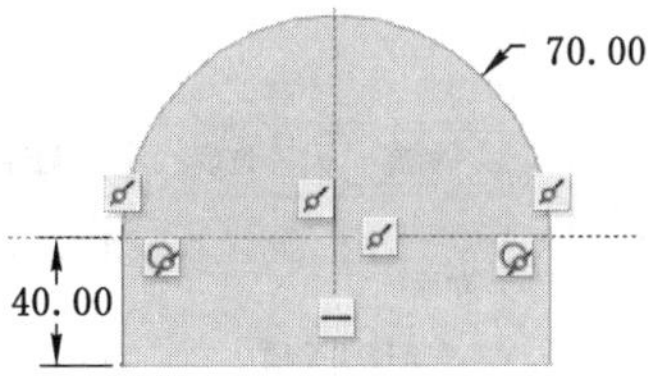

图 7-2-4　拉伸特征的草图

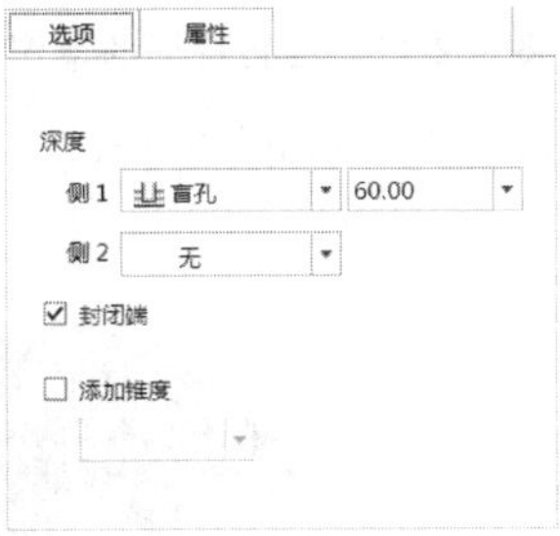

图 7-2-5　【选项】滑动面板

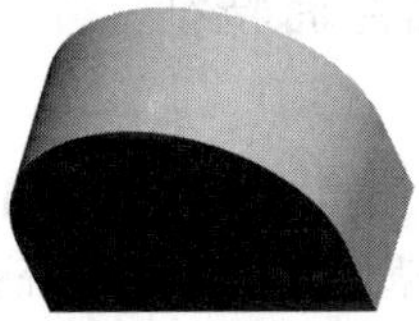

图 7-2-6　封闭拉伸曲面模型

(5) 预览并完成特征。本例参见网络配套文件 ch7\ch7_2_example1. prt。

创建拉伸曲面特征时，截面不一定是封闭图形，图 7-2-7 所示曲面是由一条曲线拉伸生成的。本例参见网络配套文件 ch7\ch7_2_example2. prt。

7.2.2　旋转曲面特征

图 7-2-8 所示曲面由旋转特征生成，其步骤如下：

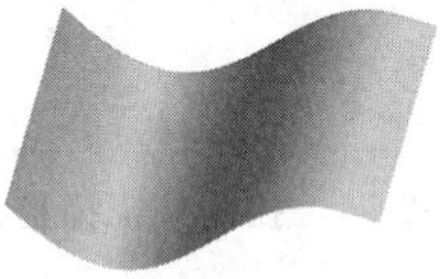

图 7-2-7　开放的拉伸曲面

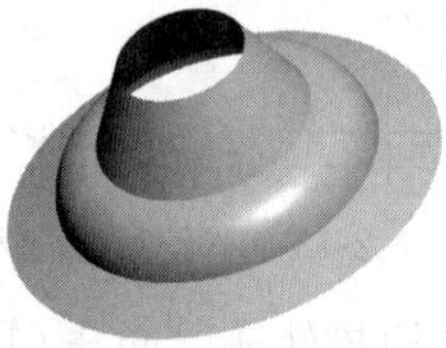

图 7-2-8　旋转曲面特征

(1) 单击功能区【模型】选项卡【形状】组中旋转特征按钮 旋转，在弹出的操控面板中单击 建立曲面，操控面板如图 7-2-9 所示。

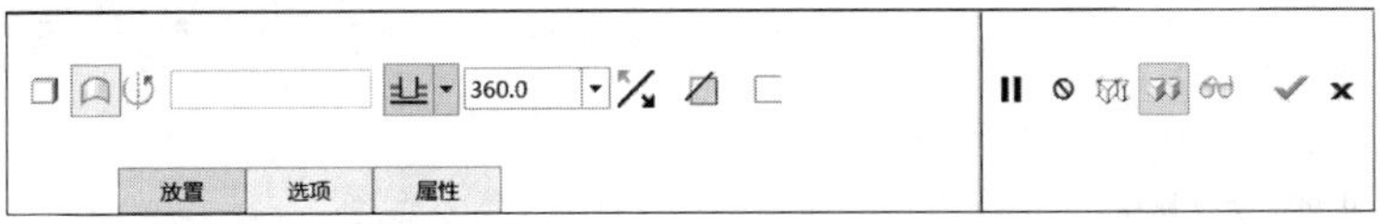

图 7-2-9　旋转曲面特征操控面板

(2) 定义草绘截面。单击操控面板中的【放置】，弹出滑动面板如图 7-2-10 所示，选取已定义好的草图或单击【定义】按钮建立新草图。此处选择 FRONT 面作为草绘平面，绘制如图 7-2-11 所示草绘截面。

（3）定义旋转类型并输入角度。选取旋转角度类型 ⊥ ，并输入角度值 360。

图 7-2-10 【放置】滑动面板

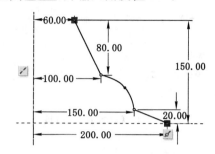

图 7-2-11 旋转特征的草图

（4）预览并完成特征。本例参见网络配套文件 ch8\ch8_2_example3.prt。

7.2.3 扫描曲面特征

图 7-2-12 所示弯管曲面由扫描曲面特征生成，其步骤如下：

（1）建立草绘基准曲线特征。单击功能区【模型】选项卡【基准】组中草绘基准按钮 草绘 ，选取 FRONT 面作为草绘平面，指定 RIGHT 面作为参照，方向向右，绘制曲线如图 7-2-13 所示。

（2）激活扫描曲面命令。单击功能区【模型】选项卡【形状】组中扫描特征按钮 扫描 ，在弹出的操控面板中单击 建立曲面，操控面板如图 7-2-14 所示。

图 7-2-12 扫描曲面特征

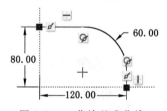

图 7-2-13 草绘基准曲线

图 7-2-14 扫描特征操控面板

（3）选取扫描轨迹。单击（1）中建立的草绘基准曲线，作为扫描特征轨迹，如图 7-2-15 所示，曲线下端点作为扫描起始点。单击【扫描】操控面板【参考】弹出滑动面板如图 7-2-16 所示，接受各默认选项。

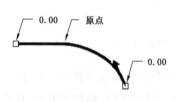

图 7-2-15 扫描轨迹

图 7-2-16 【参考】滑动面板

　　（4）定义扫描曲面属性。单击操控面板中的【选项】，弹出滑动面板如图 7-2-17 所示，若勾选【封闭端】复选框可建立两端封闭的曲面，此处曲面为两端开放，不勾选【封闭端】复选框。

图 7-2-17　【选项】滑动面板

　　（5）定义扫描曲面的截面。单击操控面板上的截面按钮 ✎ ，系统进入截面定义草绘界面。绘制扫描截面如图 7-2-18 所示。单击草绘操控面板中的 ✔确定 按钮退出草图，扫描特征预览如图 7-2-19 所示。

图 7-2-18　扫描特征的截面

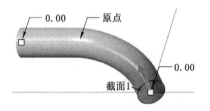

图 7-2-19　扫描特征预览

　　（6）预览并完成特征。本例参见网络配套文件 ch7\ch7_2_example4.prt。

7.2.4　混合曲面特征

　　图 7-2-20 所示曲面由混合曲面特征生成，过程如下：

　　（1）激活混合曲面命令。单击功能区【模型】选项卡【形状】组溢出按钮 形状▾ ，在弹出的菜单列表中单击混合特征按钮 ⬧混合，激活混合特征。在其操控面板中单击 ⌂建立曲面，其操控面板如图 7-2-21 所示。

图 7-2-20　混合曲面特征

图 7-2-21　混合特征操控面板

　　（2）建立第一个截面。单击操控面板中的【截面】，弹出滑动面板如图 7-2-22 所示，单击【定义】，选取 TOP 面作为草绘平面，指定 RIGHT 面作为参照，方向向右，进入草绘界面绘制草图如图 7-2-23 所示，单击 ✔确定 按钮退出草图，返回混合界面。

　　（3）建立第二个截面。继续单击操控面板中的【截面】，在弹出的滑动面板中输入截面间距离 65，如图 7-2-24 所示，单击【草绘】进入草绘界面绘制一个圆并打断为 3 段，作为第二个截面，如图 7-2-25 所示，单击 ✔确定 按钮退出草图，返回混合界面。

　　（4）完成混合特征。图形区显示特征预览如图 7-2-26 所示，单击操控面板中的 ✔ 按钮完成特征，如图 7-2-20 所示。本例参见网络配套文件 ch7\ch7_2_example5.prt。

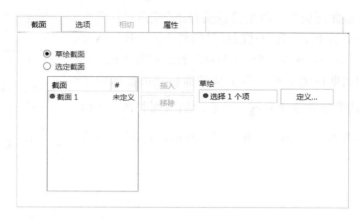

图 7-2-22　【截面】滑动面板

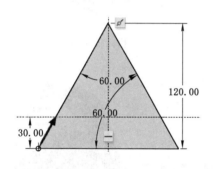

图 7-2-23　混合特征的第一个截面

图 7-2-24　【截面】滑动面板

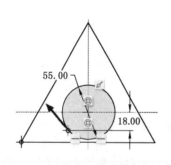

图 7-2-25　混合特征的第二个截面

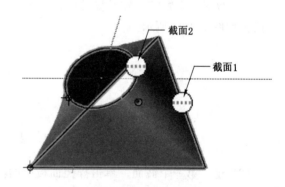

图 7-2-26　特征预览

7.2.5　边界混合曲面特征

边界混合是一种生成曲面的重要方法,其基本思想是通过定义边界生成曲面。在定义边界混合曲面时,在一个或两个方向上指定边界创建曲面,并根据相关要求设置边界约束条件或其他相关设置来获得所需曲面模型。

如图 7-2-27 所示,依次选择图 7-2-27(a)中的 3 条曲线,可建立边界混合曲面如图 7-2-27(b)所示。若设置边界约束条件为混合曲面在右侧边所在的边界处与 TOP 面垂直,边界混合曲面变为图 7-2-27(c)。

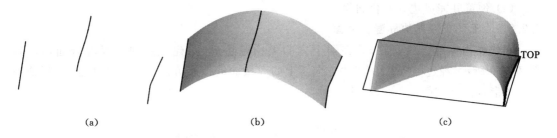

(a)　　　　　　　　　　(b)　　　　　　　　　　(c)

图 7-2-27　边界混合曲面特征

(a) 边界混合的边界线;(b) 边界混合曲面;(c) 约束边界条件的边界混合曲面

7.2.5.1　无约束单向边界混合曲面

仅指定一个方向上的边界创建的边界混合曲面如图 7-2-27(b)所示。因为仅指定了一个方向上的边界,称为单向边界混合曲面。无约束的单向边界混合曲面没有边界约束条件,是一种最简单的边界混合曲面。

单击功能区【模型】选项卡【曲面】组中边界混合曲面按钮，弹出边界混合曲面操控面板如图 7-2-28 所示。

图 7-2-28　边界混合曲面特征操控面板

操控面板中的 选择项 收集器用于收集第 1 个方向上的边界,单击操控面板上的【曲线】弹出滑动面板如图 7-2-29 所示。收集的第 1 个方向上的边界同时显示于【曲线】滑动面板中的第一方向收集器中。

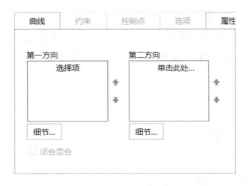

图 7-2-29　边界混合曲面特征的【曲线】滑动面板

建立无约束单向边界混合曲面的过程如下:

(1) 绘制曲线或其他基础模型以备选作边界混合曲面的边界。

(2) 激活边界混合曲面命令。

（3）依次选择第一方向上的各条边界。

（4）预览并完成边界混合曲面。

7.2.5.2　无约束双向边界混合曲面

当建立边界混合曲面时，若在两个方向上指定边界，将建立双向边界混合曲面。如图 7-2-30 所示，经过图 7-2-30(a)中方向 1 上的 3 条曲线以及方向 2 上的 2 条曲线，形成双向边界混合曲面如图 7-2-30(b)所示。

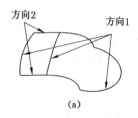 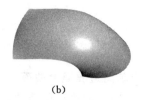

（a）　　　　　　　　　　（b）

图 7-2-30　双向边界混合曲面特征

（a）双向边界；（b）双向混合曲面

注意：在两个方向上定义混合曲面时，其外部边界必须形成一个封闭的环，即形成混合曲面的边界线必须相交，图 7-2-30 中方向 1 上外部的两条边与方向 2 上的两条边形成一个封闭环。若外部边界没有形成封闭环，系统将不能生成曲面预览，特征生成失败。

若边界不终止于相交点，系统将自动修剪这些边界，并使用能够形成封闭环的部分形成曲面。如图 7-2-31 所示的四条边界两两相交后形成一个封闭区域，系统过相交区域内的边界线形成曲面，其他开放部分被含弃。

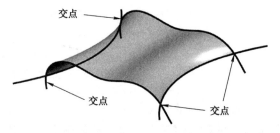

图 7-2-31　边界混合曲面特征

单击边界混合曲面操控面板上的【曲线】，弹出【曲线】滑动面板，按住 Ctrl 键依次选择第 1 方向的 3 条曲线；然后单击面板中的第二方向拾取框使其处于活动状态，按住 Ctrl 键依次选取第 2 方向的 2 条曲线，得到模型如图 7-2-32 所示，此时的【曲线】滑动面板如图 7-2-33 所示。

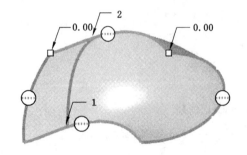 

图 7-2-32　边界混合曲面特征预览　　　　图 7-2-33　【曲线】滑动面板

建立无约束双向边界混合曲面的过程如下：

（1）绘制曲线或实体以备选作边界混合曲面的边界。

（2）激活边界混合曲面命令。

（3）激活【曲线】滑动面板，依次选取第 1 方向上的各条边界。

（4）单击激活【曲线】滑动面板的第二方向拾取框，依次选取第 2 方向上的各条边界。

（5）预览并完成边界混合曲面。

例 7-1　建立如图 7-2-30 所示鼠标上盖曲面模型。

分析：此曲面模型采用了方向 1 的 3 条线和方向 2 的 2 条线来控制鼠标形状。本例中，建立了若干基准平面作为曲面边界的草绘平面。为了便于各曲线能够相交，还建立了若干基准点，作为草绘曲线时创建相同点约束的参照。

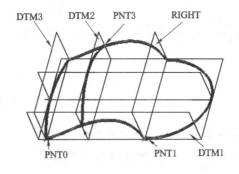

图 7-2-34　边界混合曲面特征的基准平面和基准点

模型建立过程：① 建立基准平面 DTM1、DTM2、DTM3，如图 7-2-34 所示；② 建立基准点 PNT0、PNT1 并过基准点建立方向 2 上的第 1 条曲线；③ 镜像得到方向 2 上的第 2 条曲线；④ 建立基准点 PNT2、PNT3 以便建立方向 1 中间的曲线；⑤ 依次建立方向 1 上的 3 条曲线；⑥ 以上述曲线为边界建立边界混合曲面。

步骤 1：建立基准平面。

（1）建立基准平面 DTM1。单击功能区【模型】选项卡【基准】组中基准平面按钮，激活基准平面工具，选择 FRONT 面作为参照，向其正方向偏移 30 建立基准面 DTM1。

（2）同理，偏移于 RIGHT 面，偏距 -40，建立 DTM2 面。

（3）同理，偏移于 RIGHT 面，偏距 -70，建立 DTM3 面。基准平面如图 7-2-35 所示。

步骤 2：建立基准点 PNT0、PNT1 作为边界曲线的交点。

（1）建立基准点 PNT0。单击功能区【模型】选项卡【基准】组中基准点按钮，经过 TOP 面、DTM1 面、DTM3 面建立基准点 PNT0。

（2）同理，经过 TOP 面、DTM1 面、RIGHT 面建立基准点 PNT1。如图 7-2-36 所示。

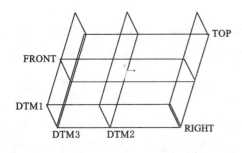

图 7-2-35　三个基准平面

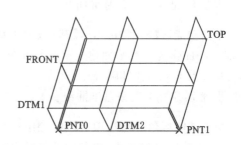

图 7-2-36　两个基准点

步骤 3：建立第 1 条边界曲线。

单击功能区【模型】选项卡【基准】组中草绘基准特征按钮，激活草绘基准特征命令，选取 DTM1 面作为草绘平面，RIGHT 面作为参照，方向向右，建立草绘基准曲线，如图 7-2-37 所示，注意将曲线的两端点分别约束到基准点 PNT0、PNT1 上。

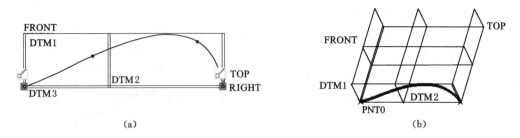

图 7-2-37　第 1 条边界曲线

步骤 4：建立第 2 条边界曲线。

单击选取步骤 3 中建立的基准曲线，单击功能区【模型】选项卡【编辑】组中镜像按钮，以 FRONT 面作为镜像平面，生成镜像曲线，如图 7-2-38 所示。

步骤 5：建立基准点 PNT2、PNT3。

（1）建立基准点 PNT2。单击功能区【模型】选项卡【基准】组中基准点按钮 点▾，过基准面 DTM2 和第 1 条边界曲线建立基准点 PNT2。

（2）同理，过基准面 DTM2 和第 2 条边界曲线建立基准点 PNT3，如图 7-2-39 所示。

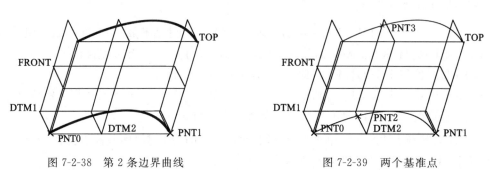

图 7-2-38　第 2 条边界曲线　　　　　　图 7-2-39　两个基准点

步骤 6：建立第 3 条基准曲线。

单击功能区【模型】选项卡【基准】组中草绘基准特征按钮，激活草绘基准特征命令，以 DTM2 面作为草绘平面建立草绘基准曲线如图 7-2-40 所示，注意将曲线的两端点分别约束到基准点 PNT2、PNT3 上。

步骤 7：建立第 4 条基准曲线。

单击功能区【模型】选项卡【基准】组中草绘基准特征按钮，激活草绘基准特征命令，以 TOP 面作为草绘平面，绘制椭圆并修剪得到草绘基准曲线如图 7-2-41 所示，注意将椭圆的短轴端点约束到基准点 PNT1 上。

步骤 8：建立第 5 条基准曲线。

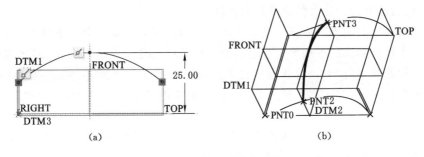

图 7-2-40　第 3 条基准曲线

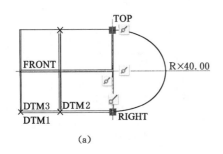
(a)

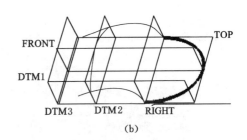
(b)

图 7-2-41　第 4 条基准曲线

单击功能区【模型】选项卡【基准】组中草绘基准特征按钮_{草绘}，激活草绘基准特征命令，以 TOP 面作为草绘平面，绘制草绘基准曲线如图 7-2-42 所示，注意将端点约束到基准点 PNT0 上并使两端点关于中心线对称。

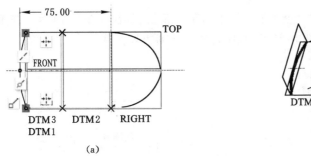
(a)

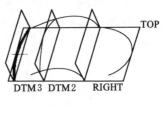
(b)

图 7-2-42　第 5 条基准曲线

步骤 9：建立边界混合曲面。

单击功能区【模型】选项卡【曲面】组中边界混合按钮，弹出边界混合曲面操控面板。单击【曲线】，在弹出的【曲线】滑动面板中依次选择第 1 方向的 3 条曲线，单击面板中的第二方向拾取框使其处于活动状态，并依次选取第 2 方向的 2 条曲线，得到模型如图 7-2-32 所示，此时的曲线滑动面板如图 7-2-33 所示，单击 ✔ 完成操作。

完成的模型参见网络配套文件 ch7\ch7_2_example6.prt。

7.2.5.3 设置边界混合曲面的边界约束条件

边界混合特征的边界约束条件是指所建立的边界混合曲面与其相邻曲面的位置关系。以上两小节中建立的无约束边界混合曲面的边界条件设置为默认的自由，即此曲面与其相邻接的曲面仅相互结合，未设置任何的边界约束。如图 7-2-43 所示，新建立的曲面与原有曲面在边界处连续，不存在相切等约束关系。本例所用模型参见网络配套文件 ch7\ch7_2_example7.prt。

单击边界混合曲面操控面板的【约束】，弹出【边界约束】滑动面板如图 7-2-44 所示，在此可设置曲面与其他原有曲面的约束条件。

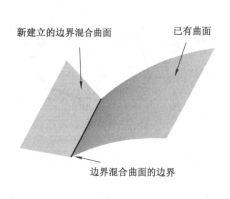

图 7-2-43　边界未约束的曲面　　　　　图 7-2-44　【约束】滑动面板

在面板中选择要设置约束的边界（在本例中为第一条链，如图 7-2-45 所示），并单击其后的条件，弹出下拉列表如图 7-2-46 所示，从中可选取下列边界条件之一。

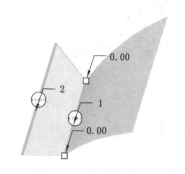

图 7-2-45　边界混合曲面的边界曲线　　　　图 7-2-46　边界曲线的约束条件

（1）自由。沿边界没有设置相切条件，表示生成的曲面与边界曲线所在的其他曲面仅存在连续关系，此时边界线上以虚线符号表示，如图 7-2-45 所示。

（2）相切。混合曲面沿边界与参照曲面相切，此时的边界线上以实线符号表示，如图 7-2-47 所示。

（3）曲率。边界混合曲面沿边界与参照曲面曲率相同，即曲面在边界线处与选定相邻曲面具有相同(或尽量相同)的曲率变化,此时边界线上以两条实线符号⊟表示,如图 7-2-48 所示。

(4)垂直。边界混合曲面沿边界与参照曲面垂直,即曲面在边界线处与选定的相邻曲面垂直,此时边界线上以垂直线符号⊡表示,如图 7-2-49 所示。

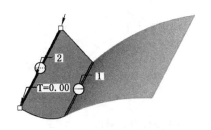

图 7-2-47　边界曲面与参照曲面相切约束

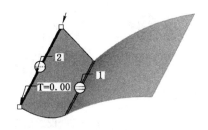

图 7-2-48　边界曲面与参照曲面曲率约束

若边界条件设置为相切、曲率或垂直,可以通过改变拉伸因子来影响曲面的形状。拉伸因子的默认值为 1,单击【约束】滑动面板中的【显示拖动控制滑块】显示控制滑块,通过拖动控制滑块或在滑动面板的【拉伸值】框中直接键入数值,可以改变拉伸因子。

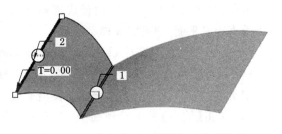

图 7-2-49　边界曲面与参照曲面垂直约束

图 7-2-48 所示曲面的边界条件设置为曲率,其拉伸因子为默认值 1。将拉伸因子改为 3 后图形如图 7-2-50(a)所示,此时的滑动面板如图 7-2-50(b)所示。

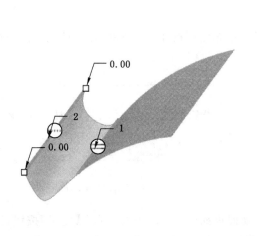

(a)

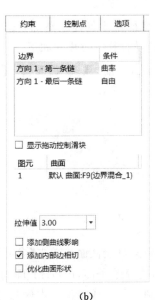

(b)

图 7-2-50　改变拉伸因子影响曲面形状

(a)设置拉伸因子为 3;(b)【约束】滑动面板

从图 7-2-48 和图 7-2-50(a)的比较可以看出：在将拉伸因子由 1 改为 3 后，曲面边界与相邻曲面的曲率更加接近了，但是以曲面更大的扭曲作为代价的。

例 7-2　设置边界混合曲面特征边界约束前后的对比如图 7-2-51 所示，改变图 7-2-51(a)中模型的边界约束，使其变为图 7-2-51(b)。

(a)　　　　　　　　　　　　　　　　　　(b)

图 7-2-51　设置边界混合曲面特征边界约束条件前后对比

(a) 未设置边界约束条件；(b) 设置边界约束条件

分析：改变图 7-2-51(a)中曲面底面椭圆弧的边界约束为垂直于底平面，即可完成模型修改。

（1）打开网络配套文件 ch7\ch7_2_example6.prt。

（2）选取边界混合曲面，在弹出的浮动工具栏中单击重定义按钮 ，弹出边界混合曲面操控面板。

（3）单击【约束】弹出滑动面板，在方向 1-第一条链后的条件下拉框中选择垂直，并确保下面的参照平面收集器中收集的平面为 TOP 面，如图 7-2-52 所示。完成的模型参见网络配套文件 ch7\f\ch7_2_example6_f.prt。

约束	控制点	选项

边界	条件
方向 1 - 第一条链	垂直 ▼
方向 1 - 最后一条链	自由
方向 2 - 第一条链	自由
方向 2 - 最后一条链	自由

☐ 显示拖动控制滑块

图元	曲面
1	默认 TOP:F2(基准平面)

图 7-2-52　【约束】滑动面板

7.2.6　填充特征

填充特征用于创建平整面，图 7-2-53 所示为一个填充特征的实例，其生成步骤如下。

（1）单击功能区【模型】选项卡【曲面】组中填充曲面按钮 ▨ **填充**，弹出填充特征操控面板如图 7-2-54 所示。

图 7-2-53　填充曲面

图 7-2-54　填充曲面操控面板

（2）定义草绘截面。单击【参考】弹出滑动面板如图 7-2-55 所示，单击【定义】按钮，选取 TOP 面作为草绘平面，RIGHT 面向右定位草绘平面，创建封闭草图如图 7-2-56 所示。

（3）预览并完成特征。本例参见网络配套文件 ch7\ch7_2_example8.prt。

7.2.7　复制、粘贴与选择性粘贴曲面

使用复制、粘贴和选择性粘贴命令复制和粘贴特征、几何、曲线和边链。复制命令将选

图 7-2-55　【参照】滑动面板　　　　　　　　图 7-2-56　填充曲面的草图

定的项目复制到剪贴板,选定的项目可以是特征,也可以是几何、曲线和边等非特征图元。粘贴和选择性粘贴命令具有粘贴剪贴板项目、移动剪贴板项目等多个功能,用于在原来或新的参照上粘贴复制到剪贴板中的项目。根据剪贴板中存放项目的不同,粘贴界面和操作方法也不同。

　　若需要粘贴的项目为特征,系统将打开特征创建操控面板,用于重定义粘贴的新特征,图 7-2-57 为粘贴拉伸曲面特征的操控面板。若选择性粘贴特征并选择【对副本应用移动/旋转变换】复选框,则会打开移动特征操控面板如图 7-2-58 所示。

图 7-2-57　粘贴特征的操控面板

图 7-2-58　移动/旋转粘贴曲面特征的操控面板

　　若粘贴的项目是几何,系统打开图 7-2-59 所示粘贴曲面组操控面板。若对几何应用选择性粘贴,系统打开移动/旋转操控面板,与特征的选择性粘贴功能相似,但有【参考】项,能够更换被复制的曲面,图 7-2-60 为粘贴曲面组的操控面板。

图 7-2-59　粘贴曲面几何的操控面板

7.2.7.1　粘贴曲面组

　　选定一组曲面并应用复制、粘贴,将复制曲面组。首先选取一个或一组曲面,单击功能区【模型】选项卡【操作】组中的复制按钮 复制 ,或直接按快捷键 Ctrl＋C,将面组复制到

图 7-2-60　选择性粘贴曲面几何的操控面板

剪贴板。再单击功能区【模型】选项卡【操作】组中的粘贴按钮 📋 粘贴，或直接按快捷键 Ctrl＋V，系统打开操控面板如图 7-2-59 所示，可以复制与源曲面形状和大小相同的曲面。其面板功能解释如下：

（1）参考。单击操控面板上的【参考】，弹出滑动面板如图 7-2-61 所示，在其复制参照收集器中，可以添加、删除或更改要复制的曲面。

（2）选项。单击操控面板上的【选项】，弹出滑动面板如图 7-2-62 所示，在此面板中可选择多种曲面的复制方式。

图 7-2-61　【参考】滑动面板

图 7-2-62　【选项】滑动面板

① 按原样复制所有曲面。创建选定曲面的精确副本。

② 排除曲面并填充孔。复制曲面时可从当前复制特征中排除部分曲面或填充曲面内的孔，选取【排除曲面并填充孔】单选框可进一步选取排除的曲面或要填充的孔/曲面，如图 7-2-63 所示。

③ 复制内部边界。选取边界，复制时仅生成边界内的几何，其收集器如图 7-2-64 所示。

图 7-2-63　【选项】滑动面板

图 7-2-64　【选项】滑动面板

例 7-3　如图 7-2-65 所示，模型上表面由三个面组成，表面又包含了两个孔，要求复制上表面并在复制过程中填充孔。本例参见网络配套文件 ch7\ch7_2_example9. prt。

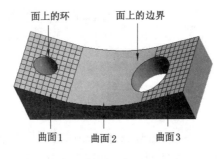

图 7-2-65　例 7-3 图

（1）单击选取模型上任一表面，单击功能区【模型】选项卡【操作】组中复制按钮 复制，或直接按组合键 Ctrl＋C，将选取的表面复制到剪贴板中。

（2）单击功能区【模型】选项卡【操作】组中的粘贴按钮 粘贴，或直接按组合键 Ctrl＋V，弹出粘贴几何操控面板如图 7-2-59 所示。

（3）单击面板上的【参考】，并激活参照收集器，按住 Ctrl 键选取图 7-2-65 所示曲面 1、曲面 2 和曲面 3。

（4）单击 预览复制的曲面如图 7-2-66 所示，可以看到原样复制的曲面。

（5）单击 退出预览，在【选项】面板中选中【排除曲面并填充孔】，按住 Ctrl 将左边圆所在的曲面 1 和右边圆的边界添加到【填充孔/曲面】收集器中。再次单击 预览，结果如图 7-2-67 所示。

图 7-2-66　原样复制曲面

图 7-2-67　填充孔复制曲面

（6）单击 完成复制。模型参见网络配套文件 ch7\f\ch7_2_example9_f. prt。

提示：【排除曲面并填充孔】选项中的填充孔功能可以填充曲面内的孔和由多个曲面边界形成的闭合区域。上例中，左侧圆是位于面上的孔，右侧圆是由位于曲面 2 和曲面 3 上的两个半圆形边界形成的闭合区域。在选取参照时，左侧圆直接选取曲面 1，右侧圆选取圆上的任一边界即可。

7.2.7.2　选择性粘贴曲面组

使用选择性粘贴时也需要首先选取并复制曲面组。注意：当选取并复制实体模型的表面时不能执行选择性粘贴命令，只有选取并复制了曲面后才可激活此命令。

使用复制命令将曲面几何复制到剪贴板，单击功能区【模型】选项卡【操作】组中粘贴按钮 粘贴 右侧的三角符号，弹出下拉菜单如图 7-2-68 所示，单击其【选择性粘贴】命令，或直接按组合键 Ctrl＋Shift＋V，弹出操控面板如图 7-2-69 所示，可生成选定曲面的副本并对其实施移动或旋转操作。

图 7-2-68　选择性粘贴命令　　　　图 7-2-69　选择性粘贴曲面几何时的操控面板

（1）　平移/旋转图标。↔ 表示复制并移动图形，↻表示复制并旋转图形。

（2）参考。用于收集要移动/旋转的项目，如图 7-2-70 所示。

（3）变换。指定曲面移动的方向参照和距离（或曲面旋转的轴线和角度），可以连续指定多个移动/旋转，如图 7-2-71 所示。

图 7-2-70　【参照】滑动面板　　　　图 7-2-71　【变换】滑动面板

（4）选项。选取复选框 ☑ 隐藏原始几何 可在复制时隐藏源曲面组，只显示被复制项目。

例 7-4　使用例 7-3 中生成的曲面为源曲面，复制并旋转曲面。

（1）打开网络配套文件 ch7\f\ch7_2_example9_f.prt，选取复制生成的曲面几何，单击功能区【模型】选项卡【操作】组中的复制按钮 🗐 复制 ，或直接按组合键 Ctrl＋C，将其复制到剪贴板中。注意：此处要选取曲面几何，而不能选取曲面特征。

（2）单击功能区【模型】选项卡【操作】组中的选择性粘贴按钮 🗐 选择性粘贴 ，或直接按组合键 Ctrl＋Shift＋V，弹出对话框如图 7-2-69 所示。

（3）单击操控面板上的【变换】，指定曲面旋转的【方向参照】为实体上右边的一条竖直边并输入旋转角度 45°，如图 7-2-72 所示，生成的曲面参见图 7-2-73 所示。

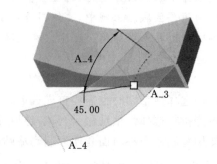

图 7-2-72　【变换】滑动面板　　　　图 7-2-73　选择性粘贴预览

（4）单击操控面板上的【选项】，弹出【选项】滑动面板如图 7-2-74 所示，默认状态下
【隐藏原始几何】复选框被选中，生成的模型中原始参照被隐藏，如图 7-2-75 所示，取消选取
【隐藏原始几何】复选框，生成模型中原始参照被保留，如图 7-2-76 所示。

图 7-2-74 【选项】滑动面板　　　　图 7-2-75 隐藏原始参照　　　　图 7-2-76 保留原始参照

（5）预览并完成。隐藏原始参照模型参见网络配套文件 ch7\f\ch7_2_example9_f2.prt。

7.2.8 偏移曲面特征

曲面偏移通过偏移已有曲面生成新的曲面。如图 7-2-77
所示，下部曲面经过偏移生成了上部带网格的曲面。注意，要
激活偏移工具，必须先选取一个面。

选取要偏移的面，单击功能区【模型】选项卡【编辑】组中
的偏移按钮 偏移，弹出操控面板如图 7-2-78 所示。

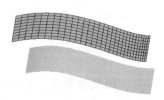

图 7-2-77 偏移曲面

图 7-2-78 偏移曲面操控面板

（1）选择偏移特征的类型为标准偏移。偏移特征是 Creo 的高级特征，系统提供了
标准偏移、拔模偏移、展开偏移、替换曲面偏移四种偏移方式，本书仅讲述标准偏移。

（2）指定偏移距离。

（3）参考。指定要偏移的曲面，如图 7-2-79 所示。

（4）选项。控制偏移曲面的生成方式，如图 7-2-80 所示，系统默认垂直于曲面偏移。

图 7-2-79 【参照】滑动面板

图 7-2-80 【选项】滑动面板

下面以图 7-2-77 所示曲面偏移为例,说明曲面偏移的操作步骤。

(1)选取要偏移的曲面并单击功能区【模型】选项卡【编辑】组中的偏移按钮 ，激活偏移命令。

(2)定义偏移类型。在操控面板中定义偏移类型为标准偏移 。

(3)定义偏移值。在操控面板中的偏移数值框中输入偏移距离 100,生成的曲面如图 7-2-81 所示。

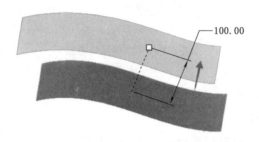

图 7-2-81 偏移曲面

(4)预览并完成。本例原始模型参见网络配套文件 ch7\ch7_2_example10.prt,生成偏移曲面后的模型参见网络配套文件 ch7\f\ch7_2_example10_f.prt。

7.2.9 镜像曲面特征

使用平面或基准平面作为镜像平面,可以镜像选定的曲面,如图 7-2-82 所示,其操作过程如下:

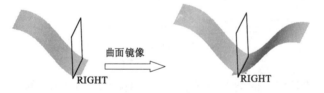

图 7-2-82 镜像曲面

(1)选取要镜像的曲面。此处选取的被镜像曲面可以是曲面特征,也可以是曲面几何。建立镜像特征时,选取特征或几何作为被镜像的项目,前者称为特征镜像,后者为几何镜像,其界面稍有不同。本小节以选取曲面几何为例讲述,在图形区中直接单击选取曲面几何。

(2)激活曲面镜像命令。单击功能区【模型】选项卡【编辑】组中的镜像按钮 镜像,弹出操控面板如图 7-2-83 所示。

(3)选择镜像平面。单击【参考】,弹出滑动面板如图 7-2-84 所示,选择 RIGHT 面作为镜像平面。

(4)确定是否隐藏源曲面。单击【选项】,出现如图 7-2-85 所示滑动面板,由 隐藏原始几何复选项可以控制是否隐藏源曲面,此处不选取。

图 7-2-83 镜像曲面操控面板

图 7-2-84 【参照】滑动面板   图 7-2-85 【选项】滑动面板

（5）预览并完成特征。本例所用原始模型参见网络配套文件 ch7\ch7_2_example11. prt，生成镜像曲面后的模型参见网络配套文件 ch7\f\ch7_2_example11_f. prt。

7.3 曲面编辑

曲面编辑的主要内容是将 7.2 节中建立的独立曲面合并成为面组并修改，最后将其转变成为实体。主要的编辑方法有合并、修剪、延伸、加厚、实体化等，下面将分别介绍。

7.3.1 曲面合并

曲面合并是 Creo 曲面建模过程中最主要的曲面编辑方法，是通过求交两个曲面，或连接两个及以上面组，将多个曲面组合为一个整体。

如图 7-3-1 所示，图 7-3-1(a) 显示了两个相交面组，使其合并为一个整体，并在整体曲面相交处相互修剪，得到整合后的单一曲面如图 7-3-1(b) 所示。

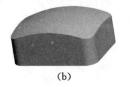

(a)   (b)

图 7-3-1 曲面合并示意图

(a) 相交的两个曲面；(b) 合并后得到一个曲面

产品的外观件多数为形状复杂的壳体类零件，其形状可由多个曲面依次合并生成。其建模过程如图 7-3-2 所示，对图 7-3-1(b) 所示模型，在其上部添加如图 7-3-2(a) 所示曲面，并将这个曲面合并到主曲面上，如图 7-3-2(b) 所示，然后对各边倒圆角得到外观曲面如图 7-3-2(c) 所示。

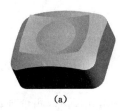
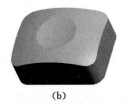

(a)   (b)   (c)

图 7-3-2 复杂壳体曲面建模示意图

(a) 添加顶部曲面；(b) 合并顶部曲面；(c) 倒圆角

选取两个相交或相邻的曲面,单击功能区【模型】选项卡【编辑】组中的合并按钮 合并,弹出操控面板如图 7-3-3 所示。

图 7-3-3　曲面合并操控面板

(1)参考。单击操控面板上的【参考】,弹出滑动面板如图 7-3-4 所示。在面组收集器中收集了预先选中的两个面组。其中,上面的面组称为主面组,选中并单击右下部的 可将其移到面组列表的后面。此时,位于上面的面组变为主面组。

(2)选项。单击操控面板上的【选项】,弹出滑动面板如图 7-3-5 所示。可以选择合并的方式为相交或连接。相交是指所创建的面组由两个相交面组的修剪组成,以上的合并均为相交合并。而连接是指当一个面组的边位于另一个面组的曲面上,或两个或多个面组的边均彼此邻接且不重叠时,将这些面合并为整体曲面的方法。如图 7-3-6 所示,模型由四个曲面组成,若要对其作进一步的处理需首先将这四个面合并为一个曲面特征。按住 Ctrl 键顺序选取各相邻面,激活合并命令后曲面合并为一个特征,操控面板如图 7-3-7 所示,因为一次合并多个面,只能使用连接合并的方法,选项面板不可用。

图 7-3-4　【参考】滑动面板

图 7-3-5　【选项】滑动面板

图 7-3-6　连接合并曲面的例子

图 7-3-7　连接合并曲面的操控面板

以上四曲面连接合并模型参见网络配套文件 ch7\ch7_3_example1.prt,四个面组合并后的模型参见文件 ch7\f\ch7_3_example1_f.prt。

提示:使用连接方式合并前后的两个模型在着色状态下并没有明显的差异,但若切换到消隐模式可以看出：在未合并前,面与面之间的线以淡黄色显示,表示各曲面的边界线,合并后相交线则变为紫色,表示一个面组内的棱线。

（3）单击  切换曲面要保留的侧。如图 7-3-8 所示,切换圆形曲面的外侧为要保留的部分,得到合并特征如图 7-3-9 所示。

图 7-3-8　切换合并的保留部分　　　　　　　　图 7-3-9　合并特征

例 7-5　建立如图 7-3-10 所示外观件的曲面模型。

分析：本曲面由三个曲面合并而成,最后对合并曲面的边倒圆角。

模型建立过程：① 建立下部竖直面；② 建立上部曲面；③ 合并下部竖直面与上部曲面；④ 建立顶部小曲面；⑤ 将顶部小曲面合并到已有曲面上；⑥ 建立倒圆角。

步骤 1：建立下部竖直面。

（1）激活命令。单击功能区【模型】选项卡【形状】组中的拉伸特征按钮 激活拉伸命令,单击操控面板上的 选项,建立曲面特征。

（2）定义草绘。单击操控面板上的【放置】,弹出滑动面板。单击【定义】按钮,选择TOP 面作为草绘平面,RIGHT 面作为参照,方向向右。定义草图如图 7-3-11 所示。

　　　　　　　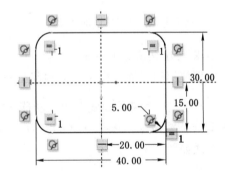

图 7-3-10　例 7-5 模型　　　　　　　　图 7-3-11　拉伸特征草图

（3）指定拉伸方向与深度。指定模型生成于 TOP 面的上部,深度为 18。生成的模型如图 7-3-12 所示。

步骤 2：建立上部大曲面。

本例使用旋转特征建立上部大曲面,最终建立的模型如图 7-3-13 所示。

（1）激活命令。单击功能区【模型】选项卡【形状】组中旋转特征按钮 旋转 激活旋转命令,单击操控面板上的 选项,建立曲面特征。

（2）定义草绘。单击操控面板上的【放置】,弹出滑动面板。单击【定义】按钮,选择FRONT 面作为草绘平面,RIGHT 面作为参照,方向向右。定义草图如图 7-3-14 所示。

图 7-3-12　拉伸曲面特征

图 7-3-13　上部曲面

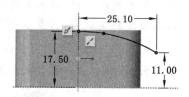

图 7-3-14　上部曲面草图

（3）指定旋转角度为默认的 360°，完成旋转曲面。

步骤 3：合并两曲面。

（1）激活合并命令。选取步骤 1 和步骤 2 中建立的曲面，单击功能区【模型】选项卡【编辑】组中的合并按钮 合并，激活合并命令。

（2）调整各曲面保留的侧。单击合并操控面板上的 按钮，使得竖直曲面保留下部，回转曲面保留中间部分，如图 7-3-15 所示。

（3）预览并完成，模型如图 7-3-16 所示。

图 7-3-15　合并曲面的保留部分

图 7-3-16　合并曲面

步骤 4：建立顶部小曲面。

本例使用边界混合命令建立顶部小曲面，完成后的效果如图 7-3-17 所示。

（1）建立中间基准曲线。单击功能区【模型】选项卡【基准】组中草绘基准特征按钮 草绘，激活草绘基准命令。选择 FRONT 面作为草绘平面，RIGHT 面作为参照平面，方向向右，建立曲线如图 7-3-18 所示。

图 7-3-17　建立上部小曲面

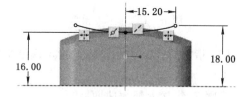

图 7-3-18　上部曲面第 1 条草绘基准曲线

（2）建立基准平面。单击功能区【模型】选项卡【基准】组中基准平面按钮 平面，激活基准平面工具，选择 FRONT 面作为参照，向其正方向偏移 10 建立基准面 DTM1，如图 7-3-19 所示。

（3）建立前基准曲线。单击功能区【模型】选项卡【基准】组中草绘基准特征按钮 草绘，激活草绘基准命令。选择(2) 中建立的 DTM1 面作为草绘平面,RIGHT 面作为参照平面,方向向右,建立曲线如图 7-3-20 所示。

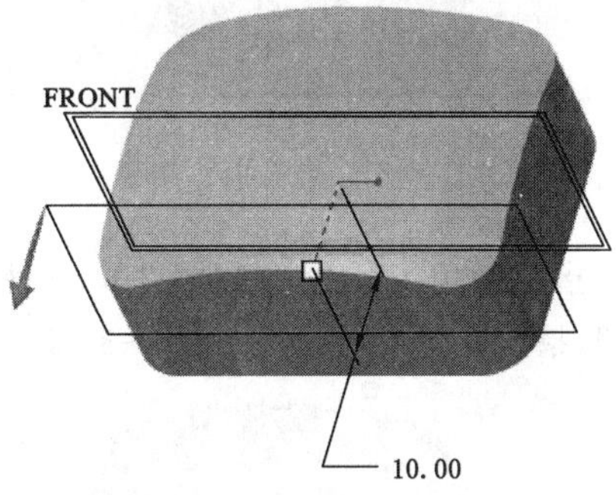

图 7-3-19　建立基准平面

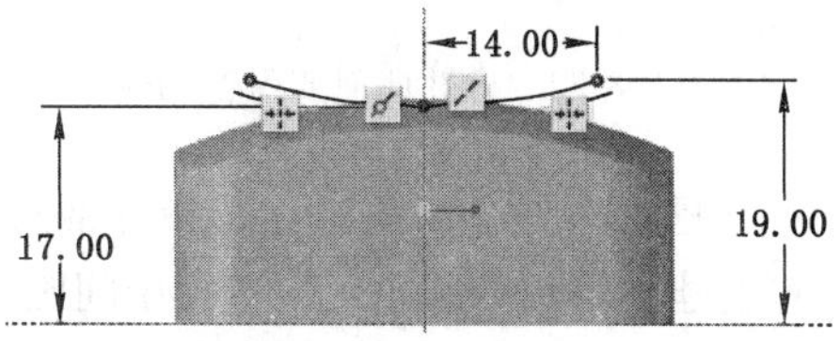

图 7-3-20　第 2 条草绘基准曲线

(4) 镜像前基准曲线。选取(3) 中建立的草绘基准曲线,单击功能区【模型】选项卡【编辑】组中的镜像按钮,选择 FRONT 面为镜像平面,得到第三条基准曲线如图 7-3-21 所示。

(5) 建立边界混合曲面。单击功能区【模型】选项卡【曲面】组中边界混合曲面按钮,激活边界混合曲面命令,依次选择步骤(3)、步骤(1)、步骤(4)中生成的曲线,生成曲面预览如图 7-3-22 所示。

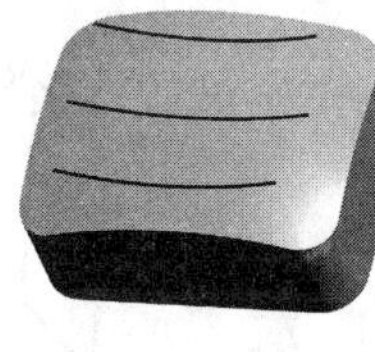

图 7-3-21　镜像基准曲线

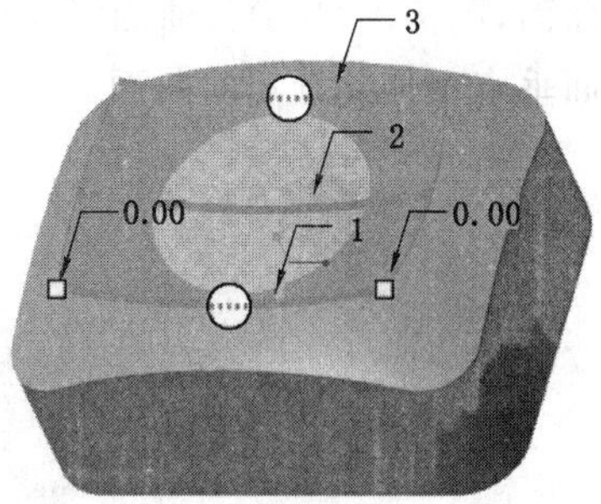

图 7-3-22　边界混合曲面

步骤 5:将步骤 4 中建立的小曲面合并到步骤 3 中生成的合并曲面上。

(1) 激活合并命令。选取步骤 3 中生成的合并曲面和步骤 4 中建立的曲面,单击功能区【模型】选项卡【编辑】组中的合并按钮 合并 ,激活合并命令。

(2) 调整各曲面保留的侧。单击合并操控面板上的按钮,使得原合并曲面保留下部,小曲面保留中间部分,如图 7-3-23 所示。

(3) 预览并完成,如图 7-3-24 所示。

步骤 6:各边倒圆角。

(1) 激活圆角命令。单击功能区【模型】选项卡【工程】组中圆角按钮 倒圆角 ,激活圆角命令。

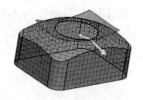
图 7-3-23　合并曲面要保留的侧

图 7-3-24　合并曲面结果

（2）建立第一个圆角组。选择外部边作为参照，指定圆角半径为 3，如图 7-3-25 所示。

（3）建立第二个圆角组。选择中间圆边作为参照，指定圆角半径为 5，如图 7-3-26 所示。

图 7-3-25　第 1 组圆角

图 7-3-26　第 2 组圆角

模型建立完成，参见网络配套文件 ch7\ch7_3_example2.prt。

7.3.2　曲面延伸

曲面延伸是将曲面延长一段距离或延伸到某选定的面。如图 7-3-27 所示，图 7-3-27(a)为原始曲面，图 7-3-27(b)为曲面沿原始曲面方向延伸一定距离所形成的曲面，图 7-3-27(c)为将曲面垂直延伸到选定的曲面。

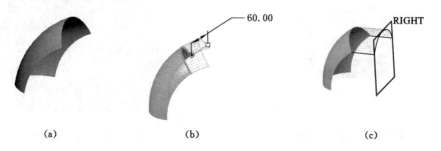
(a)　　　　　　　　(b)　　　　　　　　(c)

图 7-3-27　延伸曲面
(a)原始曲面；(b)沿原始曲面延伸；(c)延伸到参照平面

选取要延伸曲面的边或边链，单击功能区【模型】选项卡【编辑】组中的延伸按钮
🔲 延伸，弹出延伸操控面板如图 7-3-28 所示。

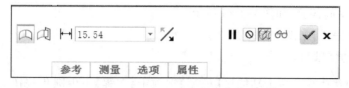

图 7-3-28　延伸曲面操控面板

（1）📖沿原始曲面延伸。单击该图标，并在文本框内输入延伸距离，生成的曲面如图 7-3-27(b)所示。

（2）📖延伸到参照平面。单击该图标，并选取参照平面作为要延伸的面，操控面板如图 7-3-29 所示，生成的曲面如图 7-3-27(c)所示。

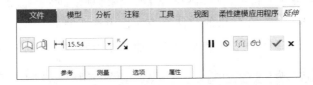

图 7-3-29 延伸到选定面延伸曲面操控面板

（3）参考。更改要延伸的边或边链。

下面以图 7-3-27(c)所示延伸为例，说明延伸的操作步骤。

（1）选取要延伸的曲面的右侧边。

（2）激活延伸命令。单击功能区【模型】选项卡【编辑】组中的延伸按钮 ⬛延伸，弹出延伸操控面板。

（3）选取延伸方式。选择延伸到参照平面📖，并选择 RIGHT 面作为延伸的参照平面如图 7-3-30 所示。

图 7-3-30 延伸到选定面延伸曲面操控面板

（4）预览并完成特征。本例模型参见网络配套文件 ch7\ch7_3_example3.prt，生成延伸曲面后的模型参见网络配套文件 ch7\f\ch7_3_example3_f.prt。

7.3.3 曲面修剪

曲面修剪是利用参照曲面、曲线、基准平面等切割另一个曲面，它类似于实体的去除材料。常用的修剪方法有三种：建立特征时选择去除材料选项修剪曲面、用曲面或基准平面修剪曲面、用曲面上的曲线修剪曲面等，本节将介绍前两种方法。

7.3.3.1 建立特征时选择去除材料选项修剪曲面

在拉伸、旋转、扫描、混合等特征操控面板中选取曲面图标 📖 和去除材料图标◢，将建立用于修剪其他曲面的曲面特征。注意：建立的修剪曲面只用于修剪，不会在模型中出现可视化的特征，但特征存在于模型树中。

下面以图 7-3-31 所示的在曲面上切割异形孔为例说明曲面修剪的使用方法。

图 7-3-31　切割异形孔

（1）打开网络配套文件 ch7\ch7_3_example4. prt。

（2）激活曲面修剪拉伸特征。单击功能区【模型】选项卡【形状】组中的拉伸特征按钮，在弹出的拉伸操控面板中选取曲面图标和去除材料图标，并选取模型中已有曲面作为要被修剪的面，如图 7-3-32 所示。

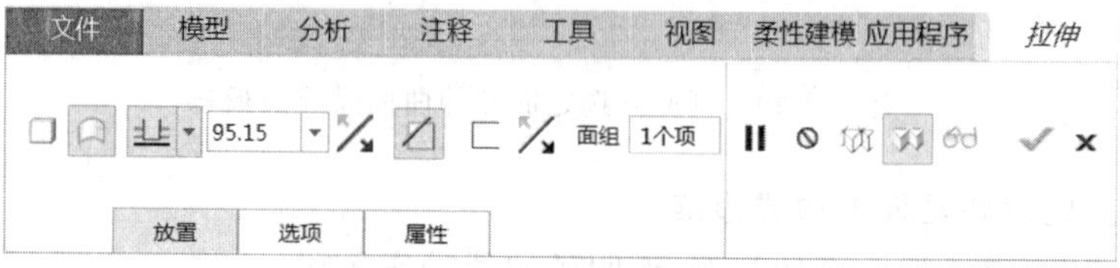

图 7-3-32　拉伸曲面操控面板

（3）建立修剪草图。单击操控面板中的【放置】，在弹出的滑动面板中单击【定义】按钮，以 TOP 面为草绘平面，建立如图 7-3-33 所示封闭样条曲线作为草绘截面。

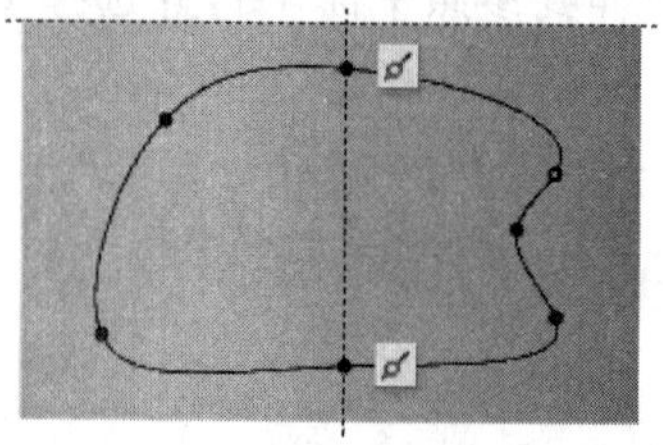

图 7-3-33　拉伸曲面的草图

（4）选取深度模式与修剪方向。选取深度模式为穿透，选取切除截面内侧材料。

（5）预览并完成特征。模型参见网络配套文件 ch7\f\ch7_3_example4_f. prt。

7.3.3.2　用曲面或基准平面修剪曲面

使用修剪命令，可用另一个面组、基准平面或沿一个选定的曲线链来修剪曲面。选取要被修剪的曲面特征后，单击功能区【模型】选项卡【编辑】组中的修剪按钮 修剪，弹出修剪操控面板如图 7-3-34 所示，选取修剪剪刀后完成修剪。

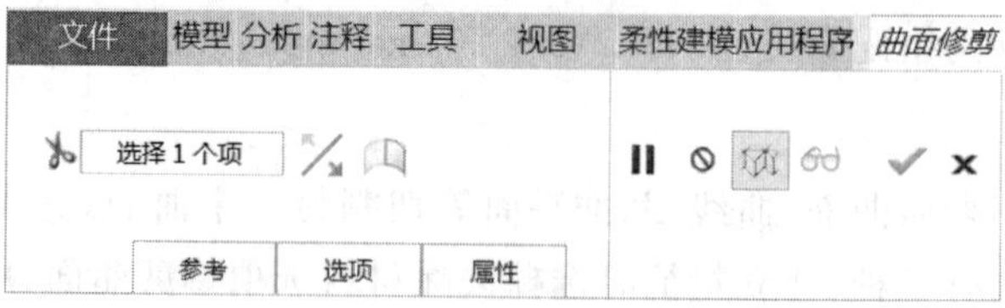

图 7-3-34　修剪曲面操控面板

例 7-6　以图 7-3-35 所示图形修剪为例说明曲面修剪过程。

（1）利用拉伸曲面特征建立要被修剪的开放曲面和封闭的修剪曲面，如图 7-3-35 左图所示。

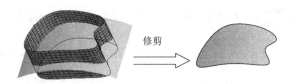

图 7-3-35　例 7-4 修剪曲面示意图

（2）选取要被修剪的开放曲面，单击功能区【模型】选项卡【编辑】组中的修剪按钮
⟟ 修剪 ，弹出修剪操控面板。

（3）选取修剪对象。单击【参考】，在弹出的滑动面板中单击【修剪对象】收集器，选取封
闭曲面作为修剪对象（即修剪剪刀），如图 7-3-36 所示。

（4）单击操控面板上的 ⟍ 图标，选定内侧曲面作为要保留部分，如图 7-3-37 所示。

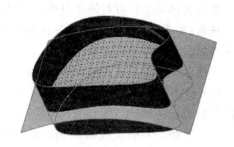

图 7-3-36　【参照】滑动面板　　　　　　图 7-3-37　切换修剪曲面要保留的侧

（5）去除修剪曲面。单击【选项】弹出滑动面板，取消选取【保留修剪曲面】复选框，如图
7-3-38 所示。

（6）预览并完成特征，如图 7-3-35 右图所示。本例原始模型参见网络配套文件 ch7\
ch7_3_example5.prt，修剪曲面后的模型参见网络配套文件 ch7\
f\ch7_3_example5_f.prt。

7.3.4　曲面加厚

工程实践中所使用的模型均为有厚度和质量的实体，而曲面
是没有厚度的特征，所以前面建立的零厚度曲面只能用来表达模
型表面形状。要想将曲面应用到生产中，需要将其转化为有一定
厚度和体积的实体。使用曲面加厚和曲面实体化（7.3.5 节讲
述）可完成此操作：曲面加厚是针对开放曲面组的，用于在开放曲
面组基础上建立壳体；曲面实体化用于将封闭面组转变为实体。

例 7-7　以例 7-5 中建立的曲面（图 7-3-10）作为源曲面，将
其转化为厚度为 1 的壳体。

图 7-3-38　【选项】滑动面板

（1）打开网络配套文件 ch7\ch7_3_example6.prt，曲面如图
7-3-10 所示。

（2）任意选取一个曲面，单击功能区【模型】选项卡【编辑】组中的加厚按钮 ⊟ 加厚 ，弹
出加厚操控面板如图 7-3-39 所示。

图 7-3-39　加厚曲面操控面板

（3）指定添加材料的侧。单击 ，确保添加材料的侧为曲面内侧。

（4）输入生成壳体的厚度 1。

（5）预览并完成特征。完成的模型参见网络配套文件 ch7\f\ch7_3_example6_f.prt。

7.3.5　曲面实体化

曲面实体化是针对封闭面组的，用于将封闭的曲面组转变为实体。

注意：需要转变为实体的曲面模型必须完全封闭，或者曲面能与实体相邻，由曲面和实体表面组成封闭的曲面空间。

下面以一个拉伸曲面的实体化为例来说明实体化过程。

（1）使用拉伸曲面特征，建立一个立方体曲面。为使生成的曲面封闭，拉伸过程中要选取【封闭端】复选项。

（2）选取（1）中生成的曲面，单击功能区【模型】选项卡【编辑】组中的实体化按钮 实体化，弹出实体化操控面板如图 7-3-40 所示。

（3）预览并完成特征。完成后的模型树添加一项 实体化 1，如图 7-3-41 所示。

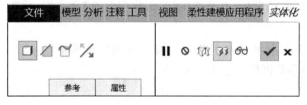

图 7-3-40　实体化操控面板　　　　　　　　图 7-3-41　添加实体化特征后的模型树

与前面使用拉伸、旋转等方法可以建立切除特征类似，曲面实体化过程中也可以切除实体，得到与曲面形状完全相同的型腔。在图 7-3-40 所示操控面板中，单击 按钮选取其去除材料选项，即可使用封闭的曲面组完成对实体相应部分的切除。如图 7-3-42 所示，在

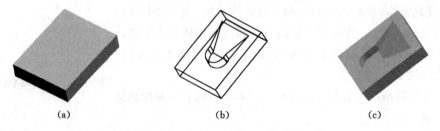

(a)　　　　　　　　　　(b)　　　　　　　　　　(c)

图 7-3-42　实体化切除示意图

(a) 原始实体模型；(b) 封闭面组；(c) 实体化切除后的模型

图 7-3-42(a)所示六面体实体上建立一个封闭的型腔如图 7-3-42(b)所示,选取此型腔激活曲面实体化命令,单击 按钮可去除六面体中封闭曲面所形成的区域,如图 7-3-42(c)所示。

7.4 综合实例

例 7-8 使用曲面合并的方法建立如图 7-4-1 所示的模型。

分析:本例中模型在 4.2 节中已经作为实体建模的例子讲述过,本节讲述怎样用曲面的方法生成。对于含有较复杂曲面的实体模型的建立,一般来说首先建立多个曲面,然后合并成一个整体,再使用加厚或实体化方法将其转化为实体,完成主体的建立;最后添加孔、倒角等放置特征。

模型建立过程:① 使用旋转曲面特征建立半圆球曲面;② 建立基准曲面,用于生成左侧管道曲面的草图;③ 使用拉伸曲面特征建立左侧管道曲面;④ 将半圆球曲面与管道曲面合并且加厚为实体;⑤ 建立左侧和下部的凸缘;⑥ 建立左侧和下部的螺纹孔特征并阵列,完成模型。

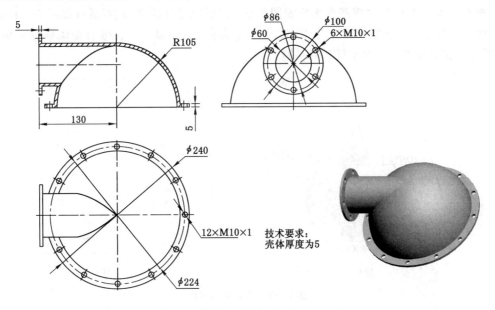

图 7-4-1 例 7-8 图

步骤 1:建立新文件。

单击【文件】→【新建】菜单项或顶部快速访问工具栏中的新建按钮 ,输入文件名 ch7_4_example1,取消默认模版,单击【确定】按钮。在【新文件选项】对话框中,选择公制模板 mmns_part_solid,单击【确定】按钮,进入零件设计工作界面。

步骤 2:使用旋转曲面特征建立半圆球曲面。

(1) 单击功能区【模型】选项卡【形状】组中旋转特征按钮 旋转,激活旋转命令。

(2) 在操控面板中单击 图标建立曲面。

(3) 绘制截面草图。选择 FRONT 面作为草绘平面,RIGHT 面作为参照平面,方向向右,绘制草图如图 7-4-2(a)所示。

（4）指定旋转角度为 360°。生成半圆球曲面如图 7-4-2(b)所示。

(a)　　　　　　　(b)

图 7-4-2　使用旋转曲面建立半圆球

(a) 半圆球曲面的草图；(b) 半圆球曲面

步骤 3：建立辅助平面。

（1）激活基准平面命令。单击功能区【模型】选项卡【基准】组中的基准平面按钮 _{平面} 激活基准平面特征工具。

（2）选定参照及其约束方式。单击选择 RIGHT 面作为参照平面，其约束方式选择偏移，输入偏移距离 130，生成基准平面如图 7-4-3(a)所示，【基准平面】对话框如图 7-4-3(b)所示。注意：若生成的基准平面位于 RIGHT 的正方向上（右侧），可在偏移距离前加一负号，回车后基准平面将位于 RIGHT 的左侧。

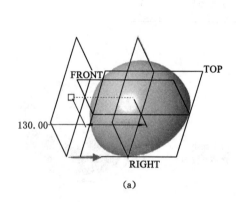

(a)　　　　　　　(b)

图 7-4-3　建立辅助平面

(a) 辅助平面预览；(b) 辅助平面的【基准平面】对话框

步骤 4：使用拉伸曲面特征生成左侧管道曲面。

（1）激活拉伸命令。单击功能区中【模型】选项卡【形状】组中的拉伸特征按钮 ，激活拉伸特征工具。

（2）在操控面板中单击 图标建立曲面。

（3）绘制截面草图。选择步骤 3 中建立的基准平面作为草绘平面，TOP 面作为参照平面，方向向上，绘制草图如图 7-4-4 所示。

（4）指定拉伸方向及深度。确保拉伸方向为指向半球曲面模型，拉伸深度为到选定的 ，其深度参照为 RIGHT 面。

（5）完成拉伸。完成后的模型如图 7-4-5 所示。

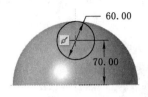

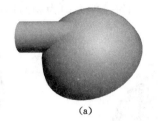

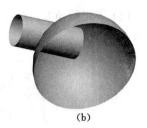

图 7-4-4　左侧管道拉伸曲面的草图　　　　　图 7-4-5　管道曲面示意图

步骤 5：合并半球面和管道曲面。

（1）选中两个曲面，单击功能区【模型】选项卡【编辑】组中的合并按钮 合并，激活合并曲面工具。

（2）单击合并操控面板上的 按钮，改变曲面保留的侧，确保保留半球外侧和管道外侧，生成的模型预览如图 7-4-6(a)所示。单击 完成模型如图 7-4-6(b)所示。

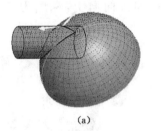

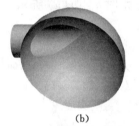

图 7-4-6　将半球与管道曲面合并
(a) 曲面合并预览；(b) 合并后的曲面

步骤 6：加厚合并生成的曲面组。

选中合并曲面组，单击功能区【模型】选项卡【编辑】组中的加厚按钮 加厚，激活加厚曲面特征。在加厚操控面板中输入加厚实体的厚度 5，确保生成实体的方向为向外。单击 完成加厚实体，模型如图 7-4-7 所示。

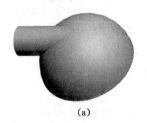

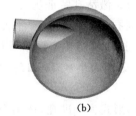

图 7-4-7　将曲面加厚为壳体

步骤 7：使用拉伸特征建立左侧凸缘。

（1）激活拉伸命令。单击功能区【模型】选项卡【形状】组中的拉伸特征按钮 ，激活拉伸特征工具。

（2）绘制截面草图。选择步骤 3 中建立的基准平面作为草绘平面，TOP 面作为参照平面，方向向上，绘制草图如图 7-4-8(a)所示。

（3）指定拉伸方向及深度。确保拉伸方向为朝向模型,深度为5,生成模型如图7-4-8(b)所示。

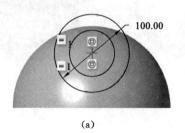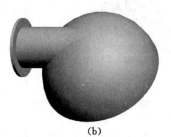

（a）　　　　　　　　　　　　　　　　　（b）

图 7-4-8　使用拉伸特征建立凸缘

(a)凸缘的草图;(b)凸缘

步骤8:使用拉伸特征建立底部凸缘。

与步骤7类似,激活拉伸命令,选用 TOP 面作为草绘平面,RIGHT 面作为参照,方向向右,绘制草图如图 7-4-9(a)所示。指定其拉伸方向向上,深度为5,生成的模型如图 7-4-9(b)所示。

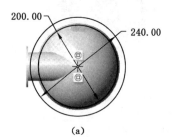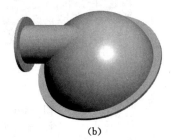

（a）　　　　　　　　　　　　　　　　　（b）

图 7-4-9　使用拉伸特征建立底部凸缘

(a)底部凸缘草图;(b)底部凸缘

步骤9:在管道凸缘上建立螺纹孔。

（1）激活孔特征命令。单击功能区【模型】选项卡【工程】组中的孔按钮，激活孔特征工具。

（2）定位螺纹孔位置。主放置平面为左侧凸缘左侧面,放置方式为径向,选用管道中心线和 FRONT 面作为其偏移参照,其参考尺寸分别为半径 43 和角度 0°,其放置上滑面板如图 7-4-10 所示。

（3）选择孔的形式为标准孔,选用 ISO 标准,尺寸为 M10×1。确定钻孔深度为到凸缘的另一面。

（4）单击操控面板中的【注释】弹出上滑面板,取消选择【添加注释】复选框。单击 ✓ 完成螺纹孔的建立。

图 7-4-10　【放置】滑动面板

步骤10:阵列螺纹孔。

（1）选取螺纹孔,单击功能区【模型】选项卡【编辑】组中的阵列按钮。

（2）选择阵列形式为轴,单击选择管道中心线作为轴阵列的参考。

（3）指定在 360°范围内均匀生成 6 个螺纹孔,操控面板和生成螺纹孔预览如图 7-4-11 所示。

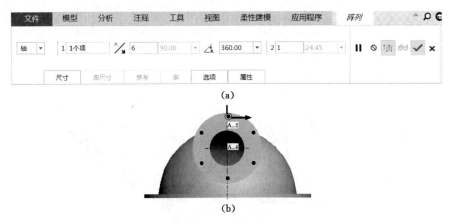

图 7-4-11　建立螺纹孔阵列

（a）螺纹孔阵列操控面板;（b）螺纹孔阵列预览

步骤 11:使用与步骤 9、步骤 10 相同的方法建立底部凸缘上的螺纹孔并阵列。

（1）建立底部螺纹孔。以模型底面作为主放置参照,使用径向放置方式,建立螺纹孔。其偏移参照为半球中心线和 FRONT 面,参考尺寸分别为半径 112 和角度 0°,放置滑动面板如图 7-4-12 所示。

图 7-4-12　【放置】滑动面板

（2）阵列螺纹孔。选用轴阵列形式,选取半球中心线作为参考,指定在 360°范围内均匀生成 12 个螺纹孔。

模型建立完成,如图 7-4-1 所示,本例生成的模型参见网络配套文件 ch7\ch7_4_example1.prt。

习　　题

1. 建立题图 1 所示实体模型。

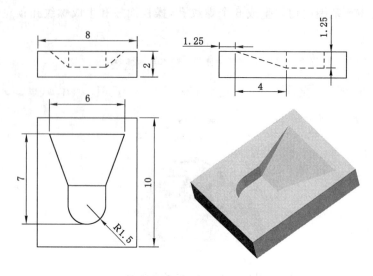

题图 1　习题 1 图

模型建立过程提示：首先建立基础拉伸实体；然后利用曲面合并的方法，作出中间闭合面组；利用实体化的去除材料模式，作出最终模型。其建模过程如题图 2 所示。

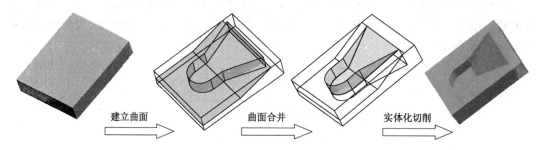

建立曲面　　　　　曲面合并　　　　　实体化切削

题图 2　习题 1 建模过程提示

2. 建立题图 3 所示实体模型。

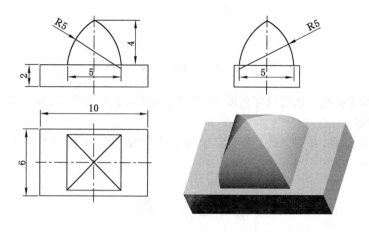

题图 3　习题 2 图

模型建立过程提示:首先建立底部六面体实体;然后建立两个拉伸曲面特征并合并,形成与实体表面相邻的闭合面组;最后对曲面进行实体化操作,完成模型建立。其建模过程如题图 4 所示。

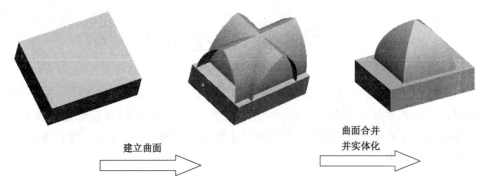

建立曲面

曲面合并
并实体化

题图 4   习题 2 建模过程提示

3. 建立题图 5 所示实体模型。

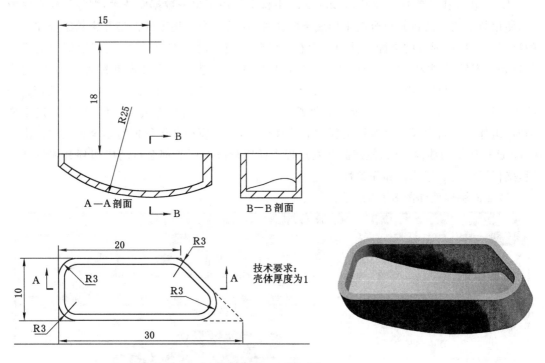

技术要求:
壳体厚度为 1

题图 5   习题 3 图

第8章 模型装配

如同将特征组合到一起形成零件一样,将零件组合在一起将建立组件,这个过程就是模型装配。Creo 提供了扩展名为.asm 的组件文件,将零件和子组件装配起来形成组件。本章讲解组件特点及装配约束类型,介绍装配过程中的复制、阵列等元件操作方法,并介绍分解视图的操作方法。

8.1 装配概述

Creo 软件在其前身软件 Pro/Engineer 中首次采用了单一数据库技术,即零件建立完成后,使用装配的方法将其组合起来形成装配文件,这是一个调用零件模型并将其组合在一起的过程。在最后形成的装配文件中并没有形成建立模型的副本,显示在装配模型中的元件仅仅是对零件模型文件的一个链接。装配模块中正在被装配的零件模型称为元件,装配完成的模型称为组件。组件 A 也可被装配到另一个更大的组件 B 中,此时组件 A 称为组件 B 的子组件。因为组件中用到的元件数据都源自一开始建立的零件模型文件,当零件发生变动时,组件在重新生成时会调用更新过的零件模型,零件模型和组件模型是全相关的。由于 Creo 这种独特的数据结构,使产品开发过程中任何阶段的更改都会自动应用到其他设计阶段,确保了数据的正确性和完整性。

装配模块界面如图 8-1-1 所示。

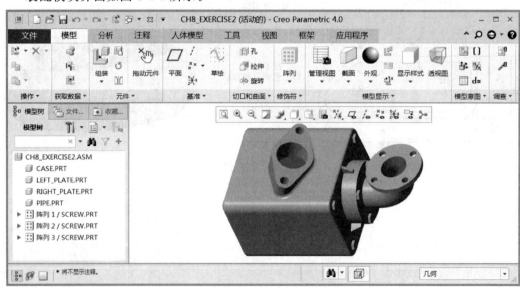

图 8-1-1　组件界面

与零件建模界面相比,功能区【模型】选项卡添加了【元件】、【切口】、【修饰符】等命令组,去除了【形状】、【工程】、【曲面】等零件建模命令组,并添加了【人体模型】和【框架】两个选项卡。

将若干个零件装配到一起建立组件的基本过程如下:

(1) 单击【文件】→【新建】菜单项或顶部快速访问工具栏中的新建按钮 🗋,新建一个文件,类型为 🔲 装配,子类型为 ⦿ 设计。

(2) 装配元件到组件中。单击功能区【模型】选项卡【元件】组中的组装按钮 组装,弹出【打开】对话框选取要装入的零件。单击对话框的【确定】按钮完成零件选取后,弹出元件放置选项卡如图 8-1-2 所示。单击【放置】,弹出滑动面板如图 8-1-3 所示,选用合适的约束方法将零件定位到组件中。

图 8-1-2　组件装配操控面板

图 8-1-3　【放置】滑动面板

(3) 使用与(2)相同的方法添加其他零件。

(4) 存盘,完成组件模型。

由以上组件模型建模步骤可见,组件模型的建立过程实际上就是将零件添加到组件的过程,其关键问题是如何放置零件模型。Creo 使用了"约束"的方法将新插入的模型与组件中原模型组合在一起。

例 8-1　建立图 8-1-4 所示装配模型。零件参见网络配套文件夹 ch8\ch8_1_example1。

图 8-1-4　例 8-1 图

分析:本例使用简单的重合约束完成模型装配,目的是让读者对装配过程和组件文件有一个初步了解。

步骤 1:建立组件文件。单击【文件】→【新建】菜单项或顶部快速访问工具栏中的新建按钮 新建一个文件,类型为 装配,子类型为 ⊙ 设计,输入文件名,使用公制模板 mmns_asm_design,单击【确定】按钮进入组件装配界面。

步骤 2:在组件中装入第 1 个元件。

(1) 激活装配命令。单击功能区【模型】选项卡【元件】组中的组装按钮 ,从弹出的【打开】对话框中找到要装入的第 1 个文件"ch8_1_example1_1. prt",单击【打开】按钮。图形窗口显示模型预览同时弹出元件放置操控面板。

(2) 使用重合约束将元件固定到当前组件中。单击操控面板中的【放置】弹出滑动面板,单击【约束类型】下拉列表,选取约束方式为重合,如图 8-1-5 所示。分别单击图形窗口中的组件坐标系 ASM_DEF_CSYS 和元件坐标系 PRT_CSYS_DEF,这时的【放置】滑动面板显示如图 8-1-6 所示。

图 8-1-5　选取约束类型为重合　　　图 8-1-6　使用坐标系重合约束放置元件

通过采用元件坐标系与组件坐标系重合的方式,将该元件定位到组件中,滑动面板底部显示此时零件在组件中的约束状态为完全约束。

提示:以上步骤中,在选择坐标系作为约束参照时,因图中的可选参照较多,不易直接选中坐标系。可以使用以下几种方法快速选取所需参照。

(1) 隐藏 3D 拖动器。单击操控面板上的显示 3D 拖动器按钮 ,使其不在图形上显示,如图 8-1-7 和图 8-1-8 的对比。因 3D 拖动器位于图形顶层,隐藏后利于参照的选取。

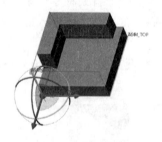
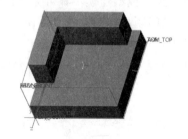

图 8-1-7　显示 3D 拖动器　　　　　图 8-1-8　隐藏 3D 拖动器

(2) 使用过滤器。设置过滤器为坐标系,然后移动鼠标至坐标系,当其高亮显示时单击即可选取相应坐标系。

（3）移动元件使其与组件上的元素分离后选取各自的参照。按住 3D 拖动器向右的箭头拖动，元件随拖动器一起移动，然后分别选取组件和元件上的参照，如图 8-1-9 所示。

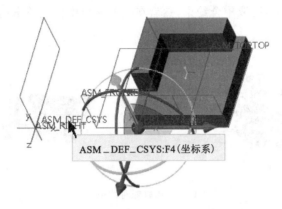

图 8-1-9　拖动元件与组件分离后选取参照

（4）从模型树直接选取坐标系参照。默认情况下，组件模型树仅显示元件，不显示组成元件的特征。单击模型树上的设置按钮 ，弹出下拉菜单，如图 8-1-10 所示，单击【树过滤器】菜单项，弹出【模型树项】，单击选取【特征】复选框，如图 8-1-11 所示，单击【确定】按钮关闭对话框后，模型树中即可显示特征，如图 8-1-12 所示，直接从中选取所需坐标系。

图 8-1-10　模型树设置菜单

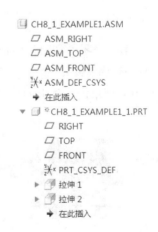

图 8-1-12　组件模型树

图 8-1-11　【模型树项】对话框

（5）在单独窗口显示元件。单击组件装配操控面板中的在独立窗口显示元件按钮 ，元件将在图形窗口右上角以独立小窗口显示，从此窗口可直接选取所需参照。

步骤 3：在组件中装入第 2 个元件。

（1）激活装配命令。使用与步骤 2 相同的方法打开文件 ch8_1_example1_2.prt，图形窗口显示模型预览的同时弹出元件放置操控面板。

（2）在第 2 个零件和组件间添加重合约束。单击操控面板中的【放置】弹出滑动面板，单击约束类型下拉列表，选取重合约束，然后在图形窗口中分别单击组件上表面和元件下表面如图 8-1-13 所示。

图 8-1-13　选取配对约束的参照

重合约束是指使选定的两个参照面重合，若两个参照面朝向一个方向，可以单击滑动面板中的【反向】按钮切换元件方向。完成后的滑动面板如图 8-1-14 所示。

图 8-1-14　使用重合约束的滑动面板

（3）在第 2 个零件和组件间添加第 2 个重合约束。在如图 8-1-14 所示滑动面板中，单击集 1 中的 ➜ 新建约束，建立组件和元件间的第 2 个约束。同样选取约束类型为重合，在图形窗口中分别单击组件上的面和元件上的面如图 8-1-15 所示。

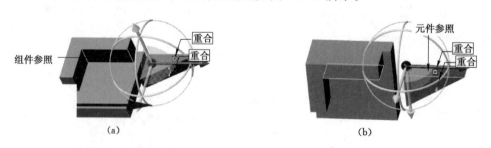

图 8-1-15　选取第 2 组重合约束的参照

（4）在第 2 个零件和组件间添加第 3 个重合约束。使用与（3）相同的方法在组件和元件之间添加第 3 个重合约束，约束参照如图 8-1-16 所示。

添加完此约束后，再观察【放置】滑动面板中的状态，由前面的部分约束变为了完全约束,如图 8-1-17 所示。单击操控面板中的 ✔ ,完成第 2 个零件的装配。此时,两个零件模型被固定在组件模型中唯一的位置上。

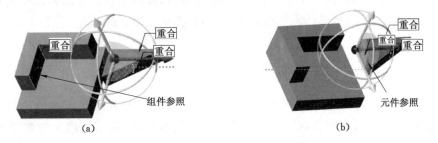

(a)　　　　　　　　　　　(b)

图 8-1-16　选取第 3 组重合约束的参照

图 8-1-17　元件被完全约束

本例参见网络配套文件 ch8\ ch8_1_example1\ ch8_1_example1.asm。

注意:装配在同一组件中的各零件模型所用的样板必须使用相同的长度单位,否则组件中各零件的大小差异很大。如有的零件选用公制样板 mmns_part_solid,长度单位为毫米,而有的零件却选用英制模板 inlbs_part_solid,长度单位为英寸,在装配时这两个零件间大小就会相差一个 25.4 倍的关系(1 英寸 = 25.4 毫米)。

提示:由此装配完成的组件模型可以看出,装配仅仅是一个实现零件定位的过程,而工厂生产中的装配不仅要实现零件间位置的确定,还要在此基础上实现零件的紧固。

由于 Creo 软件单一数据库的特性,装配形成的组件(asm 文件)记录了元件间的连接关系,而不是存储所用元件的副本,所以在拷贝组件时要连同所有零件模型一起复制。若组件使用的零件与其他零件混合在一起而不易选出,可采用文件备份的方法,即使用【备份】命令将组件文件备份到新的目录中,此时组件中用到的零件模型也将一块被复制到新的目录中。

默认状态下,正在组装的元件的默认坐标系上附着一个彩色的 3D 拖动器,用于在放置元件过程中拖动改变元件位置或角度,以便于设计者选取装配参照。3D 拖动器上有中心点、箭头轴、圆弧、平面等四种可拖动要素,如图 8-1-18 所示。拖动中心点自由移动元件,拖动箭头轴沿各轴向平移元

图 8-1-18　3D 拖动器

件,拖动旋转弧旋转元件,拖动平面在选定平面方向上移动元件。

3D 拖动器的元件移动是以放置元件为目的的,当元件未添加任何约束时,各拖动要素均可用,元件可以被拖至任何位置;当添加部分约束后,被限定自由度的拖动要素将由彩色变为灰色,不能被拖动;当元件完全约束后,拖动器将在元件上消失。

8.2　装配约束

例 8-1 中在将元件装配到组件时,使用了重合。将第 1 个零件装配到空的组件中时使用了坐标系重合的约束方法,将第 2 个元件装配到组件时,使用了选定的参照面重合的方法。

默认状态下,元件的约束方式为自动,是指当设计者选取参照后,系统将根据选取的参照自动选取某种特定约束类型。

除了上述重合约束外,Creo 还提供了距离、角度偏移、平行、法向、共面、居中、相切、固定、默认等多种约束方法。分别解释如下。

8.2.1　距离约束

距离约束是设定两个参照的距离值。约束的参照可以是点对点、点对线、线对线、平面对平面、曲面对曲面、点对平面或线对平面。当约束对象是两平面时,两平面平行且相距设定的距离,如图 8-2-1 所示。约束对象还可以是点到点距离、点到线距离、直线到直线距离、点到线距离、直线到平面距离等。

8.2.2　角度偏移约束

角度偏移约束定义两个参照对象之间的角度,通常用于定义平面对平面的角度,也可定义线对线(共面的线)或线对面。如图 8-2-2 所示,两选定的面之间定义角度偏移约束,成135°夹角。

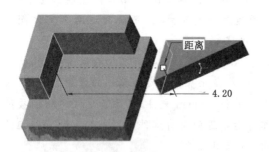

图 8-2-1　平面到平面的距离约束

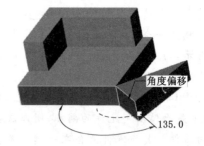

图 8-2-2　角度偏移约束

8.2.3　平行约束

平行约束设定两个参照对象相互平行,通常用于定义平面对平面平行,也可定义线对线平行或线对面平行。如图 8-2-3 和图 8-2-4 所示,各定义了一种两个选定面平行的情况。

8.2.4　重合约束

重合约束是 Creo 装配中使用最广泛的一种约束,也是应用最为灵活的一种约束方法,其约束参照可以是点、线、平面、曲面、圆柱、圆锥等。主要的重合约束方式有两平面重合、两

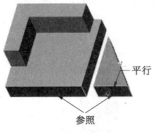

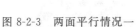

图 8-2-3　两面平行情况一

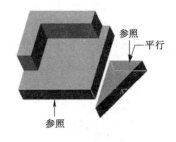

图 8-2-4　两面平行情况二

点重合、两轴或边重合、点与线重合、点与面重合、线与面重合、圆柱面重合、坐标系重合等。下面介绍几种常用参照对象的重合约束。

（1）面与面重合。当参照对象为两个平面时，重合约束可以使两个平面重合，这种约束方法和使用距离约束进行装配时两选定面距离约束且距离为零的功能是一样的。图 8-2-5 所示是两种平面重合约束的情况，图 8-2-5（a）中两参照面方向相同，图 8-2-5（b）中参照面方向相反，可使用【放置】滑动面板中的【反向】按钮（图 8-1-14、图 8-1-17）完成切换。

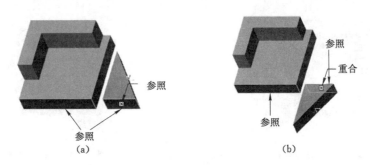

图 8-2-5　两面重合

（a）参照面方向相同的重合约束；（b）参照面方向相反的重合约束

（2）线与线重合。两种轴线重合如图 8-2-6 所示，单击【放置】滑动面板中的【反向】按钮完成切换。也可选定两模型的边添加重合约束，如图 8-2-7 所示。

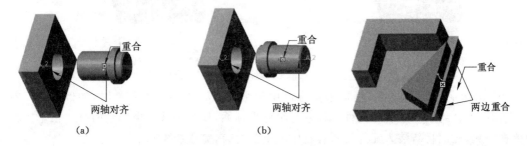

图 8-2-6　两轴线重合约束　　　　　　　　　图 8-2-7　两边重合约束

（3）两曲面重合。选取两个圆柱曲面作为参照，对其施加重合约束，如图 8-2-8 所示，两圆柱曲面的旋转中心重合。与（2）中选取轴线作为参照对象相比，选取曲面作为参照对象可对没有轴线的半圆柱面添加重合约束,当无轴线、轴线选取无效或不方便时可选用此种约束方式。

提示:当两个参照面回转半径不相同时也可以使用重合约束,此时还是两中心线重合,但两回转面间会有间隙或重叠,如图 8-2-9 所示。

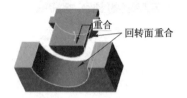

图 8-2-8　选取圆柱面为参照的重合约束　　　图 8-2-9　回转面半径不同时的重合约束

（4）点与点重合。选取元件与组件的顶点。添加重合约束如图 8-2-10 所示。

（5）点与线重合、点与面重合、线与面重合。点与线重合约束了参照点位于参照线上,如图 8-2-11 所示;点与面重合约束了参照点位于参照面上,如图 8-2-12 所示;线与面重合约束了参照线位于参照面上,如图 8-2-13 所示。

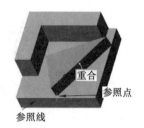

图 8-2-10　顶点与顶点重合　　　　　　　图 8-2-11　点与线重合

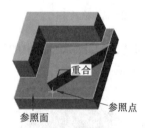

图 8-2-12　点与面重合　　　　　　　　图 8-2-13　线与面重合

（6）两选定坐标系重合。坐标系重合可用于组件中装入第一个零件时,如例 8-1 步骤 2。坐标系重合约束通过绑定元件坐标系与组件坐标系,使两个选定坐标系的每一根坐标轴约束在一起,从而将新装入元件的所有自由度全部约束,完成装配。

8.2.5　法向约束

法向约束是指选定的元件参照与组件参照相互垂直,选取的参照可以是线对线（共面的线）、线对平面或者是平面对平面,如图 8-2-14 至图 8-2-16 所示。

图 8-2-14 线与线垂直

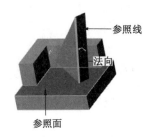
图 8-2-15 线与面垂直

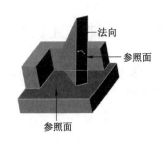
图 8-2-16 面与面垂直

8.2.6 共面约束

共面约束可以使两选定线或轴参照处于同一平面,如图 8-2-17 所示。

8.2.7 居中约束

居中约束用于控制两坐标系原点重合(不约束坐标轴)、两圆柱面中心轴重合或两球面球心重合。两圆柱面中心轴重合与图 8-2-8 和图 8-2-9 类似,两选定圆球面球心居中,如图 8-2-18 所示。

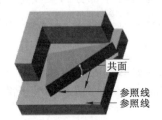
图 8-2-17 两线共面

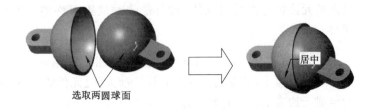
图 8-2-18 球面的居中约束

8.2.8 相切约束

相切约束控制两个曲面在切点接触,该约束控制曲面上的一个点与另一参照接触。凸轮传动装置的点接触如图 8-2-19 所示,推杆上的球面与凸轮之间的接触由相切约束控制。

8.2.9 固定约束

固定约束是指将元件固定在当前位置上,此约束方式不需要任何参照。

8.2.10 默认约束

默认约束是指将元件和组件中的默认坐标系对齐,

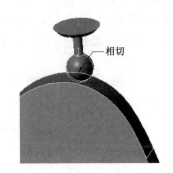
图 8-2-19 相切约束

相当于使用坐标系重合约束并且选取了组件默认坐标系 ASM_DEF_CSYS 和元件默认坐标系 PRT_CSYS_DEF。装配时仅使用一个默认约束即可约束零件的所有自由度,多用于组件中第一个元件的装配。

8.3 元件放置状态

根据约束状态的不同,装配到组件中的元件可分为完全约束元件、封装元件和未放置元件 3 类。

8.3.1 完全约束元件

模型装配过程中,一般情况下要求每个装入组件的元件都处于完全约束状态,即其 6 个自由度全部被约束,新装入的元件与组件之间的位置是相对固定的。

Creo 提供了重合、距离、角度偏移、平行、法向、共面、居中、相切、固定、默认等约束方法,用于建立新装入元件与组件之间的约束关系。

单击功能区【模型】选项卡【元件】组中的组装按钮 组装,弹出【打开】对话框选取元件,在弹出的【元件放置】操控面板中添加约束至完全约束,即可得到完全约束元件。

8.3.2 封装元件

在向组件添加元件时,有时可能不知道将元件放在哪里最好,或者不希望将此元件相对于其他元件定位,这时可使这些元件处于部分约束或无约束状态。处于部分约束或无约束状态的元件也称为封装元件,封装是临时放置元件的一种措施。创建封装元件的方法有两种。

(1) 单击功能区【模型】选项卡【元件】组中的组装按钮 组装,选取要装配的元件进行装配。装配过程中,若在完全约束元件之前关闭【元件放置】操控面板,添加的元件即处于部分约束或无约束状态的封装元件。

(2) 单击功能区【模型】选项卡【元件】组中的组装按钮 组装 下的三角形按钮,弹出下拉菜单如图 8-3-1 所示。单击【封装】菜单项,在弹出的【封装】浮动菜单中单击【添加】,在弹出的下级菜单中单击【打开】,如图 8-3-2 所示。弹出【打开】对话框选取要封装的零件后,弹出【移动】对话框,设计者可以调整元件在屏幕上的位置,如图 8-3-3 所示。单击对话框中的【确定】按钮,完成封装元件的放置。

图 8-3-1 【组装】下拉菜单

图 8-3-2 【封装】浮动菜单

封装元件也是组件模型的一部分,但与完全约束元件是有区别的。在模型树上封装元件图标的后面有一个方框图标  ,如图 8-3-4 中的元件 CH8_1_EXAMPLE1_2.prt。

可以对封装元件进行重新定义,从而将其更改为完全约束元件。从模型树上单击选取封装元件,在弹出的浮动工具栏中单击编辑定义图标 ,功能区将添加【元件放置】操控面板,模型进入装配状态。此时可使用合适的约束方式,限制封装元件的自由度,使其变为完全约束元件。

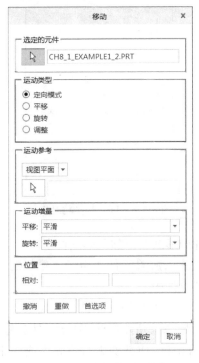

图 8-3-3　【移动】对话框

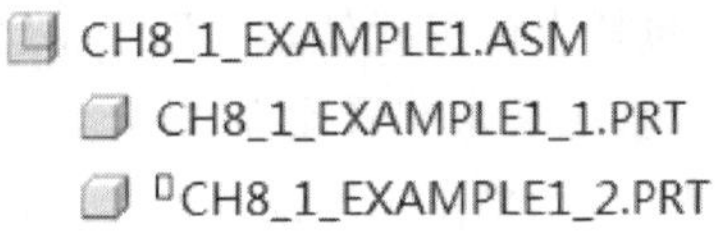

CH8_1_EXAMPLE1.ASM
　 CH8_1_EXAMPLE1_1.PRT
　 CH8_1_EXAMPLE1_2.PRT

图 8-3-4　封装元件在模型树上的表示

8.3.3　未放置元件

　　Creo 的组件中允许存在不显示在图形窗口中的元件,这类元件称为未放置元件。未放置元件属于没有装配或封装的组件,没有约束。未放置元件出现在模型树中,但在图形窗口中不显示,在模型树中用 标识,如图 8-3-5 中的元件 CH8_1_EXAMPLE1_2.prt。

　　可对未放置元件执行不涉及在组件或其几何中放置的操作。例如,可使未放置元件与层相关,但不能在未放置元件上创建特征。

　　有两种方法可以在组件中添加未放置元件:包括未放置元件和创建未放置元件。

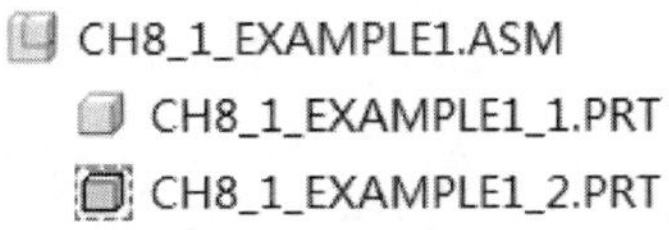

CH8_1_EXAMPLE1.ASM
　 CH8_1_EXAMPLE1_1.PRT
　 CH8_1_EXAMPLE1_2.PRT

图 8-3-5　未放置元件
在模型树上的表示

8.3.3.1　包括未放置元件

　　单击功能区【模型】选项卡【元件】组中的组装按钮 下的三角形按钮,在弹出的下拉菜单中单击【包括】菜单项。在弹出的【打开】对话框中选取要添加的元件,单击对话框中的【确定】按钮,将该元件添加到模型树中完成操作。

8.3.3.2　创建未放置元件

　　(1) 激活命令。单击功能区【模型】选项卡【元件】组中的创建按钮 ,弹出【创建元件】对话框如图 8-3-6 所示。

（2）选取【零件】，并在【名称】框中输入名称，或保留缺省名称。

（3）单击【确定】按钮，打开【创建选项】对话框。通过从现有元件复制或保留空元件来创建元件，选取【不放置元件】复选框，如图 8-3-7 所示。

图 8-3-6　【创建元件】对话框　　　　　　图 8-3-7　【创建选项】对话框

单击【确定】按钮完成操作，该元件以未放置元件的形式被添加到模型树中。

从以上两种添加未放置元件的方法可以看出，创建未放置元件适用于创建新的元件的场合，而包括未放置元件则应用于将已有元件添加到组件中。

可以重定义未放置元件，从而将其更改为封装元件或完全约束元件。从模型树上单击未放置元件，在弹出的浮动工具栏中单击编辑定义图标 ✎，功能区将添加【元件放置】操控面板，模型进入装配状态。选用合适约束限制元件自由度，使其变为封装元件或完全约束元件。

8.4　元件操作

在模型树上单击元件，弹出浮动工具栏如图 8-4-1 所示，可完成元件的主要编辑工作，主要包括：

图 8-4-1　右击组件中元件的右键菜单

（1）激活。在组件界面下打开元件，用于在位编辑元件。

（2）打开。在新窗口中打开此元件，与使用打开文件的方法相同。

（3）编辑定义。打开元件装配操控面板，重新约束元件。

（4）隐含。隐含选中元件以及与选中元件有关的子项目。

（5）阵列。阵列选中的元件。

（6）隐藏。隐藏选中的元件，使其在组件中不显示。

8.4.1 元件复制

与零件中复制特征类似,在组件中也可以复制装入的元件。使用复制命令将元件放入剪贴板;运行粘贴命令为剪贴板中的元件选取新的参照,从而将其放到新的位置;运行选择性粘贴命令制作被复制元件的完全从属副本、对副本进行平移/旋转操作或运行高级参照配置改变被复制元件的参照。

例 8-2 如图 8-4-2 所示,根据图 8-4-2(a)中连接板上已装配的螺钉,使用元件复制的方法完成图 8-4-2(b)所示其余螺钉的装配。

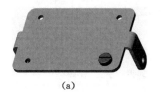 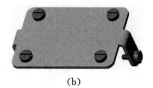

(a)   (b)

图 8-4-2 元件复制

(a) 初始元件;(b) 复制后的元件

(1) 打开网络配套文件 ch8\ch8_4_example1\ch8_4_example1.asm。

(2) 复制元件。单击选取模型中的螺钉元件 bolt.prt,单击功能区【模型】选项卡【操作】组中的复制按钮 📋 复制 ,将元件复制到剪贴板中。

(3) 粘贴元件。单击功能区【模型】选项卡【操作】组中的粘贴按钮 📋 粘贴 ,功能区添加【元件放置】操控面板如图 8-4-3 所示。

图 8-4-3 【元件放置】操控面板

单击【放置】按钮,弹出【放置】滑动面板如图 8-4-4 所示。在约束参照中,系统保留了元件的参照,设计者按照提示选取空缺的组件参照即可完成元件的粘贴。此例中第一组约束为元件螺栓的轴线与组件面板上的孔轴线的重合约束,第二组约束为元件螺栓头底面与组件面板上表面的重合约束。

图 8-4-4 【放置】滑动面板

选取的两组约束如图 8-4-5 所示,完成的元件如图 8-4-6 所示。

(a)

(b)

图 8-4-5　元件的约束
(a) 轴线重合约束;(b) 平面重合约束

（4）粘贴其他元件。使用步骤（3）中的方法,依次粘贴其他元件,完成图 8-4-2(b)中所有元件的粘贴。

注意:在粘贴左侧横向螺钉时,元件默认方向如图 8-4-7(a)所示,在平面重合约束中单击【反向】按钮,使螺纹头底面与面板侧面反向重合,完成装配。

图 8-4-6　粘贴的元件

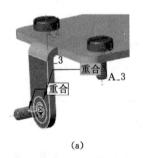
(a)

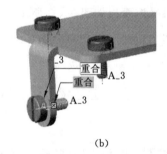
(b)

图 8-4-7　重合装配的调整
(a) 默认装配状态;(b) 反向后的装配状态

本例生成的模型参见网络配套文件 ch8\ ch8_4_example1\ ch8_4_example1_f.asm。

8.4.2　元件阵列

组件中元件阵列与零件建模中特征阵列相似,有尺寸、方向、轴、填充、表、参考等多种方式。其操作过程和步骤如下:

（1）选择要阵列的元件。

（2）单击功能区【模型】选项卡【修饰符】组中的阵列按钮，弹出【阵列】操控面板如图8-4-8 所示,图中的阵列方式为方向。

图 8-4-8　元件阵列操控面板

（3）选取阵列方式。

（4）选择合适的参照并指定增量、阵列元件数量等参数，单击 ✔ 完成操作。

例 8-3　元件装配时最常用的阵列方式是参照阵列，如图 8-4-9 所示，在注塑模喷嘴装配中，装配完第一个内六角螺钉后，利用喷嘴上的孔阵列作为参照，生成螺钉阵列。

（a）　　　　　　　　　　（b）　　　　　　　　　　（c）

图 8-4-9　例 8-3 图

（a）注塑模喷嘴元件；（b）装入第一个螺钉元件；（c）阵列螺钉元件

（1）打开网络配套文件 ch8\ch8_4_example2\ch8_4_example2.asm，如图 8-4-9（b）所示。

（2）选取模型上的螺钉，单击功能区【模型】选项卡【修饰符】组中的阵列按钮，弹出阵列面板如图 8-4-10 所示。从图中可以看出，因为软件检测到装配位置上已经有一个阵列存在，默认选取参照阵列，同时形成阵列预览如图 8-4-11 所示。

图 8-4-10　参照阵列操控面板

图 8-4-11　阵列预览

（3）单击 ✔ 完成阵列。完成后的模型参见网络配套文件 ch8\ch8_4_example2\ch8_4_example2_f.asm。

8.4.3　元件激活

在模型树或图形区单击选取元件，在弹出的浮动工具栏中单击激活按钮 ◇，或单击功能区【模型】选项卡【操作】组溢出按钮，并在弹出的下拉菜单中选取【激活】菜单项，如图 8-4-12 所示，可使选中元件处于可编辑的零件状态。

当某元件被激活后，组件中的其他元件将半透明显示。如图 8-4-13 所示，在齿轮与轴的装配中，激活键元件可使其他元件半透明显示。处于激活状态的元件就像在零件界面下

图 8-4-12 【操作】组
溢出按钮菜单

打开一样,可进行编辑定义,修改其形状、尺寸等相关操作,同时功能区也变为零件建模状态。此时模型树中其图标变为 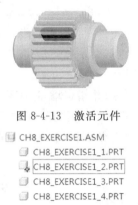 ,如图 8-4-14 所示。

图 8-4-13 激活元件

CH8_EXERCISE1.ASM
 CH8_EXERCISE1_1.PRT
 CH8_EXERCISE1_2.PRT
 CH8_EXERCISE1_3.PRT
 CH8_EXERCISE1_4.PRT

图 8-4-14 激活元件在模型树中的表示

与激活元件方法相同,单击模型树中的组件名并在弹出的浮动工具栏中单击激活按钮 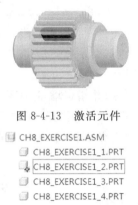,可激活组件,此时系统重新返回组件状态。

8.4.4 元件透明显示

当设计者需要查看装配模型内部的元件时,可以选择将外部元件透明显示。选取元件或部件,单击功能区【视图】选项卡(或【模型】选项卡)【模型显示】组溢出按钮,并在弹出的下拉菜单中选取【元件显示样式】→【透明】菜单项,如图 8-4-15 所示,此元件将透明显示。

图 8-4-16 中将减速箱上盖部件透明显示,以便观察其内部结构。选取元件或部件,在图 8-4-15 中单击【元件显示样式】→【着色】菜单项恢复零件着色状态。

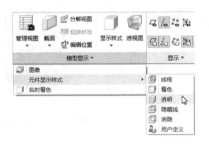

图 8-4-15 【模型显示】组溢出菜单

图 8-4-16 元件透明显示效果

8.5 分解视图

为了清楚地表达组件内部结构以及组件之间的位置关系,需要将组件分解建立其爆炸图。如图 8-5-1 所示,将减速箱模型分解,可清楚表达减速箱中的元件以及元件间位置关系。

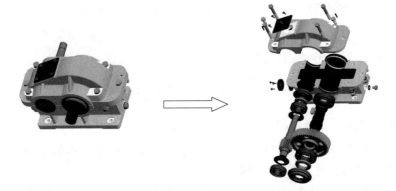

图 8-5-1 减速箱分解视图

建立组件时,系统自动生成默认分解视图。单击功能区【视图】选项卡(或【模型】选项卡)【模型显示】组中分解视图按钮 分解视图,打开减速箱默认分解视图如图 8-5-2 所示。

默认分解视图并不一定能够表达设计者所要表达的元件间位置关系。这时需要修改元件的分解位置或重新建立分解视图,分别介绍如下。

图 8-5-2 减速箱的
默认分解视图

(1)新建分解视图。单击功能区【视图】选项卡(或【模型】选项卡)【模型显示】组中的视图管理器按钮 管理视图,打开【视图管理器】对话框,单击【分解】属性页如图 8-5-3 所示。单击【新建】按钮新建一个分解视图,右击该视图弹出右键菜单如图 8-5-4 所示。单击【激活】菜单项将其设置为当前分解视图,单击【编辑位置】菜单项,功能区添加【分解工具】操控面板如图 8-5-5 所示,可编辑元件位置(分解工具操控面板说明附后)。对于自定义分解视图,当位置编辑完成后,单击右键菜单中的【保存】菜单项,或单击【编辑】按钮并选取【保存】菜单项,可将其保存在模型中,下次打开模型时可按分解视图名称将其调出。

图 8-5-3 【视图管理器】对话框

图 8-5-4 分解视图的右键菜单

图 8-5-5　【分解工具】操控面板

（2）直接修改默认分解视图。单击功能区【视图】选项卡（或【模型】选项卡）【模型显示】组中编辑分解视图位置按钮 编辑位置，直接打开如图 8-5-5 所示的分解工具操控面板，可编辑当前分解视图。完成编辑后，保存默认分解视图。

注意：分解视图并不随着存盘而自动保存，不管是直接修改默认视图或是修改新建分解视图，若要保存其分解状态，必须在【视图管理器】对话框中的【分解】属性页中保存。

对于分解位置操控面板说明如下：

（1）沿选定轴平移元件 。单击图标选择此运动类型，选取元件后元件上将出现带有拖动轴的坐标系，如图 8-5-6 所示，拖动其某个轴即可沿此轴向平移元件。若要沿某特定边或轴的方向移动元件，单击【参考】弹出滑动面板，选取边或轴作为移动参考如图 8-5-7 所示，元件上将沿此方向以及其两个垂直的方向作为拖动轴建立坐标系，设计者可沿其三个轴向拖动元件。

（2）绕选定参考旋转元件 。可选定边、轴或坐标系轴作为参照旋转选定元件，单击操控面板上的【参考】选定旋转轴后，选取的要旋转元件上出现旋转标记如图 8-5-8 所示，拖动标记即可沿选定轴线旋转元件。

图 8-5-6　带有拖动轴的坐标系　　图 8-5-7　【参考】滑动面板　　图 8-5-8　带有旋转标记的元件

（3）在视图平面内平移元件 。在当前视图平面内拖动，可任意移动元件。

（4）切换选定元件的分解状态 。选取元件后，单击此图标元件可在分解状态和未分解状态间切换。使用此功能可将处于分解状态的元件复位至未分解状态。

（5）选项。单击操控面板上的【选项】，弹出滑动面板如图 8-5-9 所示。其中运动增量指定移动元件的方式，默认为平滑移动，可输入数值以指定增量移动元件。单击【复制位置】弹出【复制位置】对话框如图 8-5-10 所示。当一个元件 A 放置到分解位置以后，若元件 B 也需要此分解方式，即可以 A 为参照直接取用（即复制）其分解方式，此时 A 为复制位置自项目，B 为要移动的元件。

图 8-5-9　【选项】滑动面板　　　　　　图 8-5-10　【复制位置】对话框

8.6　组件装配实例

本节以图 8-5-1 所示减速箱为例,以已有零件建立装配模型,并建立其分解视图。

例 8-4　装配图 8-5-1 所示减速箱,并建立其分解视图。减速箱零件模型参见网络配套文件夹 ch8\ ch8_6_example1。

分析:可将本模型大体分解为上下箱体和高低速轴四个部件以及螺钉等紧固件,按部件装配。

模型装配过程:① 装配上箱体;② 装配下箱体;③ 装配高速轴;④ 装配低速轴;⑤ 建立减速箱组件,并装配以上部件;⑥ 装配其他元件;⑦ 建立分解视图。

步骤 1:装配上箱体 upperbox. asm。

(1)建立组件文件。单击【文件】→【新建】菜单项或顶部快速访问工具栏中的新建按钮 ,使用公制模板 mmns_asm_design 新建文件 upperbox. asm。

(2)在子部件中装入第 1 个元件。单击功能区【模型】选项卡【元件】组中的组装按钮 ,从弹出的【打开】对话框中找到网络配套文件 upperbox. prt,单击【打开】按钮。在操控面板中选取约束类型为默认,完成第 1 个元件的装配。

(3)装入第 2 个元件 cushion. prt。同理,激活元件装入命令,并找到零件 cushion. prt,在操控面板中建立以下约束,完成装配。

① 建立两面重合约束。选取 upperbox. prt 顶面和 cushion. prt 底面,使其重合,如图 8-6-1 所示。

② 建立轴线重合约束。选取 upperbox. prt 顶面中心孔轴线 A_22 和 cushion. prt 基准轴线 A_6,使其重合,如图 8-6-2 所示。

图 8-6-1　两面重合约束　　　　　　　图 8-6-2　两轴重合约束

③ 建立第 2 个轴线重合约束。选取 upperbox. prt 顶面上一个螺纹孔轴线 A_70 和 cushion. prt 上相应螺纹孔中心线 A_2,使其重合,约束元件最后一个自由度。

（4）在 cushion. prt 上装入第一个螺钉。同理,激活元件装入命令,并找到零件 bolt. prt,建立两个约束:垫板上孔轴线 A_2 与螺栓轴线 A_3 重合,如图 8-6-3 所示,以及螺栓头底面和垫板顶面重合,如图 8-6-4 所示。

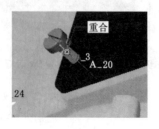

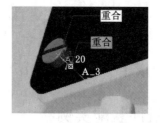

图 8-6-3　两轴重合约束 　　　　　　　　　　图 8-6-4　两面重合约束

（5）阵列螺钉。选取元件 bolt. prt,单击功能区【模型】选项卡
【修饰符】组中的阵列按钮 ,接受默认的参照阵列方式。完成上盖
组件装配,如图 8-6-5 所示。

图 8-6-5　上盖组件

步骤 2:同理,装配下箱体 bottombox. asm,如图 8-6-6 所示。

步骤 3:同理,装配高速轴 highspeedshaft. asm,如图 8-6-7 所示。

步骤 4:同理,装配低速轴 lowspeedshaft. asm,如图 8-6-8 所示。

图 8-6-6　下箱体组件 　　　　图 8-6-7　高速轴组件 　　　　图 8-6-8　低速轴组件

步骤 5:建立组件模型,并装入下箱体组件。

（1）建立组件文件。单击【文件】→【新建】菜单项或顶部快速访问工具栏中的新建按钮,使用公制模板 mmns_asm_design 新建文件 ch8_6_example1. asm。

（2）装入下箱体组件。单击功能区【模型】选项卡【元件】组中的组装按钮 ,从【打开】对话框中找到组件 bottombox. asm 并单击【打开】按钮。在操控面板中选取约束类型为默认,完成装配。

步骤 6:装入低速轴组件 lowspeedshaft. asm。

同理,激活元件装配命令,找到步骤 2 中建立的组件 lowspeedshaft. asm,建立两个约束:低速轴的轴线 A_1 与下箱体上端盖的轴线 A_10 重合,如图 8-6-9 所示,以及低速轴端盖侧面与箱体沟槽侧面重合,如图 8-6-10 所示。

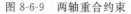

图 8-6-9　两轴重合约束　　　　　　　　　　　图 8-6-10　两面重合约束

步骤 7：同理，装入高速轴 highspeedshaft. asm，如图 8-6-11 所示。

步骤 8：同理，装入上盖 upperbox. asm，如图 8-6-12 所示。

步骤 9：装配其他元件。

（1）装入销钉。激活装配命令，打开元件 pin. prt，添加两个约束：销钉侧面与箱体上的孔壁这两个圆锥面之间的重合约束，如图 8-6-13 所示，以及销钉底部与箱体孔底部的相切约束，完成装配。

图 8-6-11　装入高速轴组件　　　图 8-6-12　装入上盖组件　　　图 8-6-13　销钉侧面与
箱体上孔壁间的重合约束

（2）同理，装入另一端的销钉以及两端的螺钉、垫圈和螺帽，如图 8-6-14 所示。

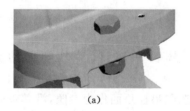
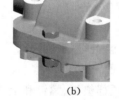

(a)　　　　　　　　　　　　　　　　(b)

图 8-6-14　装入螺钉、垫圈和螺帽

（3）同理，装配第 1 组螺钉、垫圈和螺帽，如图 8-6-15 所示。

（4）选取（3）中装入的螺钉、垫圈和螺帽建立组。按住 Ctrl 键在模型树中选取以上三个元件，并在弹出的浮动工具栏中单击分组按钮 🔩 创建分组，如图 8-6-16 所示。

（5）阵列组。在模型树中单击选取（4）中建立的组，并单击功能区【模型】选项卡【修饰符】组中的阵列按钮 ⊞阵列，接受默认的"参照"阵列方式，完成组件装配，如图 8-5-1 左图所示。

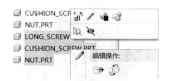

图 8-6-15　装配第 1 组螺钉、垫圈和螺帽　　　　图 8-6-16　建立局部组

步骤 10：建立分解视图。

（1）新建一个分解视图。单击功能区【视图】选项卡（或【模型】选项卡）【模型显示】组中的视图管理器按钮 管理视图，打开【视图管理器】对话框，单击打开【分解】属性页并单击【新建】按钮新建一个分解视图，右击视图并选择右键菜单中的【编辑位置】菜单项打开【分解工具】操控面板。

（2）将减速箱上下分开。在模型树中按住 Ctrl 键选取除螺母、垫片、bottombox.asm、lowspeedshaft.asm 和 highspeedshaft.asm 外的所有元件如图 8-6-17 所示，并选取 ASM_TOP 面作为参照，如图 8-6-18 所示，沿向上的拖动轴拖动选取的元件到如图 8-6-19 所示位置。

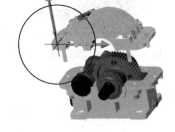

图 8-6-17　选取要移动的元件　　　图 8-6-18　【参考】滑动面板　　　图 8-6-19　拖动选取的元件

（3）将螺栓与上盖分开。选取所有螺栓和销钉，沿其轴向的拖动轴拖至图 8-6-20 所示位置。

（4）将上盖顶部垫板、螺钉和上盖分开。选取垫板顶面作为参照，沿其轴向方向的拖动轴分别拖动四个螺钉和垫板至图 8-6-21 所示位置。

（5）分解高速轴和低速轴组件。选取轴心线作为参照，沿轴线方向的拖动轴拖动两轴和轴上各元件至图 8-6-22 所示位置。

（6）分解下箱体组件上的各个螺母，完成最终分解视图，如图 8-5-1（b）所示。单击操控面板上的 ✔ 完成分解。

（7）保存视图。单击【视图管理器】对话框中的【编辑】→【保存】菜单项将分解视图存盘。

本例参见网络配套文件 ch8\ ch8_6_example1\ ch8_6_example1.asm。

图 8-6-20　分离螺栓
和销钉

图 8-6-21　分离上盖顶部
垫板和螺钉

图 8-6-22　分离高速轴
和低速轴组件

习　　题

1. 使用网络配套文件目录 ch8\ch8_exercise1 中的零件建立组件如题图 1(a)所示,并建立分解视图如题图 1(b)所示。

(a)

(b)

题图 1　习题 1 图

(a) 组件模型;(b) 分解视图

2. 使用网络配套文件目录 ch8\ch8_exercise2 中的零件建立组件如题图 2(a)所示,并建立分解视图如题图 2(b)所示。

(a)

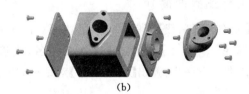

(b)

题图 2　习题 2 图

(a) 组件模型;(b) 分解视图

第9章 创建工程图

本章在概述 Creo 工程图特点的基础上,讲解在三维模型基础上创建工程图的方法。

9.1 工程图概述

Creo 的详细绘图模块提供了利用三维模型作为几何源生成二维工程图的方法。通过详细绘图模块操作,将模型轮廓线、剖面、尺寸、中心线等设计元素输出到出图页面,建立符合工程标准的三视图。

在 Creo 中,产品的设计过程是先构造三维模型,再根据投影关系创建模型三视图和各类辅助视图,从而自动生成工程图。而在传统的二维 CAD 系统中,设计人员需要先在头脑中想象三维模型,再通过投影关系将各视图以线条的形式表现出来。所以,在 Creo 中只要三维模型构造正确,生成的工程图就不会有错误,但是在传统二维 CAD 系统中,因为图中的每条线都是根据想象绘制出来的,难免会有错画、漏画或尺寸标注等错误。

同时,因为在 Creo 中生成的零件模型、装配模型和工程图是基于单一数据库且"全相关"的,即装配模型和工程图都是采用了零件模型中的数据生成的。所以,零件模型被修改后,装配模型和工程图在重新生成时会调用更改后的数据。而对于装配模型或工程图中数据的修改也就是对其调用的零件模型的修改,其数据变动也会实时传递到零件模型中。

9.1.1 工程图界面简介

单击【文件】→【新建】菜单项或顶部快速访问工具栏中新建按钮 ,在弹出的【新建】对话框中选择 ◉ 绘图 类型,并输入文件名(或接受默认名称),如图 9-1-1 所示。单击【确定】按钮进入下一步,弹出【新建绘图】对话框,用于指定工程图对应的三维模型和绘图模板,如图 9-1-2 所示。

9.1.1.1 指定工程图对应的三维模型

在【默认模型】框内列出用于创建工程图的三维模型。默认情况下系统选择当前活动模型,单击【浏览】按钮打开【打开】对话框可选取其他模型文件,也可以不指定模型而在生成视图的时候再指定。

9.1.1.2 指定模板或图纸类型

在工程图文件建立的一开始,系统可以首先为其指定图纸大小、文件中用的文字高度与字体、标注样式、视图生成方式等设置,还可以预先定义好图框、标题栏等图形信息。以上工作通过指定模板来实现,有三种形式可供选择。

(1) 使用模板。使用系统预定义的或自己建立的模板建立工程图,在模板中已经建立了图纸、文字、标注等相关设置以及工程图视图等信息,这是所有模板里面功能最强大的一种。如图 9-1-2 所示,系统提供了从 a0_drawing 到 a4_drawing 五种公制样板以及从 a_drawing 到 f_drawing 六种英制样板,也可以单击【浏览】按钮使用自定义的样板。

图 9-1-1　【新建】对话框

图 9-1-2　【新建绘图】对话框

　　(2) 格式为空。使用格式文件作为建立工程图的模板。格式文件扩展名为 frm,是在 Creo 中生成的一种文件,可包含预定义好的标题栏、图框等内容。图 9-1-3 所示为使用系统格式 a.frm 建立的新工程图文件。在 Creo 的默认安装中,没有符合国标的格式文件,设计者可以使用【文件】→【新建】命令,选取 ◉ □ 格式 自行建立。

　　(3) 空。不使用任何模板和预定义的格式,仅指定所绘制工程图的放置方向和图纸大小。如图 9-1-4 所示,可使用从 A0 到 A4 各种公制图纸幅面以及 A 到 F 各种英制图纸幅面。

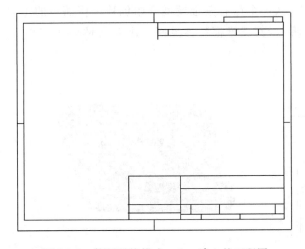

图 9-1-3　使用系统格式 a.frm 建立的工程图

图 9-1-4　选取工程图规格

　　单击【新建绘图】对话框中指定模板为【空】,且指定横向 A3 幅面大小,单击【确定】按钮,进入工程图界面,如图 9-1-5 所示。

　　工程图界面中的图形显示区显示了一个矩形图框,大小为 A3 图纸,宽 420 mm,高 297 mm。

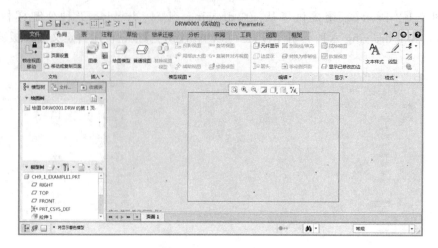

图 9-1-5　工程图界面

9.1.2　简单工程图范例

本小节以创建一个简单零件的工程图为例,介绍创建工程图的一般过程。建立工程图的一般过程如下:

(1) 新建工程图文件,输入文件名称并选择三维模型和模板,进入工程图界面。

(2) 创建视图。添加主视图,并添加主视图的投影图。若需要,添加局部放大图等辅助视图。调整视图位置并设置视图的显示方式。

(3) 标注尺寸。显示模型的驱动尺寸,并作适当调整。为了清楚地表达模型,添加必要的从动尺寸以及中心线等其他要素,完成工程图。

例 9-1　根据创建工程图的一般过程,从一个已有三维模型开始创建一张简单的工程图。本例将要生成的工程图如图 9-1-6 所示,其三维模型参见网络配套文件 ch9\ch9_1_example1.prt。

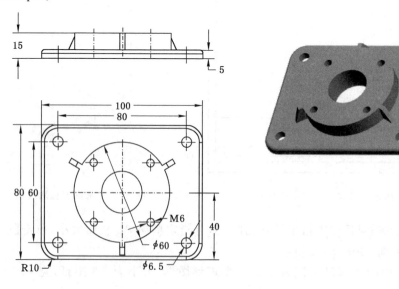

图 9-1-6　例 9-1 图

步骤 1：新建工程图文件。

（1）单击【文件】→【新建】菜单项或顶部快速访问工具栏中  按钮，在弹出的【新建】对话框中选择 ⦿ 🖻 绘图类型，输入文件名 ch9_1_example1，单击【确定】按钮进入下一步。

（2）指定模型和模板。在弹出的【新建绘图】对话框中单击【浏览】按钮，在随后的【打开】对话框中找到网络配套目录中的 ch9\ch9_1_example1.prt，也可先打开三维模型，使其处于活动状态，在建立工程图时，系统将自动选取此模型。指定模板为【空】，选用横向的 A3 图纸，如图 9-1-7 所示。单击【确定】按钮进入工程图。

步骤 2：使用普通视图创建主视图。

（1）创建视图。单击功能区【布局】选项卡【模型视图】组中的常规视图按钮 ，如图 9-1-8 所示，系统显示【选择组合状态】对话框如图 9-1-9 所示，选择默认的【无组合状态】项，然后单击【确定】按钮，消息区显示提示 ➡ 选择绘图视图的中心点，在图形窗口的矩形框右上部单击，

图 9-1-7　【新建绘图】对话框

显示视图如图 9-1-10 所示，同时弹出【绘图视图】对话框如图 9-1-11 所示。

图 9-1-8　功能区【布局】选项卡中的【模型视图】组

图 9-1-9　【选择组合状态】对话框

（2）指定视图方向。在【绘图视图】对话框的【视图方向】中，选取定位方式为【几何参考】，并选取 TOP 面向前、RIGHT 面向上，如图 9-1-12 所示，单击【应用】按钮，视图如图 9-1-13 所示。

（3）指定视图显示样式。单击【绘图视图】对话框中的【视图显示】，单击【显示样式】下拉菜单，弹出可用的显示样式如图 9-1-14 所示，选取【消隐】，此时视图如图 9-1-15 所示。

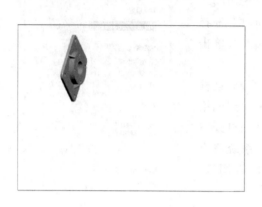

图 9-1-10　显示主视图

图 9-1-11　【绘图视图】对话框

图 9-1-12　确定视图方向

图 9-1-13　确定方向后的主视图

图 9-1-14　选取显示样式

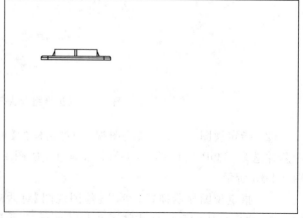

图 9-1-15　选取【消隐】显示样式的主视图

单击对话框的【确定】按钮,关闭【绘图视图】对话框,主视图建立完成。

步骤 3:使用投影视图创建俯视图。

(1) 创建俯视图。单击功能区【布局】选项卡【模型视图】组中的投影视图按钮 投影视图,并在主视图下面单击,生成俯视图。

(2) 修改俯视图的显示样式。双击俯视图,弹出此视图的【绘图视图】对话框,在其【视图显示】中选取【显示样式】为【消隐】,俯视图以线框显示,如图 9-1-16 所示。

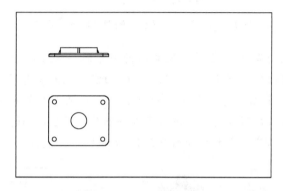

图 9-1-16　创建俯视图

步骤 4:插入三维模型视图。

单击功能区【布局】选项卡【模型视图】组中的普通视图按钮 普通视图,在主视图的右侧插入一个三维视图,其【视图方向】选用模型中的命名视图 1,如图 9-1-17 所示,并使其视图显示状态为【着色】。

此时工程图如图 9-1-18 所示,包含主视图、俯视图和三维视图。

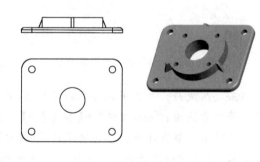

图 9-1-17　三维模型视图的【绘图视图】对话框　　　　图 9-1-18　创建的工程图

注意:仔细观察图 9-1-18,可以发现其俯视图并不符合我国的国标制图规范,按我国机械制图投影法则,得到的图纸应该如图 9-1-19 所示。

这其中涉及工程图标准的问题。默认安装中,Creo 4.0 使用英制模板生成工程图。英制模板中生成投影视图的时候使用了第三视角法。在观察物体时,把投影面放在被画物体与观察者之间,从投影方向来看,依次是人→图(投影面)→物体,这种形成图(投影面)的画法,称为第三视角法,其投影关系如图 9-1-20 所示。

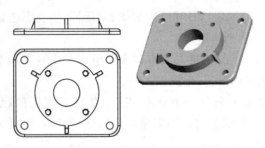

图 9-1-19　符合我国机械制图规则的工程图

　　第三视角法是英国、美国、日本等国家制图时使用的一种投影方法,而我国大陆地区技术制图国标《技术制图投影法》(GB/T 14692—2008)明确规定采用第一视角画法,这种投影法则是沿用了苏联、德国、法国等几个国家的标准。第一视角法在观察物体时,把物体放在投影面和观察者之间,从投影方向来看依次是人→物体→图(投影面),这种形成图(投影面)的画法称为第一视角法,其投影关系如图 9-1-21 所示。

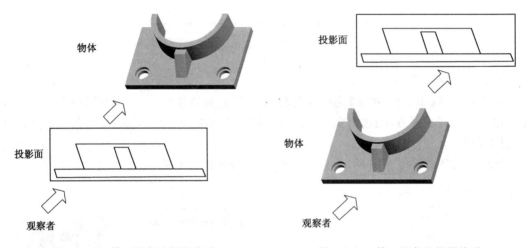

图 9-1-20　第三视角法投影关系　　　　　图 9-1-21　第一视角法投影关系

　　若要生成符合我国国家标准的工程图,最重要的是将系统默认的第三视角改为第一视角。修改方法为:单击【文件】→【准备】→【绘图属性】菜单项,打开【绘图属性】对话框如图 9-1-22 所示。单击详细信息选项项目后的【更改】按钮,弹出【选项】对话框,找到 projection_type 项,将其值修改为 first_angle,单击【添加/更改】按钮,最后单击【确定】按钮关闭对话框,如图 9-1-23 所示。

图 9-1-22　【绘图属性】对话框

图 9-1-23　【选项】对话框

习惯上,在第一视角法中得到的三视图分别称为主视图、俯视图和左视图,而在第三视角法中得到的三视图是前视图(即主视图,由前向后投影得到的视图)、顶视图(由上向下投影得到的视图)和右视图(由右向左投影得到的视图)。

如无特别说明,本书后面所讲的视图全部是用第一视角法生成的。

步骤 5:将上面的三个视图删除,使用第一视角的方法重新生成。

(1)单击选取前面步骤 3 中生成的投影视图,右击,选取右键菜单中的【删除】菜单项,或直接按键盘上的 Delete 键将其删除。

(2)重复步骤 3,重新生成俯视图,如图 9-1-19 所示。

步骤 6:显示视图中的中心线。

(1)单击功能区【注释】选项卡【注释】组中的显示模型注释命令按钮,如图 9-1-24 所示,弹出【显示模型注释】对话框,选取最后一个属性页,并单击其【类型】下拉列表,选取【轴】,如图 9-1-25 所示。

图 9-1-24　【显示模型注释】命令按钮

（2）按住 Ctrl 键，从【绘图树】选取视图顶部_3 和 new_view_1 两个视图，如图 9-1-26 所示，这两个视图上所有的轴线显示在【显示模型注释】对话框中，单击对话框中的  图标选取所有轴线，如图 9-1-27 所示，单击对话框中的【应用】完成轴线的显示，如图 9-1-28 所示。

图 9-1-25 【显示模型注释】对话框

图 9-1-26 选取视图

图 9-1-27 【显示模型注释】对话框

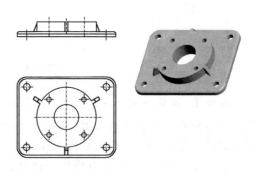

图 9-1-28 显示轴线后的工程图

步骤 7：显示驱动尺寸。

（1）在图 9-1-27 所示【显示模型注释】对话框中，单击第一个属性页 ，并选取显示尺寸的类型为【强驱动尺寸】如图 9-1-29 所示。

（2）因此时绘图树上的顶部_3 和 new_view_1 视图还处于选中状态，这两个视图中的所有强驱动尺寸预览如图 9-1-30 所示，同时对话框的列表中显示了每个尺寸，单击选取图中尺寸，对话框列表中相应尺寸被选中，如图 9-1-31 所示，单击【确定】按钮完成标注，选中的尺寸显示在图中，没有被选中的尺寸将被删除。

图 9-1-29 【显示模型注释】对话框

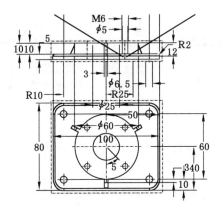

图 9-1-30 显示所有驱动尺寸的预览　　　　图 9-1-31 【显示模型注释】对话框

注意：在选取顶部_3 和 new_view_1 两个视图时，视图选取的顺序不同，显示的驱动尺寸预览所在的位置也不同，大部分的尺寸预览将显示在首先选取的视图中。此例中因俯视图更能反映零件的主要性状，应将主要尺寸放于此视图，所以应首先选取俯视图顶部_3，再选取主视图 new_view_1。

（3）编辑尺寸位置。单击激活尺寸，将其拖到合适位置，得到视图如图 9-1-32 所示。

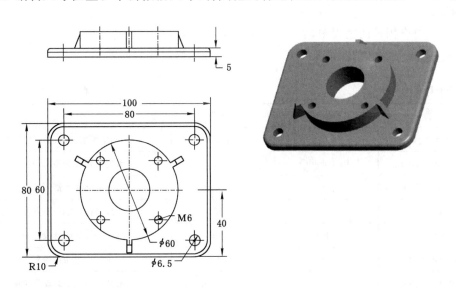

图 9-1-32 标注驱动尺寸后的工程图

步骤 8：添加从动尺寸。

主视图上整个模型的高度不是特征的驱动尺寸，不能用步骤 6 中的方法添加，需要添加从动尺寸。在图 9-1-24 所示功能区，单击【注释】组中的创建从动尺寸按钮 激活命令，弹出【选择参考】对话框如图 9-1-33 所示。按住 Ctrl 键单击如图 9-1-34 所示主视图中上下两条平行线，并在左侧单击中键，添加高度为 15 的尺寸如图 9-1-35 所示。

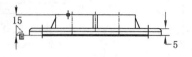

图 9-1-33 【依附类型】	图 9-1-34 选取从动尺寸	图 9-1-35 标注完成的
对话框	依附图元	从动尺寸

工程图建立完成,如图 9-1-6 所示。参见网络配套文件 ch9\ch9_1_example1.drw。

9.1.3 工程图配置文件

使用系统默认设置建立的工程图格式与国家标准有较大差别,如国标中规定投影时使用第一视角,而默认为第三视角;绘图参数的单位国标采用毫米,系统默认为英寸、文字的高度国标中采用了 3.5 mm、5 mm、7 mm 等 7 种高度,而系统默认 0.15625 英寸;标注的箭头国标采用实心箭头,而系统默认为空心箭头等。

使用更改绘图属性的方法来设置工程图的格式。单击【文件】→【准备】→【绘图属性】菜单项,打开【绘图属性】对话框如图 9-1-22 所示。单击详细信息选项项目后的【更改】按钮,弹出【选项】对话框如图 9-1-23 所示。单击选中要更改的选项,然后在下面的值输入区内中输入或选择需要的值,完成后单击【添加/更改】按钮,最后单击【确定】按钮关闭对话框。

要生成符合国标的工程图,必须要修改的选项包括:投影图生成的视角、尺寸单位、文字高度、箭头高度、箭头宽度、箭头样式等内容。主要的修改选项见表 9-1-1。

表 9-1-1

选项	国标值	默认值	说明
drawing_text_height	3.5	0.15625	图形中所有文本的默认高度
projection_type	first_angle	third_angle	确定创建投影视图的方式
draw_arrow_length	3.5	0.1875	尺寸标注中箭头长度
draw_arrow_width	1.5	0.0625	尺寸标注中箭头宽度
draw_arrow_style	filled	closed	箭头样式(闭合或填充)
drawing_units	mm	inch	所有绘图参数的单位
crossec_arrow_length	6	0.1875	横截面切割平面箭头长度
crossec_arrow_width	3.5	0.0625	横截面切割平面箭头宽度

提示:在英制工程图模板中,若修改绘图参数的单位 drawing_units 项为 mm,则需要修改很多参数才能得到标准的国标图纸,比较麻烦。可仅修改投影视角和箭头样式,而绘图参数单位和参数均不变,也可以得到近似于国标的图形。

以上修改仅对当前文件有效,若想在其他文件中继续应用这些设置,可先将此设置以文件的形式存盘,然后在要使用的文件中打开即可,方法如下:

(1)将设置存盘。将各选项的值设置好以后,单击图 9-1-23 所示【选项】对话框中的存

盘按钮 ，弹出【另存为】对话框，将配置保存为扩展名为.dtl 的配置文件。

（2）dtl 文件的使用。建立新的工程图文件之后，打开图 9-1-23 所示的【选项】对话框，单击打开按钮 📂，弹出【打开】对话框，找到上步骤中存盘生成的 dtl 文件即可。

提示：Creo4.0 软件系统中已经建立了符合各国标准的配置文件，位于"软件安装目录\Creo 3.0\M010（日期代码，各版本不同）\Common Files\text\"路径下，包括 prodetail.dtl（默认）、iso.dtl(ISO 标准)、din.dtl（德国标准）、jis.dtl（日本标准）、cns_cn.dtl（中国标准）、cns_tw.dtl（中国台湾标准）、3d_inch.dtl（英制标准）、3d_metric.dtl（公制标准）等，设置者可以直接在【选项】对话框中打开使用。

实际上，中国标准的配置文件 cns_cn.dtl 也并没有完全符合我国国标要求，如文字字体高度、投影法等。尤其是投影法，配置文件中采用了第三角投影，而我国国标则要求用第一角投影。设计者可先自行修改配置文件并存盘，以后使用时直接调入即可。

9.2　视图的建立

建立工程图的重点内容是在图纸中添加各种类型的视图，以表达零件的形状与尺寸。Creo 中可以建立的视图有普通视图、投影视图、局部放大图、辅助视图、旋转视图等。对于普通视图、投影视图和辅助视图，根据其可见区域的不同又可以有全视图、半视图、局部视图、破断视图等四种类型。

建立视图使用功能区【布局】选项卡【模型视图】组，如图 9-2-1 所示。单击 普通视图、投影视图、局部放大图或 辅助视图 分别建立普通视图、投影视图、局部放大图、辅助视图。其建立方法和过程基本相似。

图 9-2-1　【布局】选项卡

9.2.1　普通视图的建立

创建工程图时，通常情况下建立的第一个视图为普通视图，在图形中称为主视图，它可以作为其他视图的父视图。

建立普通视图时，单击功能区【布局】选项卡【模型视图】组中的普通视图按钮，在屏幕合适位置单击确定视图位置，图形区域显示模型在默认方向的视图，同时弹出【绘图视图】对话框。在对话框中设定视图定向、视图可见区域、视图比例、视图是否剖切、视图显示样式等内容，单击【确定】按钮完成视图。

9.2.1.1　视图定向

视图定向即确定视图的方向，【绘图视图】对话框的【视图类型】栏目如图 9-1-11 所示，有三种方式可设定视图方向。

（1）查看来自模型的名称。根据模型中的命名视图来定位本视图，如例 9-1 中若选用三维模型中已存在的 TOP 视图定位主视图，将显示如图 9-2-2 所示。

（2）几何参考。通过选定几何参照并指定其方向的方法确定视图方向，如例 9-1 中通过指定 TOP 面向前、RIGHT 面向上确定了主视图的方向。

（3）角度。使用选定参照的角度或定制角度定向。

9.2.1.2 指定视图的可见区域

在【绘图视图】对话框中的【可见区域】栏目中指定视图的可见区域，可生成全视图、半视图、局部视图或破断视图。默认状态下生成的视图为全视图，可通过下面方法生成其他类型的视图。

（1）生成半视图。指定一个参考平面并选择要保留的侧即可生成保留侧的半视图。如图 9-2-3 所示，指定视图可见性为半视图，选取 RIGHT 面作为半剖视图的分界参照，并指定保持右侧，如图 9-2-4 所示，生成半视图如图 9-2-5 所示。

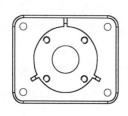

图 9-2-2　使用模型中的命名视图定位的视图

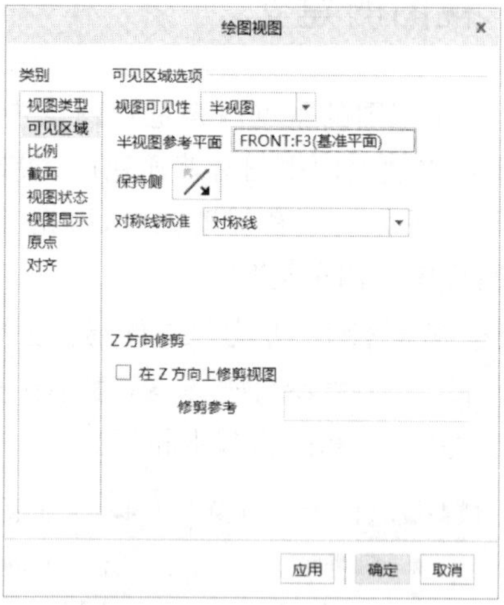

图 9-2-3　【绘图视图】对话框

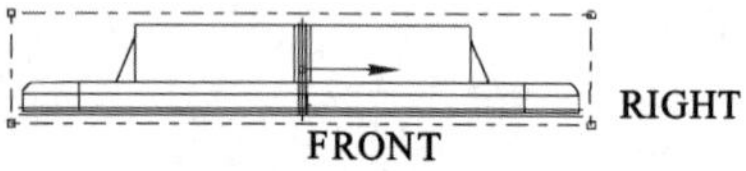

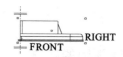

图 9-2-4　指定视图中保留的侧

图 9-2-5　半视图

（2）生成局部视图。仅显示存在于草绘边界内部的几何图形。如图 9-2-6 所示，要在轴上放大显示退刀槽局部，首先在局部视图中要保留区域中心附近选取视图几何上一点，然后围绕要显示区域草绘一条封闭的样条曲线，单击【应用】按钮生成局部视图，其对话框如图 9-2-7 所示。

（3）生成破断视图。对较长的零件，当沿长度方向形状一致或按一定规律变化时，如杆、轴等，可以断开后缩短表示。生成视图时，在可见区域中选择【破断视图】可完成此功能。如图 9-2-8 所示为轴类零件的破断视图表示法。

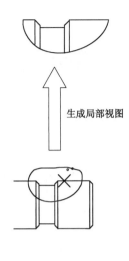

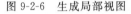

生成局部视图

图 9-2-6　生成局部视图

图 9-2-7　【绘图视图】对话框

图 9-2-8　生成破断视图

在生成破断视图时,选择【绘图视图】对话框的【可见区域】栏目中的【视图可见性】为【破断视图】,单击 ➕ 添加一个破断。在要开始破断区域的边线上单击向下移动鼠标并单击草绘一条竖直破断线,然后拾取第二个点生成第二个破断点,如图 9-2-9 所示。

图 9-2-9　选取破断点

在对话框中选择破断线的样式为【草绘】,如图 9-2-10 所示,并在破断点处绘制一条草绘曲线,如图 9-2-11 所示,单击对话框中的【确定】按钮生成破断视图。单击选取破断后生成的右侧视图并移动该视图,可以改变破断视图两部分间的距离。

9.2.1.3　指定视图的显示样式

在【绘图视图】对话框的【视图显示】栏目中设定视图的显示状态,如图 9-2-12 所示。其显示方式列表如图 9-2-13 所示,可以设定视图显示为【跟随环境】、【线框】、【隐藏线】、【消隐】、【着色】、【带边着色】六种方式。其中【跟随环境】显示线型是指工程图中视图的显示方式与模型显示样式同步,视图线型显示将随着模型显示样式的改变而改变。

图 9-2-10 【绘图视图】对话框一

图 9-2-11 草绘破断线

图 9-2-12 【绘图视图】对话框二

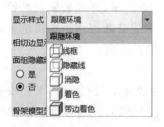

图 9-2-13 视图显示样式列表

图 9-2-14 相切边显示样式列表

相切边显示样式列表如图 9-2-14 所示,用于显示模型中的相切边。对于图 9-2-15 所示模型,默认建立的工程图如图 9-2-16 所示,在周边圆角处视图显示相切边。若修改其相切边显示样式为【无】,视图显示如图 9-2-17 所示。

图 9-2-15　要建立工程图
的模型

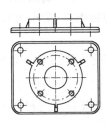

图 9-2-16　显示相切边
的工程图

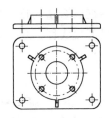

图 9-2-17　不显示相切边
的工程图

9.2.2　投影视图的建立

投影视图是主视图沿水平或竖直方向的正交投影。使用第一视角法投影,从主视图的上方向下看生成俯视图,放在主视图的下面;从主视图的左面向右看生成左视图,放在主视图的右面。插入投影视图的过程和步骤如下:

(1) 单击功能区【布局】选项卡【模型视图】组中的投影视图按钮 ⬚⬚投影视图,选取投影视图的俯视图。若此时工程图中只有一个视图,此视图自动成为其俯视图;若激活命令前已经选取了视图,此视图也自动作为新视图的俯视图。

(2) 在图形窗口合适位置单击,创建投影视图。

(3) 双击此视图或在绘图树中右击新建立的投影视图,选取【属性】菜单项,如图 9-2-18 所示,打开【绘图视图】对话框,修改其可见区域、是否剖切、显示样式等内容。

图 9-2-18　视图的右键菜单

(4) 重复前面三步,建立其他投影视图。

注意:在创建投影视图前要根据投影要求,设置使用第一视角法或第三视角法投影。关于投影视角的设置,参见 9.1 节。

9.2.3 局部放大图的建立

局部放大图是放大显示其俯视图中一部分内容的视图。绘制局部放大图过程中要指定在俯视图中局部放大图的中心点,并草绘一条曲线以形成局部放大图的轮廓线,然后在合适位置系统以合适的比例生成放大后的视图,以后也可以自定义放大的比例。

局部放大图的建立过程如下:

(1) 单击功能区【布局】选项卡【模型视图】组中的局部放大图按钮 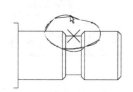 局部放大图,屏幕消息区显示 ➡在一现有视图上选择要查看细节的中心点,单击选取俯视图上要生成局部放大图的点,如图 9-2-19 中叉号所在位置。

图 9-2-19 围绕要生成
局部放大图的区域
绘制样条曲线

(2) 围绕要生成局部放大图的区域草绘一闭合样条曲线,如图 9-2-19 所示。

(3) 单击中键,完成样条曲线的绘制,屏幕消息区显示 ➡选择绘图视图的中心点,在要生成局部放大图的位置上单击,生成如图 9-2-20 所示的视图。

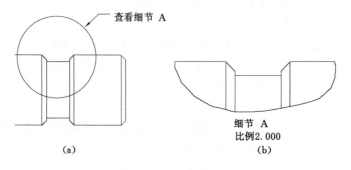

查看细节 A

(a)

细节 A
比例2.000

(b)

图 9-2-20 局部放大图

(4) 双击生成的局部放大图,或在绘图树中右击新建立的视图,并在右键菜单中选取【属性】菜单项,打开【绘图视图】对话框,可以修改其比例等属性。

9.2.4 辅助视图的建立

如图 9-2-21 所示,壳体上部接头所在的面是倾斜的且不平行于任何基本投影面,主视图和水平、竖直方向上的投影视图难以表达该部分的形状以及标注真实尺寸,需要建立辅助视图。

辅助视图是一类特殊的投影视图,它的投影方向为要表达的倾斜面的法线方向,因为这类视图是向不平行于基本投影面的平面投影所得到的视图,在机械制图中也称为斜视图。

生成辅助视图的具体步骤如下:

(1) 单击功能区【布局】选项卡【模型视图】组中的辅助视图按钮 辅助视图,单击选取俯视图中要表达的面上的一条线。因为要生成的辅助视图与其俯视图垂直,要表达的平面在俯视图上显示为一条线。在图 9-2-21 中选取主视图中箭头所指的斜线,也可选取斜面所在的基准平面 DTM3,如图 9-2-22 所示。

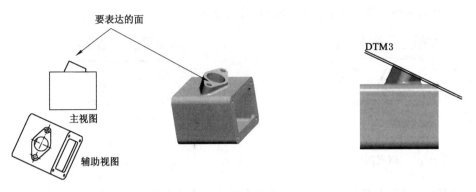

图 9-2-21　辅助视图　　　　　　图 9-2-22　选取基准平面 DTM3 建立辅助视图

（2）屏幕消息区显示 ➡选择绘图视图的中心点，移动鼠标，出现一个跟随鼠标移动的方框，其移动方向垂直于要表达的斜面，此方框即要生成的辅助视图，在合适位置单击放置视图，生成如图 9-2-21 左下视图所示的辅助视图。

（3）双击辅助视图，弹出【绘图视图】对话框。一般情况下，辅助视图仅需显示所要表达的面，单击【截面】栏目，选取剖面选项为【单个零件曲面】，并选取所要表达的面如图 9-2-23 所示，【绘图视图】对话框如图 9-2-24 所示，单击【应用】按钮，工程图如图 9-2-25 所示，这个视图又称为"向视图"。

图 9-2-23　选取辅助　　　图 9-2-24　【绘图视图】对话框　　　图 9-2-25　生成的
　　视图表达的曲面　　　　　　　　　　　　　　　　　　　　　辅助视图

以上建立辅助视图所用模型参见网络配套文件 ch9\ ch9_2_example1.prt，建立的工程图参见 ch9_2_example1.drw。

9.3　剖视图和剖面图的建立

剖视图是指用假想的剖切面把零件切开，移去观察者和剖切面之间的实体部分，将余下的部分向投影面投影得到的图形，剖视图示意图如图 9-3-1 所示。而剖面图指的是用假想剖切面把零件切开后画出的断面图,示意图如图 9-3-2 所示。

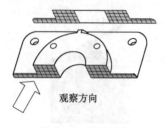

图 9-3-1　剖视图

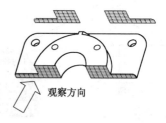

图 9-3-2　剖面图

如图 9-3-3 所示,创建工程图的视图时,在【绘图视图】对话框的【截面】栏目中,指定【模型边可见性】为【总计】时,创建剖视图,指定【模型边可见】为【区域】时,创建剖面图。

图 9-3-3　【绘图视图】对话框

通过【绘图视图】对话框的剖面设置,可将以上各种视图变为剖面图。默认状态下,剖面选项为【无截面】,生成的视图为非剖面图。若指定剖面选项为【2D 横截面】,可生成剖面图或剖视图。若指定剖面选项为【单个零件曲面】则生成向视图。

9.3.1　创建横截面

在创建剖视图时需要使用横截面,横截面可以在三维建模状态下创建并保存,也可以在插入剖视图时添加,其主要作用是显示模型内部形状与结构。横截面根据其建立方法不同分为以下两种:

（1）平面横截面。使用基准面剖切实体得到的截面,如图 9-3-4 所示。

（2）偏移横截面。用草绘的多个面对模型剖切,如图 9-3-5 所示。

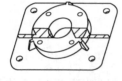

图 9-3-4　平面横截面

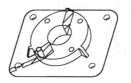

图 9-3-5　偏移横截面

下面以上面两个横截面为例介绍横截面的创建方法。本例模型参见网络配套文件 ch9\ch9_3_example1.prt。

9.3.1.1　创建平面横截面

（1）打开文件 ch9_3_example1.prt，并单击功能区【视图】选项卡【模型显示】组中的管理视图按钮，在弹出的【视图管理器】对话框中单击打开【截面】属性页，单击【新建】按钮弹出下拉菜单如图 9-3-6 所示。

（2）单击【平面】选项，新建平面截面，在名称列表中输入截面名称或接受默认名称，回车（或单击鼠标中键）完成后，功能区添加【截面】操控面板如图 9-3-7 所示。以上命令也可通过直接单击功能区【视图】选项卡【模型显示】组中的截面按钮完成。

图 9-3-6　【视图管理器】的截面属性页

图 9-3-7　【截面】操控面板

（3）单击【参考】，并选取模型中的 FRONT 面作为截面参照，其滑动面板如图 9-3-8 所示，图形区显示截面预览如图 9-3-9 所示。

图 9-3-8　【参考】滑动面板

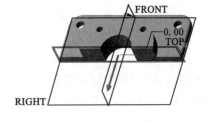

图 9-3-9　截面预览

（4）单击操控面板中的按钮，完成截面如图 9-3-10 所示，此时的【视图管理器】对话框如图 9-3-11 所示，新建的截面 Xsec0001 处于激活状态。双击激活列表中的无横截面，模型恢复到无截面的原始状态。

默认状态下，截面在非激活状态下不显示，在【视图管理器】对话框中右击截面，选取【显示截面】复选框如图 9-3-12 所示，截面前显示 ◉ 图标，截面将处于可见状态，如图 9-3-4 所示。

图 9-3-10　截面

图 9-3-11　截面预览

图 9-3-12　显示截面

9.3.1.2　创建偏移横截面

（1）在上面建立平面横截面的模型中，在【视图管理器】对话框的【截面】选项卡中新建一个横截面，在图 9-3-6 所示对话框的列表中选取【偏移】选项，弹出操控面板如图 9-3-13 所示，或单击功能区【视图】选项卡【模型显示】组中的截面按钮 下的三角形，在弹出图 9-3-14 中选取【偏移截面】选项也可完成上述操作。

图 9-3-13　偏移横截面操控面板

图 9-3-14　【截面】命令下拉菜单

（2）单击面板中的【草绘】，弹出滑动面板如图 9-3-15 所示，单击【定义】按钮，选取模型底面作为草绘平面，绘制线段如图 9-3-16 所示，注意线段要经过三个圆的圆心。

图 9-3-15　【草绘】滑动面板

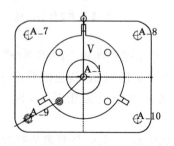

图 9-3-16　偏移横截面的草图

（3）单击操控面板中的按钮 ，完成截面如图 9-3-17 所示。双击激活【视图管理器】

对话框列表中的无横截面,模型恢复到无截面的原始状态。

带有横截面的模型参见网络配套文件 ch9\f\ch9_3_example1_f.prt。

9.3.2　全剖视图的建立

利用以上建立的横截面,可以建立剖视图或剖面图。若显示整个剖面,可建立全剖视图。例如,使用网络配套文件 ch9\f\ch9_3_example1_f.prt 中建立的平面横截面,可建立剖视图如图 9-3-18 所示。其建立步骤如下。

图 9-3-17　截面

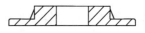

图 9-3-18　剖视图

步骤 1:新建工程图文件。

(1) 单击【文件】→【新建】菜单项或顶部快速访问工具栏中新建按钮，在弹出的【新建】对话框中选择 ◉ 绘图 类型,输入文件名,单击【确定】按钮进入下一步。

(2) 在【新建绘图】对话框中指定模型和模板。单击【浏览】按钮,在随后的【打开】对话框中找到网络配套目录中的 ch9\f\ch9_3_example1_f.prt 作为绘图模型。指定模板为【空】,选用横向 A3 图纸。单击【确定】按钮进入工程图。

步骤 2:使用普通视图创建主视图。

单击功能区【布局】选项卡【模型视图】组中的常规视图按钮，在图形窗口合适位置单击,显示主视图同时弹出【绘图视图】对话框。选取 TOP 面向前和 RIGHT 面向上定位视图。

步骤 3:建立全剖视图。

在【绘图视图】对话框中,单击【截面】,在【剖面选项】中选取【2D 横截面】,并单击 ➕ 添加剖视图,如图 9-3-19 所示。在弹出的横截面列表中选取【XSEC0001】,指定【剖切区域】为【完整】,单击【应用】按钮,建立全剖视图如图 9-3-18 所示。

本例生成的工程图参见网络配套文件 ch9\f\ch9_3_example1_f.drw。

也可以在轴测图中建立全剖视图。在上例模型中,首先使用命名视图 1 建立视图如图 9-3-20 所示,然后使用已有截面 XSEC0002 建立的全剖视图如图 9-3-21 所示。工程图参见网络配套文件 ch9\f\ch9_3_example1_f.drw。

图 9-3-19　【绘图视图】对话框

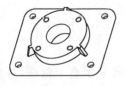

图 9-3-20 模型的命名视图 1　　　　　　　　　图 9-3-21 模型的全剖视图

9.3.3 半剖视图的建立

当整个零件或零件中将要表达的部分具有对称关系时,没有必要绘制全剖图,可以仅绘制一个半剖视图,另一半用于表达零件外形。

半剖视图的建立方法与全剖视图类似,只是在选择剖切区域时,将【完整】改为【半倍】然后选择一个面作为参照,并指定要去除的侧即可。

双击网络配套文件 ch9\f\ch9_3_example1_f.drw 中左侧的视图,打开【绘图视图】对话框,选取剖切区域为【半倍】,并指定 RIGHT 面作为参照,剖切参照平面的右侧,如图 9-3-22 所示。单击【应用】按钮生成半剖视图如图 9-3-23 所示。

图 9-3-22 设定半剖视图

本例参见网络配套文件 ch9\f\ch9_3_example1_f2.drw。

9.3.4 局部剖视图的建立

当需表达的内容只有零件模型内部一小部分时,可以使用局部剖视图,如图 9-3-24 所示。

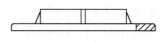

图 9-3-23 半剖视图　　　　　　　　　　　　图 9-3-24 局部剖视图

局部剖视图的建立方法与全剖、半剖视图类似,在选择剖切区域时,选取【局部】,如图 9-3-25 所示,然后选定局部剖视图内的一点并草绘样条表示视图范围,如图 9-3-26 所示。

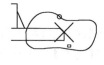

图 9-3-25　【绘图视图】对话框　　　　图 9-3-26　　选取局部视图的范围

本例参见网络配套文件 ch9\f\ch9_3_example1_f3.drw。

9.4　尺寸标注与编辑

尺寸是完整图纸所不可缺少的重要内容，Creo 工程图是基于统一数据库建立的，其所有数据均来自与之关联的零件模型，所以工程图和零件模型之间有一个天然的相互关联性：修改工程图中代表零件模型参数的驱动尺寸会使模型发生变化，而修改模型同样也可改变工程图中模型的尺寸。

Creo 工程图中主要的尺寸有两类，一类是由定义特征的参数生成的，如图 9-4-1 所示，图中的尺寸 5 是其所在特征的拉伸高度，是驱动特征的尺寸，故称为驱动尺寸。修改工程图中的这个尺寸值时，三维模型中特征的高度也会发生变化。

工程图中另一类常用的尺寸称为从动尺寸，如图 9-4-2 中模型高度尺寸 15。这类尺寸是设计者使用尺寸标注命令根据几何的边界标注的尺寸，它能反映所标注几何的形状和位置。当模型改变时这些尺寸也会随着更新，但它们不是模型中特征的尺寸，不能驱动零件模型，设计者不能修改尺寸值，只有当模型中与之相关的特征发生变化时，这些尺寸才能发生相应的变化。图 9-4-2 中模型的高度尺寸 15 是上下两个拉伸特征拉伸高度之和，当任一拉伸特征发生变化时，模型的总高度都有可能发生变动，所以这个尺寸为从动尺寸。

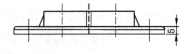

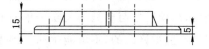

图 9-4-1　视图中的驱动尺寸　　　　　　图 9-4-2　视图中的从动尺寸

功能区【注释】选项卡如图 9-4-3 所示，包括了建立尺寸、基准、表面粗糙度以及形位公差等注释性信息的工具。

图 9-4-3　带状条【注释】属性页

9.4.1　建立驱动尺寸

单击功能区【注释】选项卡【注释】组中的显示模型注释命令按钮 ，弹出【显示模型注释】对话框,单击【类型】下拉列表选取【所有驱动尺寸】如图 9-4-4 所示。此时在视图上选取特征,或直接从绘图树上选取视图,显示驱动尺寸如图 9-4-5 所示,这些尺寸包括了所有定义特征的尺寸,同时【显示模型注释】对话框中也列出了这些尺寸,如图 9-4-6 所示。

图 9-4-4　选取要显示
注释的类型

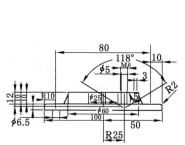

图 9-4-5　所有驱动
尺寸预览

图 9-4-6　驱动
尺寸列表

单击模型上的预览尺寸,或单击【显示模型注释】对话框列表中的尺寸,选取希望保留的尺寸,然后单击对话框中的【应用】按钮,视图中将仅显示被选取的尺寸,其余尺寸被拭除。

9.4.2　插入从动尺寸

驱动尺寸是建立特征时生成的参数,有时这些参数不足以表达工程图的设计意图,需要在视图上添加额外的尺寸,这些人工添加的尺寸即从动尺寸。从动尺寸反映了模型上特定几何的尺寸,也会随着模型的变化而更新,但却不能像驱动尺寸那样用来驱动三维模型。也就是说,从动尺寸与模型的关联是单向的,三维模型的改变能驱动从动尺寸变化,但从动尺寸却是不能被修改的,不可能驱动三维模型。

单击【注释】组中从动尺寸按钮 ，弹出【选择参考】对话框如图 9-4-7 所示,单击相应的图元作为参照插入从动尺寸。

从动尺寸的创建与草绘状态下标注尺寸的步骤类似,

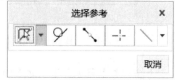

图 9-4-7　【选择参考】对话框

左键选取图形对象,中键放置位置。不同的是,工程图中选取标注对象时,部分情况下需要按住 Ctrl 键。根据设计意图,选取下列依附类型之一作为尺寸界线。

（1）图元上 ▨。尺寸界线位于选定的图元上,或位于选定图形的圆心上。

（2）切线 ✍。尺寸线位于选定圆弧的切点上。

（3）中点 ✎。尺寸界线位于选定图元的中点处。

（4）求交 ⊣⊢。尺寸界线位于多个图元的交点处。

例如,要想标注圆心到下边线的距离,在【选择参考】对话框中图元上按钮 ▨ 被选中的情况下,单击选取左侧圆的圆弧,如图 9-4-8 所示,然后按住 Ctrl 键继续单击选取下边线,尺寸预览如图 9-4-9 所示,在图中所示位置单击中键完成尺寸标注。

若要标注单圆弧切线至边线尺寸,在【选择参考】对话框中单击切线按钮 ✍,在图中单击选取圆弧,然后在对话框中单击图元上按钮 ▨ 并按住 Ctrl 键单击选取右侧边线,出现尺寸预览如图 9-4-10 所示,单击中键完成尺寸标注。

图 9-4-8　选取从动尺寸参照

图 9-4-9　尺寸预览

图 9-4-10　圆弧切线至边线尺寸

9.4.3　尺寸编辑

驱动尺寸和从动尺寸均为模型的注释,完成标注后,在绘图树中将显示这些尺寸,如图 9-4-11 所示。

注意:仅当带状条处于【注释】属性页时,绘图树才显示注释。

在视图上单击选取尺寸,或从绘图树上选取尺寸,被选中的尺寸在模型上高亮显示。尺寸在选中状态下,右击弹出右键菜单如图 9-4-12 所示。对尺寸可进行如下编辑:

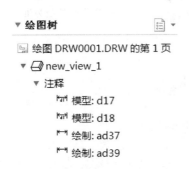

图 9-4-11　绘图树中显示尺寸注释

图 9-4-12　尺寸的右键菜单

（1）删除尺寸。选取右键菜单中的【删除】菜单项可删除此尺寸,也可直接在选取状态下按 Delete 键删除。

（2）修改驱动尺寸数值。若选取的尺寸为驱动尺寸,双击尺寸数值,尺寸值变为输入框,可输入新值以改变特征参数。

(3) 移动尺寸。拖动尺寸或尺寸线,可移动尺寸位置或尺寸线起点。

(4) 反向箭头。选取尺寸,并选取右键菜单中的【反向箭头】菜单项,可将箭头反向到尺寸线内/外。

(5) 修改尺寸属性。单击尺寸,弹出【尺寸】操控面板如图 9-4-13 所示。可以修改尺寸值、尺寸公差、精度以及添加前后缀等。

图 9-4-13　尺寸操控面板

9.4.4　中心线的显示与调整

若模型中含有旋转特征、孔特征或草绘截面是圆的拉伸特征等,生成工程图时可调整显示其中心线。这些中心线同驱动尺寸一样,默认状态下是不显示的,需要设计者手动将其显示出来。

单击功能区【注释】选项卡【注释】组中的显示模型注释命令按钮，在弹出的【显示模型注释】对话框中选取最后一个属性页，并单击其【类型】下拉列表,选取【轴】,如图 9-4-14 所示。在此状态下选取特征或视图,可显示轴的预览,并且在【显示模型注释】对话框中显示这些轴的列表,选取要保留的轴并单击【应用】按钮,完成轴的显示。

图 9-4-14　选取要显示注释的类型为轴

单击【取消】按钮关闭【显示模型注释】对话框后,单击可激活视图中的轴,如图 9-4-15 中间轴所示,拖动轴端点上的活动点可改变轴的长度。

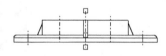

图 9-4-15　激活视图中的轴

9.5　图形文件格式转换

Creo 中生成的工程图可以转化为其他格式的矢量图或位图。单击【文件】→【另存为】→【保存副本】菜单项,可以选取保存为 iges、stp、dxf、dwg、pdf 等矢量格式,或保存为 pic、tiff 等位图格式。

单击【文件】→【另存为】→【导出】菜单项,功能图添加【导出设置】选项卡如图 9-5-1 所示,可选取 DWG、PDF、DXF、IGES、STEP、TIFF 等格式将工程图转化为对应格式文件。

图 9-5-1　【导出设置】选项卡

以网络配套文件 ch9\ch9_5_example1.drw 为例来说明文件格式转换的方法和过程。打开工程图,单击【文件】→【另存为】→【导出】菜单项。

(1) 导出 DWG 格式文件。选取 DWG 单选框并单击选项卡中的设置按钮，弹出【DWG 的导出环境】按钮,选择文件版本(此处设置版本为 2013)并进行其他设置,如图 9-5-2 所示。单击【确定】按钮完成设置。单击选项卡中的导出按钮，打开【保存副本】对话框,选取路径并输入零件名称,工程图导出为 AutoCAD 格式,参见网络配套文件 ch9\f\ch9_5_example1_f.dwg。

(2) 发布为图片格式文件。选取 TIFF 图片格式单选框,单击选项卡中的导出按钮，打开【保存副本】对话框,选取输出路径和零件名称,工程图导出为 TIF 格式,参见网络配套文件 ch9\f\ch9_5_example1.tif。

图 9-5-2　【DWG 的导出环境】对话框

提示:Creo 的特点及优势体现在其三维建模功能和参数化、基于特征、单一数据库、全相关等先进技术上,在二维图形的生成及操控方面 Creo 显得较为笨拙。而 AutoCAD 为专业的二维图形绘制软件,其二维功能是大多数三维软件没法比拟的。所以很多设计者采用多软件结合的方法进行产品设计,其过程为:

(1) 在 Creo 等三维设计软件中生成三维模型,并建立工程图文件,根据投影关系创建三维模型的各视图并生成尺寸、注释等内容。

(2) 利用工程图的图形文件格式转换功能,将已生成的工程图转换为 DWG 文件。

(3) 在 AutoCAD 软件中打开(2)中生成的文件,对其文字、线型、中心线等做进一步的调整并生成图框、标题栏、公差等内容,完成工程图。

用多软件结合的方法建立的二维图,有一个明显的缺点就是最终 AutoCAD 格式的二维图和三维软件中的三维模型没有关联。如果三维模型变化了,需要重新生成工程图并转换为 AutoCAD 格式,或直接手工修改 AutoCAD 图形。

为了使转换前后的图形尺寸相同，要注意以下两个问题：

（1）在 Creo 中由三维模型生成工程图的时候，要保持单位的统一，即要么两者都使用英寸作为单位，要么使用毫米，否则转换到 AutoCAD 中的图形将与模型设计尺寸相差 25.4 倍的转换倍数。

（2）在 Creo 中创建视图的时候，调整其比例为 1，否则导出的 AutoCAD 图形的尺寸会与 Creo 中模型的设计尺寸相差一个比例倍数。

单击【文件】→【选项】菜单项，弹出【Creo Parametric 选项】对话框，单击左侧列表中的【数据交换】，可以进行数据交换的设置，其选项面板如图 9-5-3 所示。

图 9-5-3 【Creo Parametric 选项】对话框中的数据交换设置

习 题

1. 打开网络配套文件 ch9\ch9_exercise1.prt，其三维模型如题图 1 所示，创建其工程图，如题图 2 所示。

题图 1 习题 1 实体图

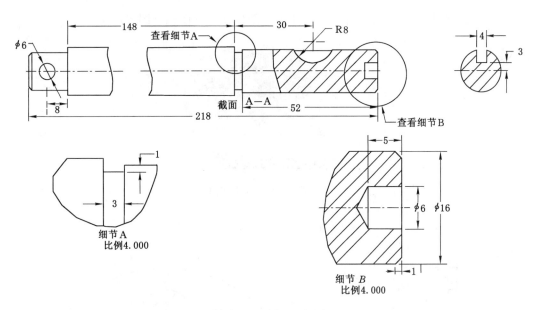

题图 2 习题 1 工程图

2. 建立题图 3 所示实体,并以此实体为模型建立工程图如题图 4 所示。要求所建立的工程图要与图示一致,包括视图、尺寸、中心线、箭头样式等内容。

题图 3 习题 2 实体图

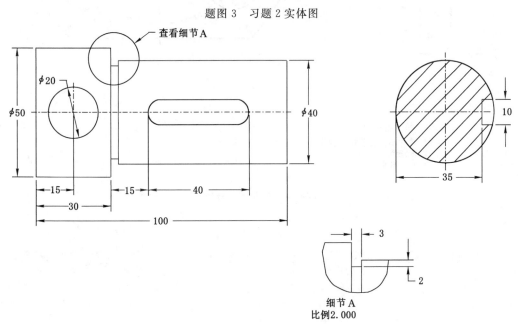

题图 4 习题 2 工程图

3. 建立题图 5 所示实体,并以此实体为模型建立工程图如题图 6 所示。

题图 5　习题 3 实体图

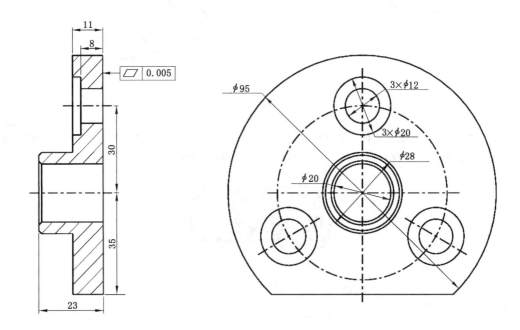

技术要求
1.铸件不得有砂眼、裂纹
2.未注倒角 R1
3.实效处理

题图 6　习题 3 工程图

第 10 章　模型外观设置

本章介绍模型外观设置的相关知识,主要包括模型显示控制、方向控制以及外观编辑等内容。

10.1　模型显示与系统颜色设置

单击【文件】→【选项】菜单项,弹出【Creo Parametric 选项】对话框。单击对话框左侧列表中的【模型显示】、【图元显示】、【系统外观】,打开相应选项面板,可以控制模型显示方式、图形显示设置以及系统各组成部分的显示颜色。

10.1.1　模型显示

10.1.1.1　图元显示控制

单击【Creo Parametric 选项】对话框左侧列表中的【图元显示】项,打开面板如图 10-1-1 所示。图中,【默认几何显示】控制默认状态下模型显示形式,默认为着色状态,单击列表可将其修改为线框、隐藏线、无隐藏线、带边反射或带反射着色等显示样式,如图 10-1-2 所示。

图 10-1-1　【Creo Parametric 选项】对话框【图元显示】面板

对话框中的【边显示质量】控制模型中圆弧等非直线图元的显示精度,单击显示下拉列表如图 10-1-3 所示。图 10-1-4 显示了一个连接管模型,图 10-1-4(a)中边的显示质量为很高,图 10-1-3(b)其显示质量为低。很明显,图 10-1-3(b)中的圆弧显示时以较大线段替代,质量较差。

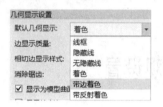

图 10-1-2　默认几何显示列表

图 10-1-3　【边显示质量】下拉列表

(a)　　　　　　　　(b)

图 10-1-4　使用【边显示质量】下拉列表控制模型中圆弧显示质量

(a) 高质量显示圆弧;(b) 低质量显示圆弧

　　单击【相切边显示样式】弹出下拉列表如图 10-1-5 所示,
选取不同选项可控制模型中相切边的显示形式。默认状态
下,相切边显示为实线。图 10-1-6 为各种相切边的显示情况,
图 10-1-6(a)为着色模型,是一个顶部倒半径为 20 圆角、4 个
竖边倒半径为 10 圆角的长方形。当以线框显示时,默认情况
下相切边显示为实线,如图 10-1-6(b)所示;相切边不显示时
如图 10-1-6(c)所示;相切边显示为虚线时如图 10-1-6(d)
所示。

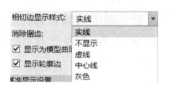

图 10-1-5　相切边显示样式
下拉列表

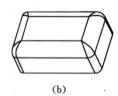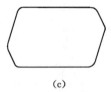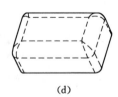

(a)　　　　　　(b)　　　　　　　(c)　　　　　　　(d)

图 10-1-6　各类相切边的显示情况

(a) 着色模型;(b) 相切边以实线显示;(c) 相切边不显示;(d) 相切边以虚线显示

　　由于计算机显示系统的原因,斜线在显示时是由多段小的水平线和竖直线拟合而得。
在线框显示模式下,斜线的显示质量由选项对话框中的【消除锯齿】项控制。单击【消除锯
齿】下拉列表如图 10-1-7 所示,当选取【关闭】时,模型中的斜线将以锯齿状线显示,如
图 10-1-8(a)所示;选取【16 X】时模型消除锯齿,如图 10-1-8(b)所示。

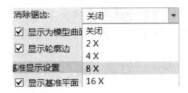

图 10-1-7　【边显示质量】下拉列表　　　　图 10-1-8　斜线的消除锯齿显示效果比较

（a）关闭消除锯齿选项；（b）使用【16 X】选项消除锯齿

10.1.1.2　模型显示控制

单击【Creo Parametric 选项】对话框左侧列表中的【模型显示】项，打开面板如图 10-1-9 所示。着色状态下曲面模型显示的质量由对话框中的【着色模型显示设置】项控制，其中决定模型显示质量的是【将着色品质设置为】后面输入框中的数字。此输入框可以输入从 1 到 50 之间的整数，输入数字越大表示模型的显示质量越高。如图 10-1-10 所示的球，设置着色质量为 50 时显示如图 10-1-10(a)所示，设置为 1 时显示如图 10-1-10(b)所示。

图 10-1-9　【Creo Parametric 选项】对话框【模型显示】面板

图 10-1-10　球显示质量比较

（a）着色品质为 50 时的显示效果；（b）着色品质为 1 时的显示效果

提示：默认状态下系统设置模型显示质量不高，模型着色品质设置为 3 且图元显示的消除锯齿选项关闭，其目的是减少在显示时占用的内存和 CPU 等资源，以提高系统工作效率。

10.1.2 系统颜色设置

单击【Creo Parametric 选项】对话框左侧列表中的【系统外观】项，打开面板。单击其中的【图形】、【基准】、【几何】、【草绘器】等打开折叠项如图 10-1-11 所示，单击其中任意一项即可修改其显示颜色。例如，单击【图形】中的【背景】弹出面板如图 10-1-12 所示，选取一种主题颜色，或单击【更多背景颜色】自定义颜色，或单击【梯度】定义颜色渐变的混合颜色背景。

图 10-1-11 【Creo Parametric 选项】对话框【系统颜色】面板

提示：更改系统颜色后，当重新打开软件时各系统颜色会自动重设为默认值。若要恢复以前自定义好的颜色界面，可以在设置好颜色后，将此颜色输出为颜色方案文件，方法为：在图 10-1-11 所示选项对话框中单击底部的颜色【导出】按钮，在弹出的【保存】对话框中输入一个颜色文件名（其扩展名为 .scl）并按【确定】按钮保存。以后要设置此界面颜色时，在图 10-1-11 所示选项对话框顶部单击系统颜色后面的【导入】按钮，打开【打开】对话框，导入刚才存盘的颜色文件即可。

单击选项对话框顶部的【系统颜色】下拉列表，如图 10-1-13 所示，选取【默认】可恢复系统默认颜色。

图 10-1-12　更改背景颜色　　　　　　图 10-1-13　【系统颜色】下拉列表

10.2　模型方向控制

从不同的位置、角度观察模型是建模软件的基本功能,拖动鼠标中键可任意旋转模型,本节介绍控制模型方向的其他方法。

10.2.1　方向控制相关命令说明

功能区【视图】选项卡【方向】组如图 10-2-1 所示,其中的命令与模型方向控制相关,说明如下。

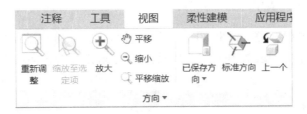

图 10-2-1　【视图】选项卡【方向】组

（1）标准方向按钮。以系统默认的斜轴测方向显示模型。

（2）上一个按钮。以上一次的视图方向显示模型,如当前为模型的 FRONT 视图方向,由于观察模型的需要旋转了模型,单击上一个按钮即可恢复到前面的 FRONT 视图方向。

（3）重新调整按钮。重新调整模型大小,使其完全显示在屏幕上。此操作仅改变模型显示的比例大小,而不会改变模型的方向。

为了便于模型的方向控制,系统提供了图形工具栏,默认置于图形窗口顶部,其名称如图 10-2-2 所示。其中部分功能说明如下。

（4）重新调整模型大小至屏幕适合大小,此命令不调整模型方向仅调整其大小。

（5）在指定窗口区域放大模型。单击该按钮后在当前图形中选定一个矩形区域,将该区域的所选图形放大到整个屏幕。

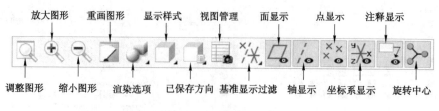

图 10-2-2　图形工具栏

（6）　缩小模型。以模型中心为中心，将模型高度和宽度各缩小到原来的一半。

（7）　保存的视图列表。单击显示下拉列表，列表显示了系统默认的和用户自定义的视图列表，单击选中其中的任意一个，模型即可恢复到此视图方向。

（8）　是否显示各类基准。单击各按钮决定是否显示基准及注释。

（9）　是否显示旋转中心。拖动中键，显示旋转中心时模型以旋转中心为中心旋转，不显示时模型以选定点为中心旋转。

10.2.2　模型重定向

单击功能区【视图】选项卡【方向】组中的已保存方向按钮，弹出下拉菜单如图 10-2-3 所示。单击列表中的标准方向、FRONT 等已保存方向可调整模型显示方向；单击　重定向(O)…打开【视图】对话框如图 10-2-4 所示，可重定向并保存视图方向。单击对话框中的【类型】弹出下拉列表如图 10-2-5 所示，显示了确定视图方向的三种方式。

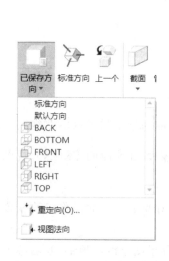

图 10-2-3　【已保存方向】列表　　　图 10-2-4　重定向【视图】对话框　　　图 10-2-5　确定方向的类型

常使用按参考定向的方式对模型重定向。按参考定向是分别指定两个相互垂直的平面的方向来确定模型视图方向。例如，指定图 10-2-6 中的 FRONT 面向前、TOP 面向上得到模型视图方向如图 10-2-7 所示。

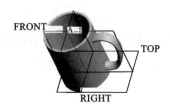

图 10-2-6 原始模型

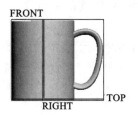

图 10-2-7 定向后的模型

重定向模型后,在图 10-2-4 所示对话框中【视图名称】输入框中输入方向名称,单击其后的保存按钮 ⊟ 将该方向视图保存为命名视图,单击【已保存方向】可显示已保存的命名视图,如图 10-2-8 所示。与系统预定义的 FRONT 等视图方向一样,可以在已保存方向列表中方便地调出该命名视图。

动态定向是指通过指定当前模型在水平方向与竖直方向的平移、指定缩放比例、指定模型的旋转角度等方式来确定模型视角,其对话框如图 10-2-9 所示。

图 10-2-8 【已保存方向】列表及其操作区域

图 10-2-9 动态定向时的【视图】对话框

其中,拖动平移下方的 H 和 V 滑块,在水平方向和竖直方向上平移模型;拖动缩放滑块缩放模型,也可直接在其后的输入框中输入移动或缩放的数值。

动态定向的另一项内容为指定模型的旋转,根据旋转方式的不同分为根据中心轴和屏幕轴旋转两种方式。默认状态下,旋转方式后的 ◉ 屏幕轴 单选框被选中,模型根据屏幕轴旋转,模型将根据屏幕中心位置上的水平轴 H、竖直轴 V、垂至于屏幕的轴 C 作为旋转轴旋转;单击选取 ◉ 中心轴 单选框,模型将根据旋转中心上的 X 轴、Y 轴和 Z 轴作为旋转轴旋转。也可以在以上旋转轴后的输入框中直接输入旋转角度。

10.3　模型外观设置

模型外观取决于模型颜色、亮度、表面贴图、反射以及透明设置。通过设置颜色、纹理或其组合来定义外观。Creo 图形窗口中模型默认颜色为蓝灰色，为更好地表现模型，可对其添加材质以表现更好的视觉效果。同时，对模型表面设置纹理、贴花或透明效果等，可加强模型真实感。

10.3.1　设置模型外观

单击功能区【视图】选项卡【外观】组中的外观按钮，对选取的组件、元件或模型表面设置外观。设置外观的方式有以下两种：

（1）首先激活外观设置命令，然后根据提示选取应用该外观的对象。

（2）首先选取一个或多个对象，然后激活外观设置命令，完成外观设置。

当前外观按钮图标 中显示的是活动外观的缩略图，在未进行任何选取的情况下直接单击该图标，弹出【选择】对话框如图 10-3-1 所示，同时鼠标变为刷子状，表示当前处于模型或面的选取状态，此时单击选取一个对象，或按住 Ctrl 键选取多个对象，单击【选择】对话框的【确定】按钮，即可在选定对象上应用外观库按钮图标中显示的活动外观。

若首先选取对象（组件、元件或模型表面），再单击外观按钮，则系统在没有任何提示的情况下直接将当前的活动外观应用到选定对象上。

10.3.2　编辑模型外观

单击外观按钮 下部的三角形，弹出【外观库】面板如图 10-3-2 所示。此面板主要有【我的外观】、【模型】和【库】三个调色板以及【清除外观】、【更多外观】、【编辑模型外观】、【外观管理器】、【复制并粘贴外观】等几个功能图标。

【我的外观】调色板显示了用户创建并存储在启动目录或指定路径中的外观。该调色板显示缩略图颜色样本以及外观名称。

【模型】调色板显示在活动模型中存储和使用的外观。如果活动模型没有任何外观，则【模型】调色板显示缺省外观。当新的外观应

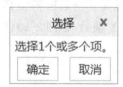

图 10-3-1　【选取】对话框

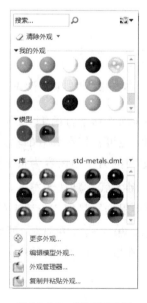

图 10-3-2　【外观】面板

用到模型后,它会显示在此调色板中。

【库】调色板显示了系统库中预定义的外观缩略图,其右侧显示了库的名称,图 10-3-2 中显示的是系统库 std-metals.dmt 中预定义的外观,单击库名弹出下拉列表可以选取其他预定义的文件。

使用图 10-3-2 所示【外观】面板可编辑模型外观,其具体功能如下:

(1) 设置活动外观。活动外观即当前外观,是指选取模型或其表面可以直接应用的外观。从任意一个调色板中单击选取一种外观,此外观成为当前活动外观,并显示在外观图标按钮 中。

(2) 建立新的外观或编辑已有外观。在【我的外观】中右击任意外观,弹出右键菜单如图 10-3-3 所示。单击【新建】弹出【外观编辑器】对话框如图 10-3-4 所示,将新建一种外观。单击【编辑】按钮也弹出此对话框,将编辑选取的外观。新建或编辑外观的内容相同,主要是更改外观颜色、深度、环境、亮度、反射、透明等属性以及设置凹凸、纹理和贴图等内容。

图 10-3-3　外观的右键菜单

图 10-3-4　【外观编辑器】对话框

(3) 清除模型上已有外观。单击图 10-3-2 所示【外观】面板中的【清除外观】图标右侧的下拉三角形符号,弹出下拉列表如图 10-3-5 所示。单击【清除外观】可以清除选定的一个或多个对象上的外观,单击【清除所有外观】清除当前模型上的所有外观显示,模型以系统默认的外观显示,单击【清除装配外观】清除当前装配模型外观显示。

图 10-3-5　清除外观操作方法

习　　题

1. 在网络配套目录 ch10\ch10_exercise1 中打开装配文件 ch10_exercise1.asm，将其中各零件设置为不同颜色。

2. 将网络配套的颜色方案文件 ch10\ch10_exercise2.scl 应用到当前打开的 Creo 软件中。

第 11 章　机构运动仿真与设计动画

本章简单讲述 Creo 的机构运动仿真和设计动画两个模块。机构运动仿真模块描述了将组件创建为运动机构并分析其运动规律的过程,内容包括创建机构模型,以及测量、观察、分析机构运动的情况;设计动画模块描述了使用关键帧或伺服电动机建立设计动画的基本过程,并介绍使用定时视图和定时透明建立各种动画效果的方法。

11.1　机构运动仿真概述与实例

11.1.1　机构运动仿真界面

机构运动仿真始于装配模型,要进入机构界面必须首先建立符合仿真要求的装配模型。进入组件模型并完成模型装配后,打开功能区【应用程序】选项卡如图 11-1-1 所示,在【运动】组中单击机构按钮 进入机构运动仿真界面如图 11-1-2 所示(本例参见文件夹 ch11\ch11_1_example1)。与装配界面相比,仿真模块在界面左下角添加了机构树,用于显示运动模型中的元件以及定义的连接、电动机、弹簧、阻尼等各种元素。功能区添加了【机构】选项卡,用于定义机构运动仿真要素。

图 11-1-1　【应用程序】选项卡界面

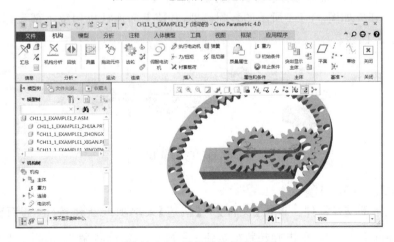

图 11-1-2　机构运动仿真界面

11.1.2 主体

运动模型机构树中列出了运动模型的元件组成及定义的连接、电动机、弹簧、阻尼等元素。运动模型的元件以主体为单位被分为若干组。图 11-1-3 显示了运动模型中的主体节点。

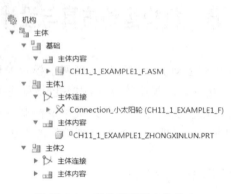

图 11-1-3 运动模型的主体节点

主体是指运动机构模型中的一个元件或彼此间没有相对运动的一组元件。一般情况下,第一个装配到组件中的主体将成为该运动机构的基础主体,如图 11-1-3 中主体节点下的第一个节点,基础主体是其他主体装配的基础。

使用约束的方法将其他元件装配到基础主体上时,若此元件具有相对运动的自由度,系统自动将这些元件定义为主体,如图 11-1-3 中的主体 1、主体 2。在机构模型树的主体节点中,有主体内容和主体连接两项内容。主体内容中包含了构成主体的一个或多个元件;主体连接中包含了建立本主体时使用的连接方式,其中包括与其相约束的主体以及本主体的运动轴。

11.1.3 机构运动仿真实例

使用 Creo 机构模块进行运动学仿真的总体过程为:建立零件→装配运动模型→添加伺服电动机→分析→查看分析结果。本节以连杆绕中心做回转运动的简单机构为例,介绍使用 Creo 机构模块进行机构运动学仿真的方法与流程。

例 11-1 建立如图 11-1-4 所示的装配模型,并使上部连杆机构绕下部支撑的回转中心以 10°/s 的速度回转。

图 11-1-4 例 11-1 图

步骤 1:建立模型零件。

(1) 建立下部支撑零件。单击【文件】→【新建】菜单项或新建按钮 □,新建零件模型 ch11_1_example2_1.prt。单击旋转特征按钮 _{旋转} 激活旋转命令,选择 FRONT 面作为草绘平面,TOP 面作为参照,方向向"顶"。定义草图如图 11-1-5 所示。旋转 360°生成模型如图 11-1-6 所示。

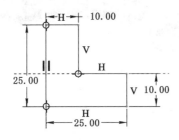

图 11-1-5　旋转特征草图

图 11-1-6　回转底座

(2) 建立连杆零件。单击【文件】→【新建】菜单项或新建按钮 ⬚,新建零件模型 ch11_1_example2_2.prt。单击拉伸特征按钮 ⬚拉伸 激活拉伸命令,选择 TOP 面作为草绘平面,RIGHT 面作为参照,方向向右,定义草图如图 11-1-7 所示。拉伸 10 生成模型如图 11-1-8 所示。

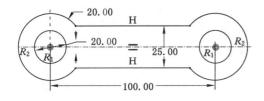

图 11-1-7　拉伸特征草图

图 11-1-8　连杆零件

步骤 2:装配运动模型。

(1) 建立组件文件。单击【文件】→【新建】菜单项或新建按钮 ⬚,新建组件模型 ch11_1_example2.asm。

(2) 装配零件 ch11_1_example2_1.prt。单击装配按钮 ⬚组装 激活装配命令,选取步骤 1 中建立的零件 ch11_1_example2_1.prt,使用默认约束完成装配。

(3) 装配零件 ch11_1_example2_2.prt。单击装配按钮 ⬚组装 激活装配命令,选取步骤 1 中建立的零件 ch11_1_example2_2.prt,单击装配操控面板中的【用户定义】,从弹出的用户定义约束集中选取【销】,如图 11-1-9 所示。

图 11-1-9　用户定义连接集

单击【放置】打开滑动面板,选取支撑件的回转中心和连杆一端的孔中心,建立轴对齐约束,如图 11-1-10 所示。选取支撑件台阶的上表面以及连杆的下表面,建立平移约束,如图 11-1-11 所示。

图 11-1-10　建立轴对齐约束

图 11-1-11　建立平移约束

模型装配完成,其中第一个元件(支撑件)位置固定,自由度为零;第二个元件(连杆)使用了轴对齐约束限定了 4 个自由度,使用平移约束限定了 1 个自由度,在当前约束状态下连杆可以绕其孔中心回转。

步骤 3:进入机构运动仿真模块。

单击【应用程序】选项卡【运行】组中的机构按钮 ,进入机构仿真模块。模型中出现旋转轴标记,如图 11-1-12 所示。

图 11-1-12　带旋转轴标记的机构运动模型

步骤 4:添加伺服电动机。

(1) 添加伺服电动机。单击【机构】选项卡【插入】组中的伺服电动机按钮 ,弹出【电动机】操控面板如图 11-1-13 所示。单击【参考】弹出滑动面板,单击选取步骤 2 中装配生成的旋转轴标记,如图 11-1-14 所示。

图 11-1-13　【电动机】操控面板

（2）定义伺服电动机参数。单击【电动机】操控面板中的【轮廓详细信息】弹出滑动面板，在其【驱动数量】项目中选取【角速度】，在【电动机函数】项目中确定【函数类型】为常量，【系数】输入框中输入 10，单位为 deg/sec，其含义为指定伺服电动机的旋转速度为 $10°/s$，如图 11-1-15 所示。

图 11-1-14　【参考】滑动面板　　　　　　图 11-1-15　【轮廓详细信息】滑动面板

步骤 5：进行运动分析。

（1）定义运动分析。单击【机构】选项卡【分析】组中的机构分析按钮 ，弹出【分析定义】对话框。指定对话框中的【结束时间】为 36，表示仿真时间为 36 秒，如图 11-1-16 所示。

提示：定义运动分析时，运动所使用的电动机默认为步骤 4 中建立的伺服电动机，单击【分析定义】对话框的【电动机】属性页，可以看到默认的电动机 1，并且其作用时间是从开始一直到终止，如图 11-1-17 所示。若【电动机】列表中没有项目，单击 添加已经定义的电动机。

（2）运行已经定义的分析。单击【分析定义】对话框中的【运行】按钮，可以看到图形窗口中的连杆绕步骤 2 中定义的运动轴回转了一周，同时在机构模型树的回放结点生成一个分析结果。

步骤 6：查看分析结果。

（1）回放分析结果。单击【机构】选项卡【分析】组中的回放按钮 ，弹出【回放】对话框如图 11-1-18 所示。单击其顶部的 按钮，打开【动画】对话框如图 11-1-19 所示，单击其播放按钮 ▶ 播放步骤 5 中建立的运动分析结果。单击【捕获】按钮，可以将运动过程捕获并存盘，本例动画可参见网络配套文件 ch11\ch11_1_example2\ch11_1_example2.mpg。

图 11-1-16 【分析定义】对话框一

图 11-1-17 【分析定义】对话框二

图 11-1-18 【回放】对话框

图 11-1-19 【动画】对话框

（2）保存分析结果集。单击【回放】对话框中的存盘按钮 ![存盘图标]，将分析结果集以 .pbk 格式存盘，下次打开机构文件时，单击【回放】对话框中的打开按钮 ![打开图标] 可打开此结果集。

本例建立的运动仿真实例参见网络配套文件夹 ch11\ch11_1_example2。

11.2 使用预定义的连接集装配机构元件

在一般的模型装配过程中，组件内各元件之间没有自由度，不能产生相对运动。而在机构仿真过程中，若要使元件间产生相对运动，必须使其在装配过程中自由度不被完全约束。

如例 11-1 中,在装入第二个元件时仅约束了 5 个自由度,保留了其相对于轴线的转动自由度。Creo 通过系统预定义的连接集,在约束元件多个自由度的同时保留了运动所需的自由度,可实现元件间的相对运动。

11.2.1　连接集概述

Creo 机构运动仿真模块中预定义了 12 种连接集,设计者在装配元件时选用这些特定的约束集合,可以不完全约束模型。根据连接类型,允许元件以特定的方式运动。

自由元件在组件中存在沿 X、Y、Z 轴的平移和绕 X、Y、Z 轴旋转共 6 个自由度,通过约束可减少元件自由度数量。预定义连接通常将多个约束组合在一起来定义单个连接。如例 11-1 中连杆装配的销连接,使用了轴对齐和平移(两面匹配且重合)两个约束。通过销连接,连杆元件仅保留了绕轴线转动自由度,允许其绕下部支撑元件回转。

11.2.2　预定义连接集

图 11-2-1　预定义连接集

Creo 中预定义的各种连接分别定义了不同的约束,通过限定自由度得到不同的运动方式。在元件装配过程中,单击【元件放置】操控面板中的【用户定义】,弹出如图 11-2-1 所示的用户定义连接列表,通过定义其指定的约束完成装配。本小节介绍其中几种常用的连接集。

(1)销。销连接建立了一个绕轴线回转的运动,它使用一个轴对齐约束和一个平移约束限定元件的自由度。轴对齐约束限定元件垂直于轴线的 2 个移动和 2 个转动自由度,平移约束添加匹配约束到两个面上,限定沿轴线的移动自由度。连接完成后,元件具有一个绕轴线回转的自由度,可绕轴线做回转运动,如图 11-2-2 所示。

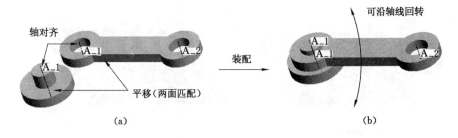

图 11-2-2　销连接

(2)滑块。滑块连接建立了一个沿轴线平移的运动,它使用一个轴对齐约束和一个旋转约束限定元件的自由度。轴对齐约束限定元件垂直于轴线的 2 个移动和 2 个转动自由度,旋转约束限定绕轴线的旋转自由度。连接完成后,在沿轴线移动的自由度下元件可沿轴线平移,如图 11-2-3 所示。

(3)圆柱。圆柱连接使用一个轴对齐约束限定元件垂直于轴线的 2 个移动和 2 个转动自由度,保留了沿轴向的移动自由度和绕轴线的回转自由度。使用圆柱连接的元件具有移动和旋转两种运动的可能,如图 11-2-4 所示。

(4)平面。平面连接使用一个平面约束使元件与组件的两平面匹配,元件此时具有 3

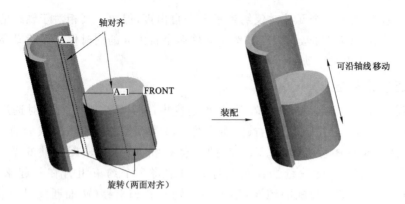

图 11-2-3　滑块连接

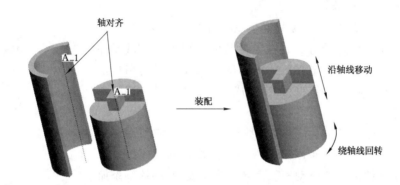

图 11-2-4　圆柱连接

个自由度:沿平面的 2 个移动自由度和绕自身的旋转自由度,如图 11-2-5 所示。

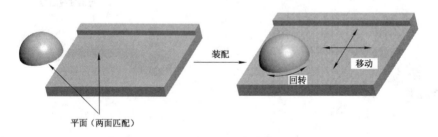

图 11-2-5　平面连接

(5)球。球连接使用点对齐约束,约束了元件的 3 个移动自由度。如图 11-2-6 所示,元件可绕 3 条轴线旋转。

(6)槽。槽连接使用点位于线上约束来控制元件之间的运动联系。如图 11-2-7 所示,将左侧连杆上的基准点 PNT0 约束在盘形凸轮的凹槽中心线上,当凸轮绕中心回转时,可带动连杆摆动。

图 11-2-6　球连接

图 11-2-7　槽连接

11.3　机构运动学仿真分析与运动副

　　11.1 节仅以实例简单说明了机构运动学仿真的过程,本节在介绍运动学仿真完整流程基础上详细介绍流程中各步骤的操作方法。

11.3.1　机构运动学仿真流程

　　运动学仿真的完整流程如下所述:

　　(1) 创建模型。除了要建立可运动的装配模型外,还应设置运动轴的位置、运动限制等内容,对于含有凸轮、齿轮副等的机构,还应建立凸轮、齿轮副等特殊连接。

　　(2) 检测模型。创建模型后,通过拖动等方法验证其运动,用于检验定义的连接是否能产生预期的运动。还可以在拖动的同时创建机构位置的快照,用于以后定义运动分析的起始位置。

　　(3) 添加伺服电动机。伺服电动机用于定义机构所需的绝对运动,将其应用到运动轴上可指定机构元件或元件上点的位置、速度或加速度。

　　(4) 准备分析。进行运动分析前,定义机构的初始位置快照和创建测量。如果希望运动分析从元件上指定的位置开始,可使用(2) 中拖动过程中建立的快照;若要在运动分析中测量机构的位置,则应在此步骤中创建测量。

　　(5) 分析模型。进行机构的运动学分析或位置分析,并模拟机构运动过程。

　　(6) 查看分析结果。位置分析或运动学分析后,使用回放运动结果、查看数据、创建轨迹曲线、创建运动包络图等操作来使用分析结果。

11.3.2　创建模型

　　创建模型包含了生成运动连接及定义运动轴设置两部分内容。生成运动连接是指建立装配机构,并保持组件内元件间的相对运动,以得到期望的运动;定义运动轴设置是指建立运动机构的运动限制，以保证运动的正确性。

11.2 节中介绍了常用的机构运动连接方法，使用这些方法建立的运动组件内保留的自由度即可运动的自由度。在建立连接的同时，也可以定义运动轴设置。如图 11-3-1，建立销连接时，在【元件放置】操控面板的【放置】滑动面板中，销约束列表的最后一项可定义运动轴设置。

(a)   (b)

图 11-3-1　旋转轴的运动限制

定义运动轴设置时，首先选取运动轴参照。对于旋转轴，选取元件及组件上的两个平面，以定义旋转角度，图 11-3-1 所示的旋转轴定义中选取了元件和组件的 FRONT 面作为参照；对于移动轴，选取元件及组件上的参照，以定义移动距离，如图 11-3-2 所示，选取组件及元件的右侧面，定义了轴的移动距离。

(a)   (b)

图 11-3-2　移动轴的运动限制

同时，还可以定义旋转轴及运动轴的极限位置以确定其运动范围。如图 11-3-1 中，其旋转轴的运动范围为 −180° 到 180°，图 11-3-2 中移动轴的运动范围为 −1 000 到 500。

在机构仿真界面下的机构树中也可以定义运动轴设置。在机构树中单击展开运动轴所在的主体，单击主体连接结点下的运动轴并选取浮动工具栏中的编辑定义按钮 ，如图 11-3-3 所示，打开【运动轴】对话框如图 11-3-4 所示。选取旋转轴的角度参照或移动轴的偏移参照后,便可设定运动轴的当前位置、最大及最小限制等内容。

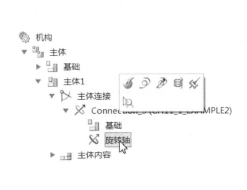

图 11-3-3　运动轴的浮动工具栏

图 11-3-4　【运动轴】对话框

11.3.3　检测模型

运动模型创建完成后应验证其可运动性,此步骤可检验定义的连接能否产生预期的运动。一般使用拖动进行模型检测。

单击【机构】选项卡【运动】组中的拖动元件按钮,弹出【拖动】对话框如图 11-3-5 所示。应用此对话框,可以交互方式拖动该主体,用于研究机构移动的特性以及主体的运动范围。

图 11-3-5　【拖动】对话框

默认状态下对话框上部的被选中,单击主体上的点、线、面将选中该主体,移动鼠标,该主体

及相关主体将在装配约束下运动;单击,直接选取主体,移动鼠标将拖动该主体。

11.3.4　添加伺服电动机

伺服电动机是机构的驱动器,用于控制机构中主体的平移或旋转运动,在使用时通过将机构的位置、速度或加速度指定为时间的函数来控制主体运动。伺服电动机只是对主体的某一自由度添加的一个运动约束,机构中并没有真正添加电动机的实体模型。

使用伺服电动机可规定机构以特定方式运动,它将引起在两个主体之间、单个自由度内的特定类型的运动。向模型中添加伺服电动机,以便为分析做准备。

单击【机构】选项卡【插入】组中的伺服服电动机按钮,弹出【电动机】操控面板如图 11-3-6 所示,需要指定【参考】与【轮廓详细信息】两项内容。

单击【参考】弹出滑动面板,在屏幕上选取运动轴作为从动图元。根据选定运动轴的不同,系统将创建旋转电动机、平移电动机或槽电动机。选取旋转轴后创建旋转电动机如图 11-3-7 所示,选取平移轴创建平移电动机如图 11-3-8 所示。

图 11-3-6　【电动机】操控面板

图 11-3-7　创建旋转轴电动机

图 11-3-8　创建平移轴电动机

单击打开【电动机】操控面板中的【轮廓详细信息】对话框,可设置电动机的运动形式及参数。单击【驱动数量】下拉列表如图 11-3-9 所示,通过从列表中指定电动机的位置、速度或加速度,可分别设置伺服电动机的运动形式。对于旋转轴电动机,当设定运动轴角速度为 10°/s 时的对话框如图 11-3-10 所示。

图 11-3-9　定义电动机的运动形式

图 11-3-10　定义电动机的角速度

提示:轮廓的英文为 Profile,可以翻译为轮廓、对……作出描述等,此处应翻译为对电动机的描述,而不是指伺服电动机的外形轮廓。

在设定电动机描述时,需要指定电动机函数及其参数。电动机函数用于指定伺服电动机位置、速度或加速度的变化形式,其下拉列表如图 11-3-11 所示,可以设定多种伺服电动机位置、速度或加速度的函数形式。根据不同的电动机函数需要设置不同的系数,如函数类型为常量时,仅需指定常数系数 A 即可;若设定函数类型为斜坡,则需要指定常数 A 和斜率 B 两个系数。

已经定义完成的电动机,将出现在机构树的电动机节点中。单击选取其中的电动机 1,弹出浮动工具栏如图 11-3-12 所示,单击其编辑定义按钮 ,将打开【电动机】操控面板,可编辑选定电动机。

图 11-3-11　函数类型下拉列表一　　　　图 11-3-12　函数类型下拉列表二

11.3.5　准备分析

为了完成机构分析,有些情况下需定义初始位置快照或创建测量,本步骤不是进行运动仿真所必需的,本章仅讲述定义初始位置快照。

初始位置快照记录了机构内零件间的相对位置,在进行运动分析前,定义初始位置快照可指定运动分析时零件的起始位置。要定义初始位置快照,单击图 11-3-5 所示【拖动】对话框中的【快照】,对话框变为图 11-3-13。拖动可移动元件到特定位置后,单击对话框中的快照按钮 生成机构当前位置的快照,生成的快照位于下面的快照列表中,如图 11-3-14 所示,单击选取其中某个快照并单击其左侧的显示选定快照按钮 ,模型可恢复到选定快照位置。

11.3.6　分析模型

对机构进行运动学分析时,Creo 将模拟机构的运动情况。本节中讲述的运动学分析可对机构进行位置分析或运动分析。

进行运动或位置分析,可模拟机构在伺服电动机作用下的运动。分析时需要选取电动机,并指定其在分析期间的开始时间和终止时间。运动学分析或位置分析是一系列的组件分析。如果装配正确,在进行运动模拟时,机构将在规定时间内按照预定的形式运动。在这期间若有地方机构装配不合理,系统将停止并给出运动失败的提示。

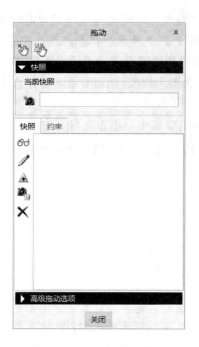

图 11-3-13　【拖动】对话框

图 11-3-14　【拖动】对话框中的快照列表

单击【机构】选项卡【分析】组中的机构分析按钮，弹出【分析定义】对话框如图 11-3-15 所示。在其【名称】输入框中输入分析名称，单击下部【类型】弹出下拉菜单如图 11-3-16 所示，可选取机构分析的 5 种类型：位置、运动学、动态、静态、力平衡。机构运动学分析可进行前两项，分别称为位置分析和运动分析。这两种分析相似，但在生成分析的测量结果时有差别，运动分析可计算机构中的点或运动轴的位置、速度和加速度，而位置分析只能测量其位置，详见 11.3.7 节。

图 11-3-15　【分析定义】对话框

图 11-3-16　分析类型

在【分析定义】对话框的中部【图形显示】区域可指定分析的开始时间、起始时间、要显示模拟动画效果的帧数或帧频等内容。在【锁定的图元】区域中，可以锁定部分元件。在【初始配置】区域中，指定使用当前位置作为分析的起始位置，或使用 11.3.5 节中创建的快照作为起始位置。

【分析定义】对话框的【电动机】属性页如图 11-3-17 所示，显示了本分析中驱动机构运动的电动机，单击 添加电动机；选取电动机并单击 将其删除；单击 将添加机构中所有的电动机。默认情况下，电动机的作用时间是从开始到终止，在时间上单击，可输入相应的时间值（单位为秒）。若想实现多个元件的运动，需建立多个伺服电动机；若要实现多个元件的顺序运动，应在建立多个伺服电动机基础上使其作用时间首尾衔接起来，如图 11-3-18 所示，电动机 1 的作用时间是从开始到第 10 秒，电动机 2 的作用时间从 11 秒到第 20 秒，电动机 3 的作用时间从 21 秒到终止。

图 11-3-17　添加电动机　　　　　　图 11-3-18　添加多个电动机

当完成分析类型、开始与终止时间以及电动机的设置后，单击【分析定义】对话框的【运行】按钮，观察机构在规定连接下由电动机产生的运动。若机构中有地方不能满足装配要求和运动规律，则系统弹出提示对话框如图 11-3-19 所示，单击【中止】按钮结束分析，单击【继续】按钮忽略当前错误继续模拟下一帧动作。

11.3.7　查看分析结果

单击【分析定义】对话框中的【运行】按钮后，若没有出现错误提示，机构模型树中的【回放】节点上将生成一项可重新播放的结果集。单击结果集弹出浮动工具栏如图 11-3-20 所示，单击其播放按钮 ▶ ，弹出【动画】对话框如图 11-3-21 所示，单击其播放按钮 ▶ 播放分析模型时生成的动画；单击向

图 11-3-19　错误提示对话框

后播放按钮 ◀ 向后播放动画；拖动【帧】进度条上的滑块直接显示特定位置上的帧；拖动【速度】进度条上的滑块改变动画播放速度；单击【捕获】按钮弹出【捕获】对话框如图 11-3-22 所示，可生成 mpg 格式的视频文件。

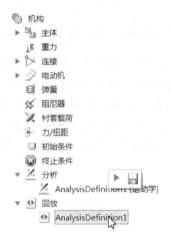

图 11-3-20　结果集浮动工具栏

图 11-3-21　【动画】对话框

　　单击【机构】选项卡【分析】组中的回放按钮 ，弹出【回放】对话框如图 11-3-23 所示，也可以回放分析模型时生成的结果集。【结果集】下拉列表中列出了所有可以回放的结果集，选取一项并单击对话框中的播放按钮 ，将弹出如图 11-3-21 所示【动画】对话框播放动画。

图 11-3-22　【捕获】对话框

图 11-3-23　【回放】对话框

注意：结果集不能随模型存盘而存储到组件中，要保存分析结果，在【回放】对话框中的【结果集】下拉列表中选取要保留的结果，然后单击对话框中的存盘按钮  将其存为 .pbk 文件。后期打开模型时，在本对话框中单击打开按钮 打开此文件，可打开此结果。

查看结构分析结果时除了以上讲述的回放分析结果外，还包括检查干涉、创建运动包络、查看测量以及创建轨迹曲线等方面的内容，本书仅简述检查干涉和创建运动包络两个方面。

在图 11-3-23 所示【回放】对话框中，单击【碰撞检测设置】按钮，在弹出的【碰撞检测设置】对话框中设置【全局碰撞检测】或【部分碰撞检测】项，查看机构全局或局部干涉，如图 11-3-24 所示。在【回放】对话框中单击创建包络按钮 ，弹出【创建运动包络】对话框如图 11-3-25，可创建运动部件的包络模型，用于表示分析期间一个或多个元件运动的范围。

图 11-3-24　【碰撞检测设置】对话框　　　　图 11-3-25　【创建运动包络】对话框

11.3.8　机构运动学分析实例

例 11-2　颚式破碎机机构简图如图 11-3-26 所示，已知颚板 *CD* 长度为 300 mm，曲柄 *AB* 长度为 120 mm，连杆 *BC* 长度为 400 mm，模拟分析破碎机中四杆机构的工作原理。

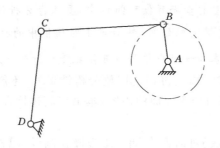

图 11-3-26　例 11-2 图

本例设计过程:① 建立零件模型;② 建立机构组件;③ 进入仿真模块;④ 检测模型;⑤ 添加伺服电动机;⑥ 分析模型;⑦ 查看分析结果。

步骤 1:建立零件模型。

(1) 建立曲柄 AB。单击【文件】→【新建】菜单项或新建按钮，新建零件模型 ch11_3_example1_qubing.prt。单击拉伸特征按钮 拉伸 激活拉伸命令,选择 FRONT 面作为草绘平面,RIGHT 面作为参照,方向向右,定义草图如图 11-3-27 所示。向 FRONT 面正方向拉伸 5 生成模型如图 11-3-28 所示。单击 将 ch11_3_example1_qubing.prt 存盘。

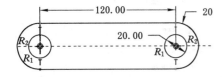

图 11-3-27　曲柄草图

图 11-3-28　曲柄模型

(2) 建立颚板和连杆。单击【文件】→【另存为】→【保存副本】菜单项,将此文件分别另存为 ch11_3_example1_eban.prt 和 ch11_3_example1_liangan.prt。分别打开两个文件,编辑其拉伸特征,修改其两圆心之间的距离,将 ch11_3_example1_eban.prt 中的 120 改为 300、ch11_3_example1_liangan.prt 中 120 改为 400,得到颚板和连杆零件如图 11-3-29 和图 11-3-30 所示。

图 11-3-29　颚板模型

图 11-3-30　连杆模型

(3) 建立支架(本例中仅建立两条中心线作为颚板和曲柄的铰结线)。单击【文件】→【新建】菜单项或新建按钮，新建零件模型 ch11_3_example1_zhijia.prt。单击【模型】选项卡【基准】组中的基准轴按钮 轴 激活基准轴命令,选取垂直于 FRONT 面作为参照,并选取 RIGHT 面和 TOP 面作为偏移参照,偏移距离分别为 450、200,建立基准轴线 A_1,如图 11-3-31 和图 11-3-32 所示。同理,穿过 TOP 面和 RIGHT 面建立基准轴线 A_2。

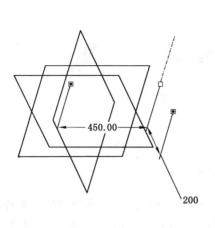

图 11-3-31　建立基准轴

图 11-3-32　【基准轴】对话框

步骤 2：建立机构组件。

（1）新建组件。单击【文件】→【新建】菜单项或新建按钮，新建组件模型 ch11_3_example1.asm。

（2）装配零件 ch11_3_example1_zhijia.prt。单击装配按钮 组装 激活装配命令，选取步骤 1 中建立的零件 ch11_1_example2_zhijia.prt，使用默认约束完成装配。

（3）装配零件 ch11_3_example1_qubing.prt。单击装配按钮 组装 激活装配命令，选取步骤 1 中建立的零件 ch11_3_example1_qubing.prt，单击装配操控面板中的【用户定义】，选取【销】连接，选取 ch11_3_example1_zhijia.prt 中的轴线 A_1 与曲柄一端的孔轴线对齐；并选取曲柄的 FRONT 面与组件的 ASM_FRONT 面对齐，建立销约束，如图 11-3-33 所示。

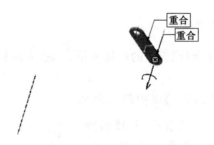

图 11-3-33　装配曲柄

（4）装配零件 ch11_3_example1_eban.prt。使用与（3）相同的方法，将颚板装配在轴线 A_2 上。并单击【元件放置】操控面板上的【移动】，将颚板旋转至轴线 A_2 的上方，如图 11-3-34 所示。

(a)

(b)

图 11-3-34 装配颚板

(5) 装配零件 ch11_3_example1_liangan. prt。首先使用与(3)相同的方法,将连杆右端孔轴线装配在曲柄上端的轴线上,并使连杆和曲柄的 FRONT 面匹配;然后单击【放置】滑动面板中的【新建集】,建立另一组【销】连接,将连杆左端孔轴线装配在鄂板上端轴线上。如图 11-3-35 所示。

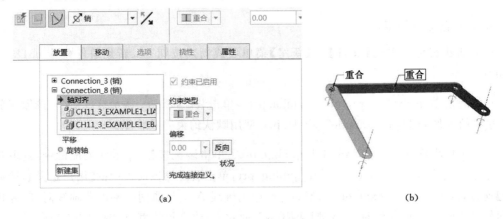

(a)

(b)

图 11-3-35 装配连杆

步骤 3:进入机构运动仿真模块。

单击【应用程序】选项卡【运行】组中的机构按钮 ,进入机构仿真模块。

步骤 4:检测模型。

单击【机构】选项卡中的【运动】组中的拖动元件按钮 ,单击选取曲柄上一点或线,旋转曲柄,观察元件在销钉约束下的运动,如图 11-3-36 所示。

步骤 5:添加伺服电动机。

(1) 添加伺服电动机。单击【机构】选项卡【插入】组中的伺服电动机按钮 ,弹出【电动机】操控面板,单击选取曲轴与支架连接处的旋转轴作为从动图元,如图 11-3-37 所示。

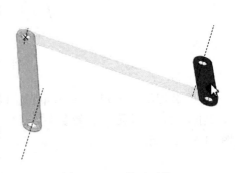

图 11-3-36 拖动元件

（2）定义伺服电动机参数。单击【电动机】操控面板中的【轮廓详细信息】属性页，指定其速度的函数类型为常数，系数 $A=72$，如图 11-3-38 所示。

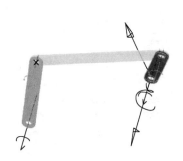

图 11-3-37　选取电动机旋转轴

图 11-3-38　定义电动机参数

步骤 6：分析模型。

（1）激活模型分析命令。单击【机构】选项卡【分析】组中的机构分析按钮 ，弹出【分析定义】对话框。

（2）设置首选项。从【类型】下拉列表中选取分析类型为【运动学】；接受默认的图形显示时间等设置，如图 11-3-39 所示。

（3）设置电动机。接受默认的电动机设置，如图 11-3-40 所示。

（4）运行分析。单击【运行】按钮，曲柄作圆周运动，颚板在连杆带动下摆动，运动视频参见网络配套文件 ch11\ch11_3_example1\ch11_3_example1.mpg。

步骤 7：查看分析结果。

读者可根据 11.3.7 节所述，自行建立颚式破碎机机构的检查干涉、创建运动包络、查看测量以及创建轨迹曲线等分析操作。

本例模型参见网络配套文件 ch11\ch11_3_example1\ch11_3_example1.asm。

11.3.9　运动副

除了前述的 12 中预定义连接集外，Creo 机构运动仿真模块还定义了凸轮机构、齿轮副、槽连接机构以及皮带连接机构等四种运动副机构，本章仅讲述齿轮副机构。

使用齿轮副可控制两个运动轴之间的速度关系。齿轮副中的每个齿轮均为一个由托架和运动齿轮两个主体构成的运动轴连接。如图 11-3-41 所示，两齿轮装配于轴上，每个齿轮与一根轴使用"销"连接，共得到两个运动轴连接，齿轮副中两齿轮的运动关系即建立在这两根运动轴上。

单击【机构】选项卡【连接】组中齿轮副按钮 ，弹出【齿轮副定义】对话框如图 11-3-42 所示，需要设计者指定齿轮副名称、类型以及指定两齿轮的运动轴。

图 11-3-39 设置分析类型

图 11-3-40 添加电动机

图 11-3-41 齿轮副

图 11-3-42 【齿轮副定义】对话框

单击【齿轮副定义】对话框中的类型下拉列表，弹出齿
轮副类型列表如图 11-3-43 所示，齿轮副的类型有一般、
正、锥、蜗轮以及齿条与小齿轮 5 种。其中一般类型的齿
轮副用来建立任意空间位置上的齿轮副连接，如直齿轮、
斜齿轮、锥齿轮、齿轮齿条或内齿轮、外齿轮等任意的齿轮
机构。但是，一般齿轮副仅能表示连接主体之间的运动关
系，不能表达机构运动过程中主体间的受力状况。其余的

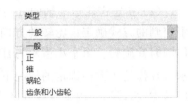

图 11-3-43　齿轮副的类型

齿轮副类型，包括正、锥、蜗轮和齿条与小齿轮，用于建立动态齿轮副。动态齿轮副用于进行
动态分析、力平衡分析或静态分析等涉及质量的分析。本书仅讲述一般齿轮副。

定义一般齿轮副连接过程中若选取的运动轴均为旋转轴，可建立图 11-3-41 所示圆柱
外齿轮连接，也可创建内齿轮或空间轮系连接。此时通过设定两齿轮的节圆直径约束两运
动轴的速度，但不约束轴所在主体的相对空间方位；若选取一个运动轴和一个移动轴，可建
立齿轮齿条连接。

定义齿轮副连接，关键是定义两运动齿轮的运动轴。对于一般齿轮连接，若要定义非齿
轮齿条齿轮副，必须要定义【齿轮 1】和【齿轮 2】两个属性页中的运动轴和节圆直径两项内
容，其主要步骤有三个：

（1）指定齿轮副的运动轴。定义每个齿轮时，首先要选取机构中的旋转轴，齿轮将绕旋
转轴做回转运动。选取旋转轴后的【齿轮副定义】对话框如图 11-3-44 和图 11-3-45 所示，在
指定各齿轮的旋转轴后，系统自动指定构成旋转轴的两主体分别作为小齿轮和托架。若要
使其互换，可单击【主体】的 按钮。

图 11-3-44　齿轮 1 的【齿轮副定义】对话框　　　图 11-3-45　齿轮 2 的【齿轮副定义】对话框

（2）指定齿轮运动轴的方向。齿轮在绕旋转轴转动时有两个方向，系统通过箭头以右手定则的方式确定齿轮转动方向。如图 11-3-46 中箭头方向所示，根据右手定则大齿轮将作顺时针旋转。由于小齿轮与其是外啮合，小齿轮应作逆时针旋转，其箭头如图 11-3-47 所示。在齿轮 1 方向确定的情况下，单击【齿轮 2】属性页中【运动轴】后的 按钮，可改变其回转方向，以适应内啮合或外啮合的需要。

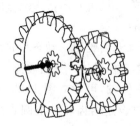

图 11-3-46　指定大齿轮方向

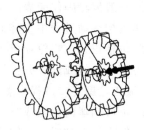

图 11-3-47　指定小齿轮方向

（3）指定齿轮的节圆直径。齿轮副中的两个运动主体的表面不必相互接触就可以工作，因为齿轮副定义的是速度约束，而不是基于模型几何形状的约束。因此，齿轮副传动比与所选齿轮的外形无关，仅取决于齿轮副定义时指定的节圆直径。系统认定两齿轮主体在节圆直径处做纯滚动，由此确定齿轮副的传动比为齿轮 2 与齿轮 1 节圆直径的比值。齿轮节圆直径的输入如图 11-3-47 所示。

定义完成的齿轮副连接，将在模型中显示连接图标，如图 11-3-48 所示。同时在机构树的"连接"节点上将添加一个"齿轮"节点，如图 11-3-49 所示。

图 11-3-48　齿轮副连接图标

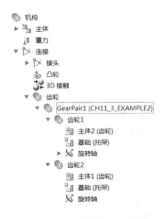

图 11-3-49　机构树中的齿轮副

例 11-3　建立图 11-3-50 所示外啮合圆柱齿轮连接，并以图中的小齿轮为原动件，使其以 $3.6°/s$ 的速度带动大齿轮转动。例子中使用的齿轮及支架文件参见网络配套文件目录 ch11\ ch11_3_example2。

步骤 1：建立机构组件。

（1）新建组件。单击【文件】→【新建】菜单项或新建按钮 ，新建组件模型 ch11_3_example2.asm。

（2）装配支架。单击装配按钮 ![组装] 激活装配命令，选取网络配套支架文件 ch11_3_
example2_zhijia. prt，使用默认约束，使零件与组件的坐标系对齐，如图 11-3-51 所示。

图 11-3-50　例 11-3 图

图 11-3-51　装配支架

（3）装配大齿轮。单击装配按钮 ![组装] 激活装配命令，选取前面建立的大齿轮零件 ch11_3
example2 bg. prt，单击装配操控面板中的【用户定义】，选取销连接，选取 ch11_3_
example2_zhijia. prt 中的轴线与齿轮中心孔轴线对齐；并选支架的前侧面与齿轮的后侧面
重合，如图 11-3-52 所示。装配完成后模型如图 11-3-53 所示。

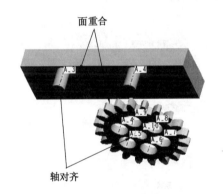

图 11-3-52　大齿轮装配

图 11-3-53　完成大齿轮装配

（4）同理，装配小齿轮 ch11_3_example2_sg. prt，并旋转齿轮，使其在外观上与大齿轮
啮合，如图 11-3-50 所示。

步骤 2：进入机构运动仿真模块。

单击【应用程序】选项卡【运行】组中的机构按钮 ![机构]，进入机构仿真模块。

步骤 3：添加齿轮副连接。

（1）激活命令。单击【机构】选项卡【连接】组中的齿轮副按钮 ![齿轮]，弹出【齿轮副定义】对
话框，指定齿轮副类型为【一般】。

（2）指定齿轮 1。选取小齿轮所在的旋转轴作为齿轮 1 的运动轴，指定其节圆直径
为 150。

（3）指定齿轮 2。选取大齿轮所在的旋转轴作为齿轮 2 的运动轴，指定其节圆直径
为 200。

（4）指定齿轮 2 的方向。单击运动轴方向按钮 ![方向] 改变齿轮 2 的方向，保证两齿轮旋转
方向相反，如图 11-3-54 所示。

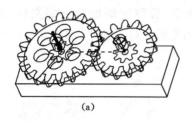
(a)
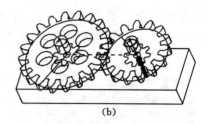
(b)

图 11-3-54　建立齿轮副连接

齿轮副建立完成。

步骤 4：添加伺服电动机。

（1）添加伺服电动机。单击【机构】选项卡【插入】组中的伺服电动机按钮，弹出【电动机】操控面板，单击选取小齿轮所在的旋转轴作为电动机运动轴。

（2）定义电动机参数。单击【电动机】操控面板中的【轮廓详细信息】属性页，指定其速度的函数类型为"常数"，系数 A＝3.6，如图 11-3-55 所示。

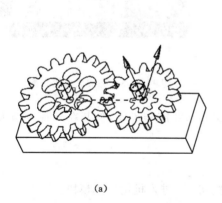
(a)

(b)

图 11-3-55　定义电动机参数

步骤 5：分析模型。

（1）激活模型分析命令。单击【机构】选项卡【分析】组中的机构分析按钮，弹出【分析定义】对话框。

（2）设置首选项。从【类型】下拉列表中选取分析类型为【运动学】，设定分析终止时间为 100，单击【运行】按钮，小齿轮以 3.6°/s 的速度作回转运动。同时，在齿轮副连接节圆相切的约束下，大齿轮做旋转运动。

本例运动仿真实例参见网络配套文件夹 ch11\ch11_3_example2，运动视频参见 ch11\

ch11_3_example2\ ch11_3_example2.mpg。

11.4　设计动画概述

设计动画是 Creo 提供的功能模块之一，本章后半部分讲述使用关键帧或伺服电动机建立基本设计动画的过程，以及使用定时视图和定时透明建立模型旋转、缩放、渐隐、渐强等效果的方法。

11.4.1　设计动画简介

设计动画可以创建组件模型的装配或拆卸序列动画，以表达产品装配或拆卸步骤，或使用伺服电动机模拟组件的机构运动过程，并且可以在动画中添加模型旋转、缩放以及消隐等效果。

根据建立方式的不同，动画分为分解动画、快照动画以及机构动画三类。分解动画是利用组件模型中的分解视图作为关键帧，快速建立的模型装配动画；快照动画是利用快照或伺服电动机生成关键帧的动画；机构动画是利用机构运动仿真生成的回放结果直接建立的动画。本章仅讲述快照动画。

设计动画模块是建立在组件模型或机构运动模型基础上的，要进入动画模块必须首先建立组件模型或运动模型。打开组件模型，单击【应用程序】选项卡【运动】组中的动画按钮
，进入动画界面如图 11-4-1 所示。单击【动画】选项卡【关闭】组中的关闭按钮 可返回装配界面。

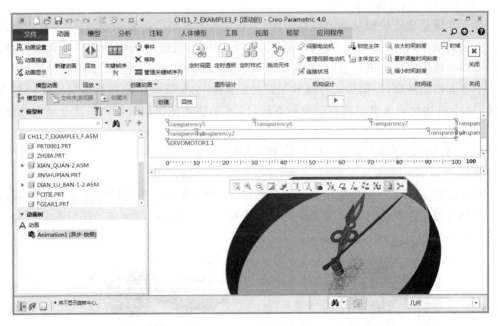

图 11-4-1　设计动画界面

设计动画模块图形窗口的上方是动画时域窗口，用于记录动画过程，以后建立的关键帧序列、各种视图和消隐效果都以时域中的时间线为基准显示在此窗口中。同时，功能区中添

加了【动画】选项卡,用于创建和管理动画。

11.4.2　建立设计动画的一般过程

快照动画是使用关键帧序列建立的动画。在机构装配或拆卸过程中,首先使用快照的方法捕捉若干个典型位置,这些位置快照称为动画的关键帧,每个关键帧即组件的一个装配位置或机构的一个工作位置。将这些关键帧按照一定的顺序依次连续播放,并在关键帧之间设置过渡,便形成组件装配视频或机构工作视频。

同时,在快照动画建立过程中,若组件中已经存在运动轴(移动轴或旋转轴),则可直接对运动轴添加伺服电机,并利用伺服电机自动生成关键帧;若已经定义伺服电动机,将其直接添加到动画中即可。

建立快照动画的一般步骤如下:

(1) 打开要创建设计动画的组件,并进入动画模块。

(2) 新建一个快照动画。

(3) 定义主体,将需要拆分的部分定义为不同主体。

(4) 拖动主体,并在主体的每一个拖动位置上生成一个快照。

(5) 用上一步生成的快照,按照时间的先后顺序建立关键帧序列,并将其添加到动画中。

(6) 若组件中存在已定义运动轴,对其添加伺服电动机;若存在已定义伺服电动机,直接将其添加进动画。

(7) 添加定时视图和定时透明,作为设计动画的特殊效果。

(8) 启动、播放并保存动画。

以上步骤是建立快照动画的通用步骤,当建立组件模型的拆装动画时,需要首先通过快照建立关键帧序列,需要进行步骤(1)至(5)及(7)和(8);当建立机构运动仿真动画时,仅需对运动轴添加伺服电动机即可,此时需要进行步骤(1)至(2)和(6)至(8)。

不考虑以上步骤(7)添加的特殊效果,11.5节和11.6节讲述建立基本快照动画的建立方法,11.5讲述使用关键帧建立动画的方法,11.6节讲述使用伺服电动机建立动画的方法。

11.5　使用关键帧建立基本快照动画

本节以图 11-5-1 所示齿轮轴组件的分解过程为例,介绍使用关键帧建立设计动画的过程。本例所用文件参见网络配套文件夹 ch11\ch11_5_example1,生成动画后的文件参见文件夹 ch11\ch11_5_example1/f。

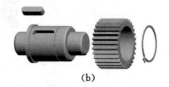

(a)　　　　　　　　　　　　　　　　　(b)

图 11-5-1　齿轮轴组件分解

(a) 组合状态;(b) 分解状态

11.5.1　使用关键帧建立设计动画的准备工作

建立设计动画的准备工作包括:进入动画模块、创建一个动画以及定义主体。

(1) 将网络配套文件夹 ch11\ch11_5_example1 拷贝至硬盘,并将工作目录设置于此。打开组件模型 ch11\ch11_5_example1.asm,并单击【应用程序】选项卡【运动】组中的动画按钮 ,进入动画模块。

图 11-5-2　【新建动画】下拉菜单

(2) 新建一个动画。单击【动画】选项卡【模型动画】组中的【新建动画】按钮下的三角形,弹出下拉菜单如图 11-5-2 所示,选取【快照】菜单项,弹出【定义动画】对话框如图 11-5-3 所示,单击【确定】按钮建立动画 Animation2。

(3) 定义主体。主体的概念与机构仿真中的概念相同,是指机构模型中的一个元件或彼此间没有相对运动的一组元件。在建立设计动画时,主体中的元件间没有相对运动。建立快照过程中以主体为单位拖动元件。

单击【动画】选项卡【机构设计】组中的主体定义按钮 主体定义,弹出【主体】对话框如图 11-5-4 所示。其左侧为主体列表,选中其中一个主体,单击【编辑】、【移除】等按钮可对其操作。

图 11-5-3　【定义动画】对话框

图 11-5-4　【主体】对话框

默认情况下,设计动画中的主体按照机构运动仿真中定义主体的规则创建,即第一个装入的元件被默认指定为基础主体;相对没有自由度的元件被放置在一个主体中。本例中所有元件间均没有自由度,故系统将其全部放入基础主体 Ground 中。

单击【新建】按钮,弹出【主体定义】及【选择】对话框如图 11-5-5 所示,单击选取元件(按住 Ctrl 键可选取多个),并单击【选取】对话框的【确定】按钮,选中的元件被定义到此主体中,元件同时被从基础主体 Ground 中删除。在【主体】对话框中的主体列表中选取一个主体并单击【编辑】按钮,可重新打开图 11-5-5 所示对话框,可添加或删除主体中的元件。

在【主体】对话框中选取主体并单击【移除】按钮,系统弹出【警告】对话框,提示已加亮的主体中的所有零件将被移到基础,单击【接受】按钮,选中的主体将被删除,同时主体中的元件将被转移到基础主体 Ground 中。

本例中,为了演示所有零件的装配过程,单击【主体】对话框中的【每个主体一个零件】按钮,把每个元件定义为一个主体,如图 11-5-6 所示。

（a）　　　　　　　　　　　　　　（b）

图 11-5-5　定义主体的对话框

（a）【主体定义】对话框；（b）【选择】对话框

图 11-5-6　每个主体一个零件的【主体】对话框

此时，基础主体 Ground 中并没有包含零件，因为阶梯轴是子组件中第一个装入的零件，可以将其作为 Ground。在图 11-5-6 所示【主体】对话框中单击选取主体列表中的 Ground，并单击【编辑】按钮，打开【主体定义】及【选取】对话框，如图 11-5-7 所示，在模型中单击选取阶梯轴零件，并单击【选取】对话框中的【确定】按钮。此时的【主体】对话框如图 11-5-8 所示，主体 body1 被移入基础主体 Ground 中。

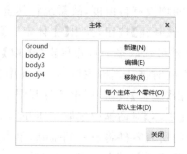

图 11-5-7　【主体定义】对话框　　　　　　图 11-5-8　【主体】对话框

11.5.2　定义快照并生成关键帧序列

　　单击【动画】选项卡的【机构设计】组中的拖动元件按钮，弹出【拖动】对话框如图 11-5-9 所示。通过拖动的方法将元件放置到特定位置后，单击 按钮生成当前位置快照，可用于动画中的关键帧。

图 11-5-9　【拖动】对话框

　　默认情况下，元件可被自由拖动。为了便于观察元件间的装配关系，可沿着或绕着元件的坐标轴拖动元件。单击【拖动】对话框中的【高级拖动选项】，展开元件平移与旋转控制面板，如图 11-5-9 所示。单击 按钮并选取一个元件，系统将此元件的坐标系作为拖动元件的参照，单击 、 或 分别实现沿参照坐标系的 X 方向、Y 方向以及 Z 方向的移动；单击 、 或 分别实现绕参照坐标系的 X 方向、Y 方向以及 Z 方向的转动。

　　将元件的未分解状态定义为快照 snapshot1，如图 11-5-1(a)所示。图 11-5-10 所示状态定义为 snapshot2，图 11-5-11 所示状态定义为 snapshot3，图 11-5-1(b)所示完全分解状态定义为 snapshot4。

图 11-5-10　快照 snapshot2　　　　　　　　图 11-5-11　快照 snapshot3

　　定义关键帧序列是利用上面建立的快照，按时间顺序生成一个依次播放的序列。单击【动画】选项卡中的【创建动画】组中的管理关键帧序列按钮 管理关键帧序列 ，弹出【关键帧序列】对话框如图 11-5-12 所示，单击【新建】按钮，弹出【关键帧序列】对话框如图 11-5-13 所示，可以创建关键帧序列；或单击【动画】选项卡【创建动画】组中的创建关键帧序列按钮 ，也可以直接打开图 11-5-13 所示对话框定义关键帧序列。

　　单击图 11-5-13 所示【关键帧序列】对话框中关键帧下拉列表右侧的下拉按钮，弹出已经定义的快照，如图 11-5-14 所示。选取 1 个快照并在下部【时间】输入框中输入该快照在动画中显示的时间，单击右侧的 按钮，将此快照添加到关键帧序列列表中。所有快照添加完成后如图 11-5-15 所示，单击【确定】按钮完成关键帧定义，此时此关键帧序列将出现在动画时域之中，如图 11-5-16 所示。同时，此关键帧序列也会添加到【关键帧序列】对话框中，如图 11-5-17 所示。选取某关键帧序列，单击对话框中的【包括】按钮可再次将其添加到动画中。

图 11-5-12 【关键帧序列】对话框

图 11-5-13 新建关键帧序列对话框

图 11-5-14 选取快照

图 11-5-15 添加快照完成

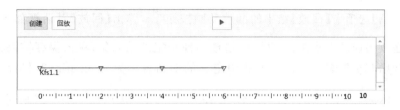

图 11-5-16 动画时域

图 11-5-17 【关键帧序列】对话框

按照以上时间顺序建立的快照序列,是组件模型的拆卸过程,单击图 11-5-15 所示【关键帧序列】对话框中的【反转】按钮,将此序列中关键帧显示顺序反转,建立组件模型的装配过程。

11.5.3 启动、播放并保存动画

单击动画时域(位于图形窗口的上部)顶部的生成动画按钮 ▶ 启动动画。启动动画时,系统将从时间线的开始运动到结束,在这个过程中,关键帧序列中定义的各快照将按照时间顺序依次出现,各快照之间元件的状态将依次过渡。

启动动画以后,单击动画时域顶部的回放按钮 回放 ,屏幕弹出回放控制框如图 11-5-18 所示,单击其播放按钮 ▶ 播放动画。单击左侧的捕获按钮 🖫 弹出【捕获】对话框如图 11-5-19 所示,可设置捕获视频的名称、类型、图形大小、视频质量等参数,单击【确定】按钮捕获当前动画,本例中捕获的装配过程动画视频参见网络配套文件 ch11\f\ch11_5_example1_f\ ch11_5_example1_f.mpg,模型拆卸动画视频参见 ch11_5_example1_f_2.mpg。单击其创建动画按钮 创建 可返回创建动画界面。

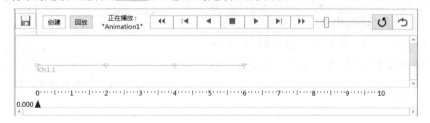

图 11-5-18 动画回放控制区

单击【动画】选项卡【回放】组中的回放动画按钮 ，弹出【回放】对话框如图 11-5-20 所示，单击其播放当前结果集按钮 可播放当前选定的结果集；单击保存结果集按钮 ，将结果集存盘，其扩展名为.pba。上例中定义的动画名称为 Animation2,保存的结果集为 Animation2.pba。后期打开动画文件后，单击其打开结果集按钮 ，找到存盘的结果集文件后可将其恢复到当前动画文件中。

图 11-5-19 【捕获】对话框

图 11-5-20 【回放】对话框

11.5.4 修改动画执行时间

双击动画时域下部的时间线，弹出【动画时域】对话框如图 11-5-21 所示，可以修改当前动画的开始时间、终止时间以及动画各帧之间的间隔时间。拖动动画时域中代表关键帧序列的倒三角符号，可以改变此关键帧执行的时间。也可以单击【动画】选项卡【创建动画】组中的管理关键帧序列按钮 管理关键帧序列 ，在弹出的【关键帧序列】对话框（图 11-5-17）中选取要编辑的关键帧序列，并单击【编辑】按钮，在打开的【关键帧序列】对话框中选取要改变显示时间的快照，在时间输入框中输入其执行时间，并单击鼠标中键或按回车键，单击【确定】按钮完成修改。

图 11-5-21 修改动画时域

11.6　使用伺服电动机建立基本快照动画

当机构模型中存在运动轴或已定义伺服电动机,可通过添加伺服电动机或直接使用伺服电动机生成快照动画,其基本步骤主要有:(1)进入动画模块;(2)新建快照动画;(3)定义伺服电动机并将其添加到动画中,或直接将已定义伺服电动机添加到动画中;(4)生成动画,完成动画定义。

以上步骤中建立伺服电动机的方法与 11.3 节中的叙述类似,此处不再赘述,仅以实例介绍使用伺服电动机建立快照动画的基本方法。

例 11-4　打开网络配套文件 ch11\ ch11_6_example1\ ch11_6_example1.asm,已经建立的行星轮系如图 11-6-1 所示,根据机构中已有的主体与伺服电动机的定义,建立其机构动画。

(1)将网络配套文件夹 ch11\ch11_6_example1 拷贝至硬盘,并将工作目录设置于此,打开其组件文件 ch11_6_example1.asm,并单击【应用程序】选项卡【运动】组中的动画按钮 ，进入动画模块。

(2)新建一个动画。单击【动画】选项卡【模型动画】组中的【新建动画】按钮下的三角形,在弹出的下拉菜单中选取【快照】菜单项,弹出【定义动画】对话框,建立新动画 Animation2。

(3)添加伺服电动机。单击【动画】选项卡

图 11-6-1　例 11-4 图

【机构设计】组中管理伺服电动机按钮 管理伺服电动机 ,打开【伺服电动机】对话框如图 11-6-2 所示。首先在伺服电动机列表中选取 ServoMotor1,并单击【包括】按钮;然后选取 ServoMotor3,并单击【包括】按钮,单击【关闭】按钮关闭对话框。此时图形窗口上部的时间线上显示两个伺服电动机的作用时间为从开始到终止,如图 11-6-3 所示。

图 11-6-2　【伺服电动机】对话框

图 11-6-3　添加伺服电动机

注意:此机构模型中的三个伺服电动机 ServoMotor1、ServoMotor2、ServoMotor3,分别为中间小太阳轮所在旋转轴的转动,其模 A＝10;内齿轮所在旋转轴的转动,其模 A＝0;内齿轮所在旋转轴的转动,其模 A＝—10。因为 ServoMotor2 和 ServoMotor3 为对同一旋转轴的约束,所以不能同时添加这两个伺服电动机。

（4）修改动画时域。双击图形窗口顶底部的时间线，弹出【动画时域】对话框，将其终止时间改为 100，如图 11-6-4 所示。

图 11-6-4　【动画时域】对话框

（5）修改伺服电动机的时域。分别双击时间线上部的伺服电动机实例SeverMotor1.1、SeverMotor3.1，弹出【伺服电动机时域】对话框如图 11-6-5 和图 11-6-6 所示，将其终止伺服电动机时间分别改为 100、50。此时的伺服电动机时域线如图 11-6-7 所示。

图 11-6-5　伺服电动机结束时间为 100 秒

图 11-6-6　伺服电动机结束时间为 50 秒

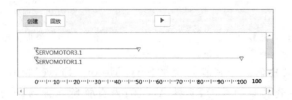

图 11-6-7　伺服电动机时域线

（6）启动并播放动画。单击动画时域（位于图形窗口的上部）顶部的生成动画按钮 ▶ 启动动画，各运动部件按伺服电动机规定的运动规律运动。生成动画后，单击动画时域顶部的回放按钮 回放 ，在弹出的回放控制区中单击播放按钮 ▶ 播放动画，单击捕获按钮 ⊟ 捕获动画。本例动画视频参见网络配套文件 ch11＼f＼ch11_6_example1_f＼ch11_6_example1_f.mpg。

（7）保存动画。单击【动画】选项卡【回放】组中的回放动画按钮 回放 ，弹出【回放】对话框，单击保存结果集按钮 ⊟ 将结果集存盘。本例保存的结果集为 Animation2.pba。

本例生成的文件参见网络配套文件夹 ch11\f\ch11_6_example1_f。

11.7 设计动画中的定时视图与定时透明

使用设计动画的定时视图功能，可以在动画执行过程中建立时间与命名视图之间的关系，用于在特定时间从特定的视图方向或以特定的视图大小观察模型，便于从不同的方位或以不同的细节详细观察模型结构。

11.7.1 命名视图的建立

建立定时视图前需首先建立命名视图。建立命名视图的方法详见 10.2.2 节，本节仅简单介绍建立命名视图的建立方法。有两种途径可建立命名视图：

（1）在视图管理器中建立命名视图。单击【视图】选项卡【模型显示】组中的视图管理器按钮 ，打开【视图管理器】对话框，单击打开【定向】属性页，单击【新建】按钮，建立一个新视图，单击【编辑】→【重新定义】菜单项，打开【视图】对话框，使用 10.2.2 节中的方法建立命名视图。

（2）在重定向视图中建立命名视图。单击【视图】选项卡【方向】组中的已保存方向按钮 ，在弹出的下拉菜单中选取重定向按钮 重定向(O)… 打开【视图】对话框，使用 10.2.2 节中的方法建立命名视图。

11.7.2 旋转装配动画的建立

在建立设计动画时，若在动画播放过程中使模型的命名视图分别经过不同的角度，系统在播放动画过程中将这些依次经过各角度的视图平滑过渡，将形成旋转视图的效果。如图 11-7-1 所示的减速箱部件的 4 个视图，前一视图绕其中心旋转 90°得到下一视图，将这 4 个视图分别存为命名视图，分别应用于其装配动画过程中，将得到一边旋转一边装配的效

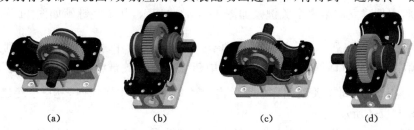

    （a）   （b）   （c）   （d）

图 11-7-1 减速箱部件的 4 个视图

果,便于使用者或读者观察。

例 11-5 打开网络配套文件 ch11\ch11_7_example1\ch11_7_example1.asm,根据如图 11-7-1 所示的装配模型,建立其旋转装配动画。

(1) 建立命名视图。图 11-7-1(a)视图为标准方向视图,可以直接使用。使用 11.7.1 节中方法,单击【视图】选项卡【方向】组中的已保存方向按钮 ,在弹出的下拉菜单中选取重定向按钮 重定向(O)…打开【视图】对话框,单击类型下拉列表,选取动态定向,选取旋转方式为中心轴,在 Y 轴的旋转角度中输入 90,表示绕模型的 Y 旋转中心轴旋转 90°,得到视图如图 11-7-1(b)所示,在视图名称输入框中输入视图名称 1,单击其后的保存按钮 将此视图保存,如图 11-7-2 所示。同理,依次将视图旋转 180°、-90°得到图 11-7-1(c)、图 11-7-1(d)视图,分别命名为 2、3 视图。

(2) 进入动画模块并新建一个动画。单击【应用程序】选项卡【运动】组中的动画按钮 ,进入动画模块,并建立快照动画 Animation2。

(3) 定义主体。单击【动画】选项卡【机构设计】组中的定义主体按钮 主体定义,在弹出的【主体】对话框中单击【每个主体一个零件】按钮,然后在主体列表中选取 Ground,并单击【编辑】按钮,打开【主体定义】及【选取】对话框。在模型中单击选取阶梯轴零件,并单击【选取】对话框中的【确定】按钮,将阶梯轴零件作为基础主体 Ground,其他每个零件作为一个主体。

(4) 定义快照。单击【动画】选项卡中的【机构设计】组中的拖动元件按钮 ,弹出【拖动】对话框。使用拖动方法将元件放置到特定位置后,单击 按钮生成当前位置快照,用作动画中的关键帧,本例建立的第一个关键帧如图 11-7-1(a)所示,其余关键帧如图 11-7-3 所示。

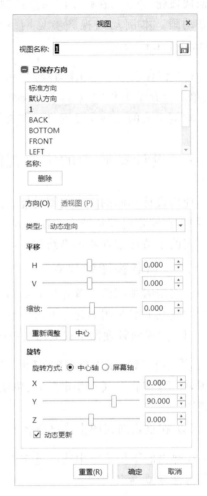

图 11-7-2 【视图】对话框中
保存的命名视图

(5) 生成关键帧序列。单击【动画】选项卡【创建动画】组中的创建关键帧序列按钮 ,打开关键帧序列定义对话框。依次选取(4)中建立的 9 幅关键帧,同时在"时间"输入框中依次输入 0 至 8,定义每个关键帧完成后单击 按钮将其添加到列表中,最终建立的关键帧列表如图 11-7-4 所示。

按照模型分解的顺序建立的视频为模型的分解动画,要建立模型安装动画,单击对话框中的【反转】按钮,生成的安装关键帧列表如图 11-7-5 所示。

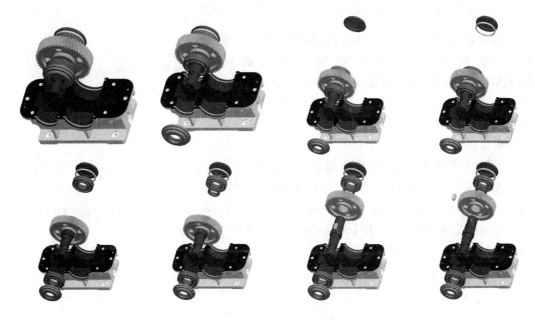

图 11-7-3　动画中的关键帧

图 11-7-4　模型分解关键帧序列　　　　图 11-7-5　模型装配关键帧序列

（6）定义定时视图。单击【动画】选项卡【图形设计】组中的定时视图按钮  ，弹出【定时视图】对话框如图 11-7-6 所示。在名称下拉列表中选取视图 DEFAULT，并指定后于开始时间，在值输入框中输入 0，表示在动画开始之后 0 秒显示 DEFAULT 视图。单击【应用】按钮将其应用于动画中，动画时域中添加定时视图符号如图 11-7-7 所示。

图 11-7-6 【定时视图】对话框

在【定时视图】对话框中依次选取命名视图 1、2、3、DDFAULT，分别选取时间 Kfs1.1：1 Snapshot8、Kfs1.1：3 Snapshot6、Kfs1.1：5 Snapshot4、Kfs1.1：8 Snapshot1，并分别单击【应用】按钮，如图 11-7-8 所示。动画时域如图 11-7-9 所示。

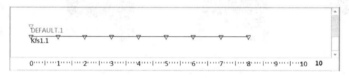

图 11-7-7 动画时域中的定时视图符号

图 11-7-8 各个定时视图

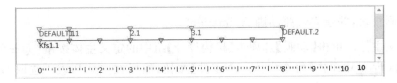

图 11-7-9　定时视图线

（7）启动、播放并保存动画。单击动画时域顶部的生成动画按钮 ▶ 启动动画。生成动画后单击动画时域顶部的回放按钮 回放 ，在弹出的回放控制区中单击播放按钮 ▶ 播放动画，单击捕获按钮 ⊟ 捕获动画。本例动画参见网络配套文件 ch11＼f＼ch11_7_example1_f＼ch11_7_example1_f.mpg。

单击【动画】选项卡【回放】组中的回放动画按钮 ◀▶ ，弹出【回放】对话框，单击保存结果集按钮 ⊟ 将结果集存盘。本例保存的结果集为 Animation2.pba。

本例生成的文件参见网络配套文件夹 ch11＼f＼ch11_7_example1_f。

11.7.3　带局部放大视图动画的建立

在建立设计动画时，若模型整体结构较大，而某些运动零部件却相对较小，建立的视频文件中这些较小零部件的运动状态不便于观察。使用定时视图功能，建立较小零部件的局部放大命名视图，便可既能观察模型的整体效果，又可在特定时间观察较小运动部件的局部细节。

例 11-6　打开网络配套文件 ch11＼ch11_7_example2＼ch11_7_example2.asm，表盘模型如图 11-7-10 所示，模型中已经建立好了齿轮副以及伺服电动机，建立其运动仿真视频，要求运动过程中能观察其局部齿轮的啮合情况。

（1）建立命名视图。图 11-7-10 中的视图为 STANDARD 命名视图，例题中已经建好。本步骤中分别对正面、右侧以及左侧的三处齿轮啮合建立命名视图，其名称分别为 1、2、3，如图 11-7-11 所示。

图 11-7-10　例 11-6 图

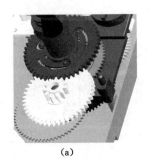

(a)

(b)

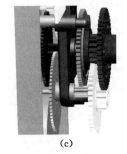

(c)

图 11-7-11　三个命名视图

（2）进入动画模块并新建一个动画。单击【应用程序】选项卡【运动】组中的动画按钮
，进入动画模块，并建立快照动画 Animation2。

（3）定义主体。单击【动画】选项卡【机构设计】组中的定义主体按钮 主体定义 ，在弹出的【主体】对话框中单击【每个主体一个零件】按钮，然后在主体列表中选取 Ground，并单击【编辑】按钮，打开【主体定义】及【选取】对话框。按住 Ctrl 键在模型中依次选取 zhijia.prt、xian_quan-2.asm、jinshupian.prt、dian_lu_ban-1-2.asm、citie.prt、gai.prt 等静止的零部件作为基础主体 ground，其他的每个零件作为一个主体。

（4）修改动画时域。双击图形窗口顶部的时间线，在弹出的【动画时域】对话框中，修改终止时间为 100。

（5）添加伺服电动机。单击【动画】选项卡【机构设计】组中的管理伺服电动机按钮
，打开【伺服电动机】对话框。选取已存在的伺服电动机 ServoMotor1，单击【包括】按钮，将电动机应用到动画中，作用时间为从开始到终止。

（6）定义定时视图。单击【动画】选项卡【图形设计】组中的定时视图按钮 定时视图 ，弹出【定时视图】对话框。在名称下拉列表中依次选取命名视图 STADARD、1、2、3、STADARD，其应用时间分别为开始、开始之后 30 秒、开始之后 60 秒 、开始之后 80 秒、ServoMotor1.1 终止，如图 11-7-12 所示，动画时域中添加定时视图符号如图 11-7-13 所示。

图 11-7-12　动画中的各个定时视图

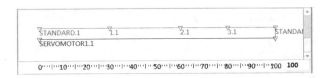

图 11-7-13　定时视图线

（7）启动、播放并保存动画。单击动画时域顶部的生成动画按钮 ▶ 启动动画。生成动画后单击动画时域顶部的回放按钮 回放 ，在弹出的回放控制区中单击播放按钮 ▶ 播放动画，单击捕获按钮 保存 捕获动画。本例动画参见网络配套文件 ch11\f\ch11_7_example2_f\ch11_7_example2_f.mpg。

单击【动画】选项卡【回放】组中的回放动画按钮 回放 ，弹出【回放】对话框，单击保存结果集按钮 保存 将结果集存盘。本例保存的结果集为 Animation2.pba。

本例生成的文件参见网络配套文件夹 ch11\f\ch11_7_example2_f。

11.7.4　定时透明动画的建立

在设计动画中，除了可以使用定时视图功能显示不同位置的局部细节外，还可以使用定时透明建立视图在特定时间的透明效果。

对选定的零部件，建立在特定时间上的透明效果，可方便表达模型内部的观察结构，以增强动画对模型内外整体的表达效果。如图 11-7-14 所示钟表的表盘，图 11-7-14(a) 是其整体效果，图 11-7-14(b) 是将外层表壳去除后的视图，图 11-7-14(c) 是仅剩齿轮和表针后的视图。

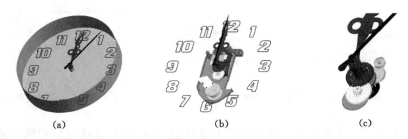

(a)　　　　　　　　　　　　(b)　　　　　　　　　　　　(c)

图 11-7-14　利用定时透明表达钟表内部结构
(a) 钟表整体效果；(b) 去除外壳后的钟表；(c) 仅剩齿轮和表针的钟表

在设计动画模块中，单击【动画】选项卡【图形设计】组中的定时透明按钮 定时透明 打开【定时透明】及【选择】对话框如图 11-7-15 所示。建立一项定时透明需要以下步骤。

（1）命名定时透明的名称。在【定时透明】对话框的名称输入框中输入定时透明名称，或接受默认名称。

（2）选定要建立透明效果的元件。选定一个元件，或按住 Ctrl 键选定多个元件，然后单击【选取】对话框的【确定】按钮。

（3）设定透明程度。拖动透明滚动条，或直接在其后的输入框中输入 0 到 100 间的数字代表透明程度，0 表示完全不透明，100 表示完全透明。

(a)　　　　　　　　(b)

图 11-7-15　【定时透明】对话框

（4）设定透明时间。在后于下拉列表中选取要设定定时透明的事件，值输入框中输入定时透明开始于事件之后的秒数，输入负数表示透明开始于事件之前。

（5）单击【应用】按钮，以上建立的定时透明显示在时间线上。图 11-7-16 所示的Transparency1，是在动画开始之后 5 秒开始显示的透明效果。

在动画时域内单击选定代表定时透明的倒三角符号 ▽，定时透明高亮显示。右击弹出右键菜单如图 11-7-17 所示，单击【编辑】菜单项，弹出【定时透明】编辑对话框，可以修改其名称、透明元件、透明程度以及开始时间。

图 11-7-16　定时透明动画时域　　　　图 11-7-17　定时透明的右键菜单

若同一组元件上设定了两个或两个以上定时透明效果，当动画运行到两个透明效果之间时，设定透明的元件将在两个透明设置之间光滑过渡。利用这一点，可在模型内设定多个透明效果，以产生模型元件渐变的效果。

例 11-7　网络配套文件 ch11\ch11_7_example3\ch11_7_example3.mpg 演示了钟表的传动过程，但由于外壳的遮挡，无法看清齿轮的传动。试建立元件的定时透明效果，依次将表盘和内部非运动部件隐藏，以便于观察齿轮传动。

步骤 1：打开模型并进入动画模块。

将工作目录设定到源文件所在目录，并打开 ch11_7_example3.asm。单击【应用程序】选项卡【运动】组中的动画按钮  ，进入动画模块，在动画时域中已经存在伺服电动机。

步骤 2：建立表盘的渐隐效果。

（1）建立表盘元件的初始定时透明。单击【动画】选项卡【图形设计】组中的定时透明按

钮  打开【定时透明】对话框，选取表盘外壳元件 prt0001.prt，设定其透明度为 0、时间为开始，单击【应用】按钮完成定时透明 Transparency1。如图 11-7-18 所示。

（2）建立表盘元件的第二、三、四个定时透明。使用（1）相同的方法，选取与（1）中同样的元件，分别设定定时透明 Transparency2、Transparency3、Transparency4，其透明度分别为 100、100、0，时间为开始后 10 秒、开始后 90 秒、ServoMotor1.1 结束，如图 11-7-19、图 11-7-20 和图 11-7-21 所示。

图 11-7-18　第一个定时透明

图 11-7-19　第二个定时透明

图 11-7-20　第三个定时透明

图 11-7-21　第四个定时透明

在动画执行过程中，表盘元件将在第一、二个透明间呈现渐隐效果，在第三、四个透明间呈现渐显效果。其动画时域如图 11-7-22 所示。

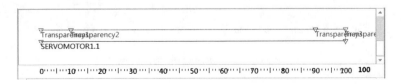

图 11-7-22　定时透明动画时域

步骤 3:建立内部其他非运动元件的渐隐效果。

使用步骤 2 相同的方法,按住 Ctrl 键选取元件 zhijia. prt、xuan_quan－2. asm、din_lu_ban-1-2. prt、jinshupian. prt、gai. prt,在时间开始、开始后 30 秒、开始后 70 秒、ServoMotor1.1 结束上,分别设定元件的透明度为 0、100、100、0,如图 11-7-23 至图 11-7-26 所示。

图 11-7-23　第五个定时透明

图 11-7-24　第六个定时透明

图 11-7-25　第七个定时透明

图 11-7-26　第八个定时透明

在动画执行过程中,钟表内部的选定元件将在第一、二个透明间呈现渐隐效果,在第三、四个透明间呈现渐显效果。其时间线如图 11-7-27 所示。

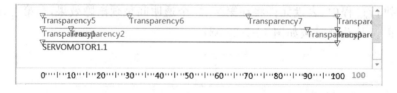

图 11-7-27　"定时透明"动画时域

步骤 4:启动、播放并保存动画。

　　单击动画时域顶部的生成动画按钮 ▶ 启动动画。生成动画后单击动画时域顶部的回放按钮 回放 ，在弹出的回放控制区中单击播放按钮 ▶ 播放动画，单击捕获按钮 🖫 捕获动画。本例动画参见网络配套文件 ch11 \f \ ch11_7_example3_f\ ch11_7_example3_f. mpg。

　　单击【动画】选项卡【回放】组中的回放动画按钮 ◈ 回放 ，弹出【回放】对话框，单击保存结果集按钮 🖫 将结果集存盘。本例保存的结果集为 Animation1. pba。

　　本例生成的文件参见网络配套文件夹 ch11 \f \ ch11_7_example3_f。

参 考 文 献

[1] 北京兆迪科技有限公司. Creo 2.0 快速入门教程[M]. 北京:机械工业出版社,2013.

[2] 大连理工大学工程图学教研室. 机械制图[M]. 7 版. 北京:高等教育出版社,2013.

[3] 丁淑辉. Creo Parametric 3.0 基础设计与实践[M]. 北京:清华大学出版社,2015.

[4] 丁淑辉. Pro/Engineer Wildfire 5.0 高级设计与实践[M]. 北京:清华大学出版社,2010.

[5] 林清安. Pro/ENGINEER 零件设计——高级篇(上)[M]. 北京:北京大学出版社,2000.

[6] 林清安. Pro/ENGINEER 零件设计——高级篇(下)[M]. 北京:北京大学出版社,2000.

[7] 林清安. Pro/ENGINEER 零件设计——基础篇(下)[M]. 北京:北京大学出版社,2000.

[8] 孙桓,陈作模. 机械原理[M]. 8 版. 北京:高等教育出版社,2013.

[9] 佟河亭,冯辉. PRO/ENGINEER 机械设计习题精解[M]. 北京:人民邮电出版社,2004.

[10] 詹友刚. Pro/ENGINEER 中文野火版教程——通用模块[M]. 北京:清华大学出版社,2003.

[11] 钟日铭. Creo 4.0 中文版完全自学手册[M]. 北京:机械工业出版社,2017.

[12] 周四新,和青芳. Pro/ENGINEER Wildfire 基础设计[M]. 北京:机械工业出版社,2003.